21世纪高等院校财经类专业计算机规划教材

Visual Basic 与Access 2010 数据库应用系统开发

——大学实用案例驱动教程

常桂英 蔚淑君 主 编
曹风华 张利军 副主编

清华大学出版社
北 京

内容简介

本书以程序设计与数据库应用为主要内容，以案例驱动的方式着重介绍 Visual Basic 与 Access 的基本知识与基本应用，难易适度，深入浅出，便于学生学习与掌握。本书以数据库应用开发为主线，介绍 Visual Basic 编程、数据库基础知识、Access 应用基本知识以及使用 Visual Basic 开发 Access 应用的过程，每章配有较为典型的习题以帮助学生对各知识点进行学习、复习。

本书可作为财经类高等院校计算机基础教育程序设计与数据库应用课程的教材，也可作为培训教材和广大计算机爱好者的自学参考用书。

本书封面贴有清华大学出版社防伪标签，无标签者不得销售。

版权所有，侵权必究。侵权举报电话：010-62782989　13701121933

图书在版编目(CIP)数据

Visual Basic 与 Access 2010 数据库应用系统开发：大学实用案例驱动教程/常桂英等主编.—北京：清华大学出版社，2015

21 世纪高等院校财经类专业计算机规划教材

ISBN 978-7-302-38327-7

Ⅰ.①V… Ⅱ.①常… Ⅲ.①BASIC 语言－程序设计－高等学校－教材 ②关系数据库系统－高等学校－教材 Ⅳ.①TP312 ②TP311.138

中国版本图书馆 CIP 数据核字(2014)第 241288 号

责任编辑：闫红梅　薛　阳
封面设计：傅瑞学
责任校对：梁　毅
责任印制：宋　林

出版发行：清华大学出版社
网　　址：http://www.tup.com.cn，http://www.wqbook.com
地　　址：北京清华大学学研大厦 A 座　　**邮　　编**：100084
社 总 机：010-62770175　　**邮　　购**：010-62786544
投稿与读者服务：010-62776969，c-service@tup.tsinghua.edu.cn
质 量 反 馈：010-62772015，zhiliang@tup.tsinghua.edu.cn
课 件 下 载：http://www.tup.com.cn，010-62795954
印 刷 者：北京富博印刷有限公司
装 订 者：北京市密云县京文制本装订厂
经　　销：全国新华书店
开　　本：185mm×260mm　　**印　张**：18　　**字　　数**：448 千字
版　　次：2015 年 1 月第 1 版　　**印　　次**：2015 年 1 月第 1 次印刷
印　　数：1～2000
定　　价：29.00 元

产品编号：059648-01

前言

FOREWORD

本教材是"21世纪高等院校财经类专业计算机规划教材"之一，结合当前财经类专业计算机基础教学"面向应用，加强基础，普及技术，注重融合，因材施教"的教育理念，将计算机基础教学与财经类专业设置相结合，旨在培养学生应用计算机技术解决经济、管理、金融等专业领域问题的能力。本系列教材结合财经类专业特点来组织和设计教学内容，秉承以教学案例为重点、学生实践为主体、教师讲授为主导的教学理念，同时也是为了适应财经类院校进行面向现代信息技术应用的计算机教育改革需求而编制的。

本书特色如下：

(1) 一线教学、由浅入深；

(2) 注重基础、案例丰富；

(3) 程序简明、设计独特；

(4) 强调技巧、开发简捷；

(5) 接近工作、实用性强；

(6) 一书在手、开发无忧。

全书共分为12章，第1章～第7章讲解Visual Basic 6.0；第8章～第10章讲解Access 2010；第11章讲解Visual Basic与Access 2010数据库编程，第12章讲解利用Visual Basic和Access 2010数据库进行系统开发。本书在教学内容的取舍和设计上作了深入考虑，将理论知识和实践知识相结合，并最终落脚于学生的实践能力。

常桂英 、蔚淑君任本书主编，并负责对全书进行统稿与审核，曹风华、张利军任副主编对全书做了修改与校对。其中，常桂英编写了第1章和第2章；徐军编写了第3章和第4章；李翠梅编写了第5章和第6章；于海英编写了第7章；曹风华编写了第8章和第9章；蔚淑君编写了第10章和第11章；张利军编写了第12章。

为了配合教学和参考，本书提供了配套的电子教案、教学案例、课外实验，读者可到清华大学出版社网站(http://www.tup.com.cn)下载。

由于编者水平有限，书中难免有疏漏与错误之处，衷心希望广大读者批评、指正。

编　者

2014年9月

目录

CONTENTS

第 1 章　Visual Basic 概述

本章说明

Visual Basic(VB)是美国微软公司推出的在 Windows 操作平台上广泛使用的一种可视化程序设计语言,使用 Visual Basic 可以方便快捷地开发 Windows 应用程序。本章主要介绍 Visual Basic 的集成开发环境、对象、事件。

本章主要内容

- Visual Basic 概述
- Visual Basic 集成开发环境
- Visual Basic 基本操作
- Visual Basic 对象与窗体

📖本章拟解决的问题

(1) Visual Basic 的历史发展情况如何?
(2) Visual Basic 有哪几个版本?
(3) Visual Basic 的窗口由哪些部分组成?
(4) Visual Basic 的基本操作有哪些?
(5) 如何在 Visual Basic 中添加新控件?
(6) 如何添加新窗体?
(7) 如何设置启动窗体?
(8) 鼠标有哪些事件?
(9) 键盘有哪些事件?

1.1 Visual Basic 概述

1.1.1 Visual Basic 简介

Visual 的意思是"可视化",是指可以看得见的编程; Basic 是指 Beginners ALL-Purpose Symbolic Instruction Code,意思是初学者通用符号指令码。Visual Basic 在原有 Basic 语言的基础上进一步发展,既继承了 Basic 语言编程的简便性,又具有 Windows 的图形窗口工作环境。

Visual Basic 引入了控件的概念,如命令按钮、标签、文本框和复选框等,并且每个控件都有自己的属性,通过属性来控制其外观和行为。这样就无须用大量代码来描述界面元素的外观和位置,只需把控件加到窗体上即可。

1.1.2 Visual Basic 发展历史

Visual Basic 是 Microsoft 公司推出的基于 Windows 环境的软件开发工具,其历史版本的发展如表 1-1 所示。

表 1-1 Visual Basic 发展历史

序 号	版 本	发布时间
1	Visual Basic 1.0 Windows 版本	1991 年 4 月
2	Visual Basic 1.0 DOS 版本	1992 年 9 月
3	Visual Basic 2.0 版	1992 年 11 月
4	Visual Basic 3.0 版	1993 年 6 月
5	Visual Basic 4.0 版	1995 年 8 月
6	Visual Basic 5.0 版	1997 年 2 月
7	Visual Basic 6.0 版	1998 年 10 月
8	Visual Basic .NET 2002 (7.0)	2002 年 2 月
9	Visual Basic .NET 2003 (7.1)	2003 年 4 月
10	Visual Basic 2005 (8.0)	2005 年 11 月
11	Visual Basic 2008 (9.0)	2007 年 11 月
12	Visual Studio 2010 (10.0)	2010 年 4 月
13	Visual Studio 2012 (11.0)	2012 年 5 月

本书内容的讲解以 Visual Basic 6.0 中文企业版为准，系统全面地介绍 Visual Basic 6.0 版的数据类型、常用标准函数、语句、函数和过程、文件、标准控件以及数据库应用开发等内容。

1.1.3 Visual Basic 版本

Visual Basic 有三种不同的发行版本，具体内容如表 1-2 所示。

表 1-2 Visual Basic 版本

序号	版　　本	基 本 功 能
1	Visual Basic 学习版 (Learning Edition)	包括所有的内部控件，以及网络、选项卡和数据绑定控件
2	Visual Basic 专业版 (Professional Edition)	包括学习版的全部功能，以及附加的 Active X 控件、IIS 应用程序设计器、集成的可视化数据工具和数据环境、动态 HTML 页设计器等
3	Visual Basic 企业版 (Enterprise Edition)	包括专业版的全部功能，并带有 Back Office 工具，如 SQL Server，Microsoft Transaction Server，Internet Information Server 和 Visual SourceSaft 等，使用企业版能够开发出功能强大的应用程序

1.2 Visual Basic 集成开发环境

1.2.1 Visual Basic 启动

通过 Windows 开始菜单启动 Visual Basic 程序后，会出现“新建工程”窗口，如图 1-1 所示。在该对话框中可以选择启动时创建的项目，如标准 EXE、ActiveX EXE、ActiveX DLL 等，本书以“标准 EXE”作为主要讲解的内容。

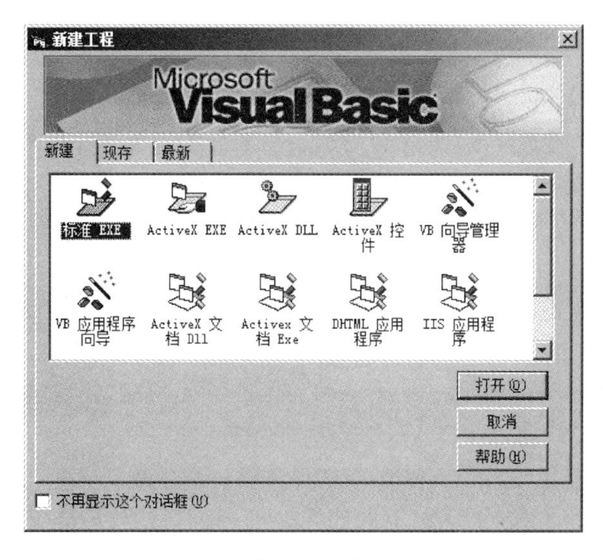

图 1-1 “新建工程”对话框

1.2.2 Visual Basic 系统窗口的组成

Visual Basic 系统窗口的组成如图 1-2 所示。

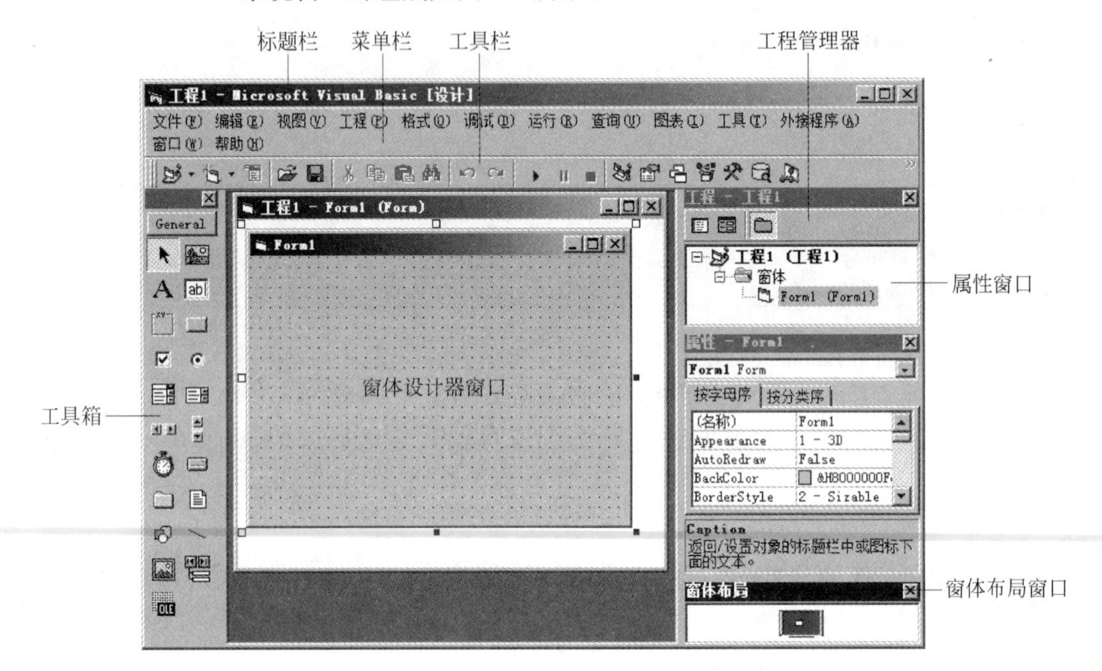

图 1-2 Visual Basic 的集成开发环境

1. 标题栏

标题栏主要显示当前工程名称以及最小化、最大化(或还原)、关闭等按钮。

2. 菜单栏

菜单栏中显示“文件”、“编辑”、“视图”等多个菜单，每个菜单又包含大量的菜单命令，辅助用户进行应用程序的开发、编译和调试。单击菜单栏中的菜单名即可打开下拉菜单，进行菜单命令的选择。

3. 工具栏

在菜单栏下面是工具栏，工具栏上提供了许多常用命令的快速访问按钮，单击某个按钮即可完成对应的操作。

4. 工具箱

在新建或打开“标准 EXE”工程时，VB 将自动打开标准工具箱，在标准工具箱中提供了一个指针和 20 个标准控件(也称为内部控件)。除标准控件外，Visual Basic 还提供了大量的 ActiveX 控件，这些控件可以通过添加新部件添加到工具箱中。

5. 工程资源管理器窗口

工程资源管理器窗口以树状层次结构方式列出了当前工程(或工程组)中的所有文件,并对工程进行管理。

6. 属性窗口

在程序设计阶段,可通过属性窗口修改各对象属性的初始值,调整对象的外观和相关数据。

7. 窗体布局窗口

窗体布局窗口用来设置应用程序中各窗体的位置。

8. 窗体设计器窗口

窗体设计器窗口主要用来设计应用程序的用户界面,如设计窗体的外观,在窗体上添加控件、图形,移动控件,改变控件大小等。一个应用程序可以拥有多个窗体,每个窗体必须有一个唯一的标识名称,Visual Basic 在默认情况下分别以 Form1,Form2,……命名窗体。

1.3 Visual Basic 基本操作

1.3.1 工具栏基本操作

1. 工具栏的显示与隐藏

如图 1-3 所示,将鼠标停在菜单栏上右击,在弹出的快捷菜单中可以选择显示或隐藏的工具。工具栏中主要包括编辑、标准、窗体编辑器、调试等工具。

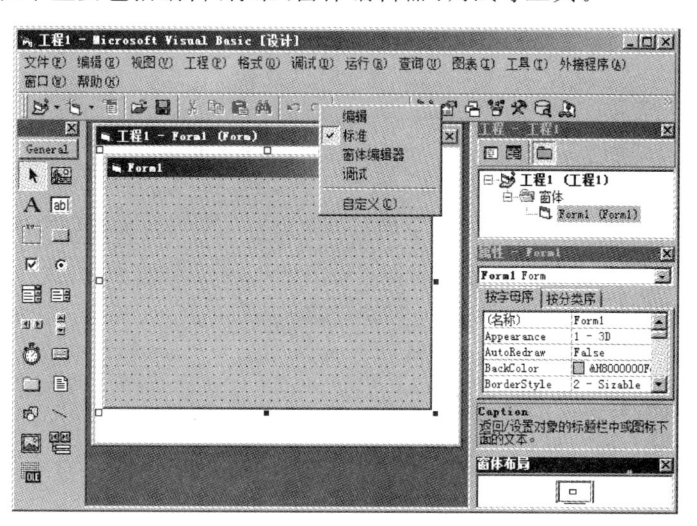

图 1-3 工具栏的显示与隐藏

工具栏的显示与隐藏还可以通过“自定义”来实现，如图 1-3 所示，选择“自定义”菜单就会打开“自定义”选项卡，如图 1-4 所示。

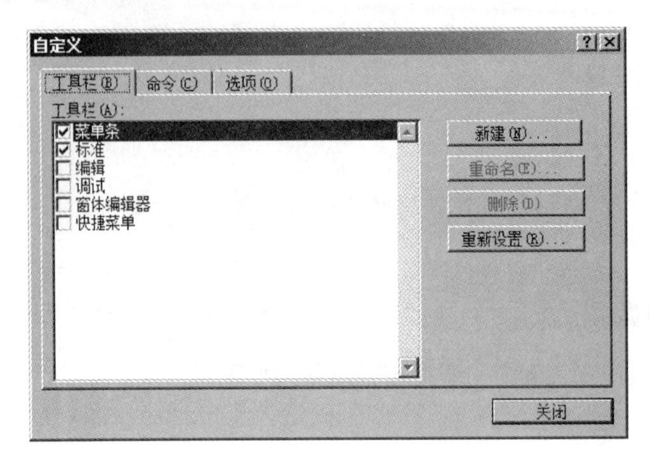

图 1-4 “工具栏”选项卡

2. 工具栏的移动

工具栏的移动可以通过鼠标拖动来实现。

3. 显示工具的快捷键

在“自定义”对话框中的“选项”选项卡中勾选“在屏幕提示中显示快捷键”，如图 1-5 所示。在 Visual Basic 中将鼠标指向某个工具按钮时，就会自动显示出该按钮的名称及快捷键。

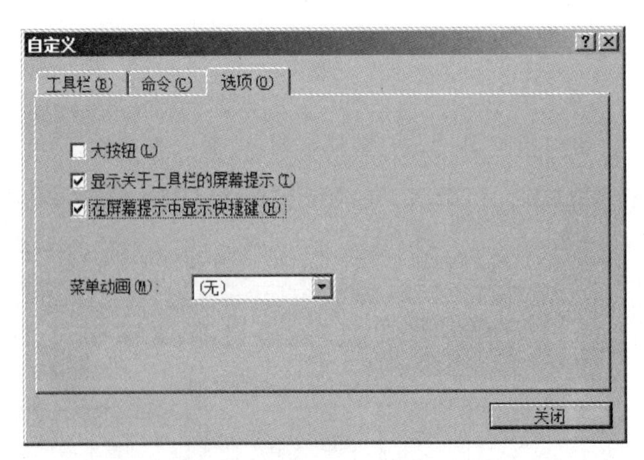

图 1-5 “选项”选项卡

4. 工具按钮与菜单间的转化

在“自定义”对话框中，选择“命令”选项卡，如图 1-6 所示。通过鼠标拖动可以在工具按钮和菜单间实现转换。

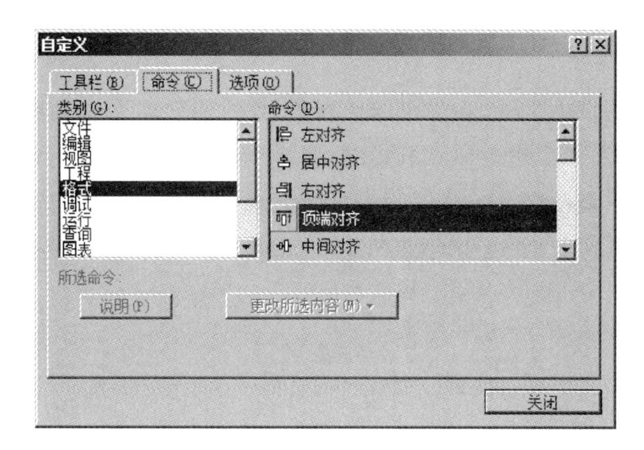

图 1-6 "命令"选项卡

1.3.2 工具箱基本操作

1. 选项卡的增加

(1) 如图 1-7 所示,在工具箱的空白处右击,在弹出的快捷菜单中选择"添加选项卡"命令,打开"新选项卡名称"对话框,如图 1-8 所示。

(2) 在弹出的"新选项卡名称"对话框中输入选项卡的名称,如"数据库",然后单击"确定"按钮。

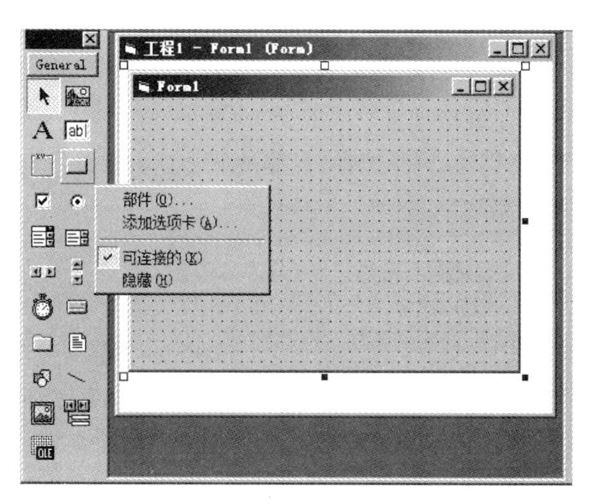

图 1-7 工具箱快捷菜单

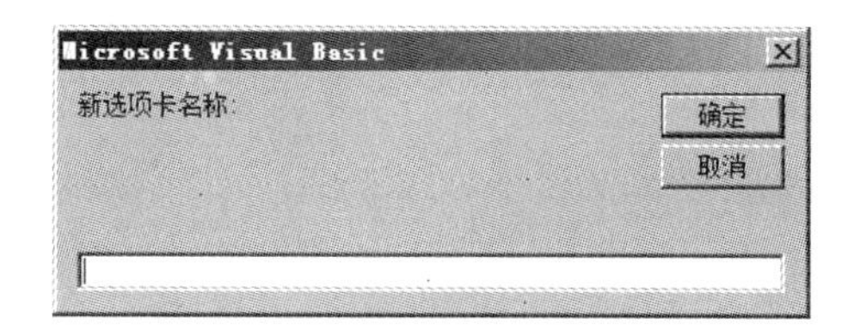

图 1-8 "新选项卡名称"对话框

2. 选项卡重命名、删除

在新添加的选项卡上右击，在弹出的快捷菜单中选择“重命名选项卡”命令或“删除选项卡”命令可以实现选项卡的重命名或删除，如图 1-9 所示。

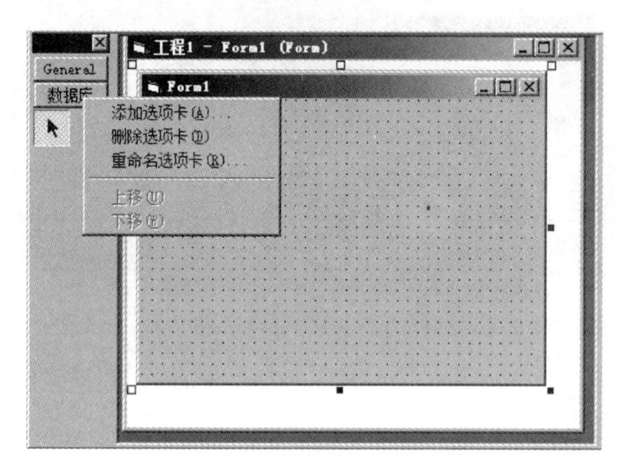

图 1-9　选项卡的重命名与删除

3. ActiveX 控件的增减

在 Visual Basic 中除了标准控件还可以添加 ActiveX 控件，具体操作步骤如下。

(1) 在工具箱的空白处右击，在弹出的如图 1-7 所示的快捷菜单中选择“部件”命令，弹出如图 1-10 所示的对话框。

(2) 在打开的“部件”对话框中，将需要的部件勾选上，然后单击“确定”按钮后退出，所选中的控件即可添加到工具箱中。

(3) 要删除工具箱中的 ActiveX 控件，只要按照上述方法去掉选中标记即可，标准的内部控件无法从工具箱中删除。

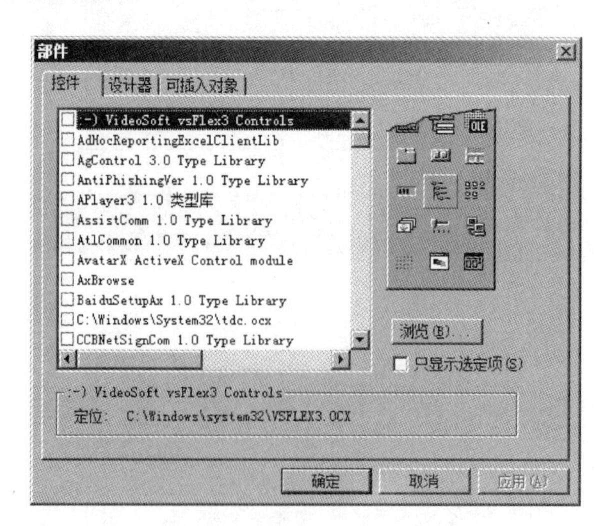

图 1-10　“部件”对话框

1.3.3 窗体设计窗口

1. 代码窗口

在窗体上双击即可以进入窗体事件代码窗口，如图 1-11 所示。按 Ctrl+F4 键可关闭代码窗口，也可以通过代码窗口右上角的关闭(×)按钮关闭代码窗口。

2. 启动窗体

窗体设计好后，按 F5 键或工具栏上的“启动”按钮 ▶ ，就可以运行窗体，如图 1-12 所示。

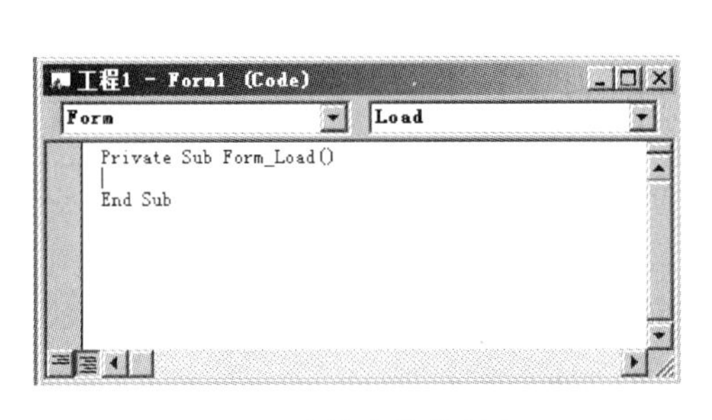

图 1-11 窗体事件代码窗口

图 1-12 窗体运行窗口

按 Alt+F4 键可以关闭运行窗口，也可以通过单击运行窗体右上角的关闭按钮或工具栏上的“结束”按钮 ■ 关闭运行的程序。

3. 窗体布局窗口

窗体布局窗口可以调整窗体运行时的屏幕位置，使用鼠标拖动窗体布局窗口中的小窗体 Form1 图标，可方便地调整程序运行时窗体的显示位置，如图 1-13 所示。

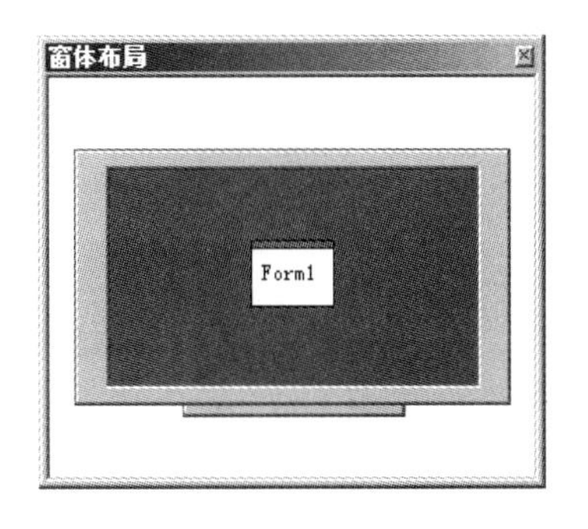

图 1-13 窗体布局窗口

4. 属性窗口

属性窗口的打开可以通过以下方式实现。

(1) 在窗体上单击鼠标右键选择“属性窗口”；

(2) 选择“视图”菜单中的“属性窗口”命令；

(3) 按 F4 键。

属性窗口由以下 4 部分构成，如图 1-14 所示。

(1) 对象列表框；

(2) 属性排列方式；

(3) 属性列表；

(4) 属性解释区。

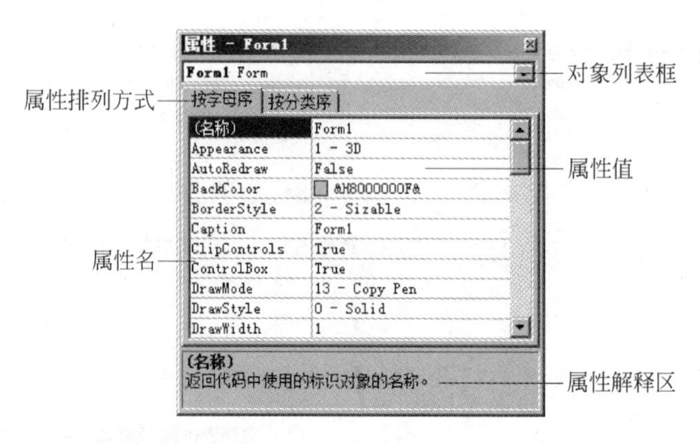

图 1-14　属性窗口

1.3.4　工程资源管理器

1. 工程资源管理器窗口

工程资源管理器窗口中主要包括三个工具按钮,如图 1-15 所示。

(1) 查看代码,单击"查看代码"按钮可打开代码窗口。

(2) 查看对象,单击"查看对象"按钮可打开窗体设计器窗口。

(3) 切换文件夹,单击"切换文件夹"按钮可显示或隐藏包含对象文件夹中的项目列表。

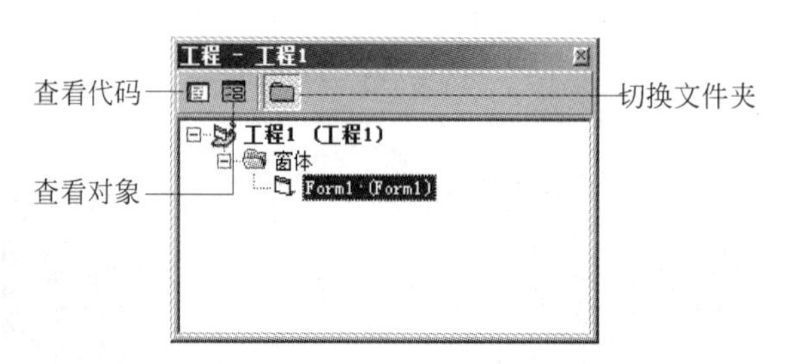

图 1-15　工程资源管理器窗口

2. 设置启动窗体

设置启动窗体可以决定哪些窗口在运行时最先启动。在工程资源管理器窗口右击,在弹出的快捷菜单中单击"工程 1 属性"命令,弹出"工程属性"对话框设置启动窗体。如图 1-16 所示,在"启动对象"中选择相应的窗体作为启动窗体。

3. 窗体的添加与移除

在工程资源管理器窗口中单击鼠标右键,在弹出的快捷菜单中选择"添加"→"添加窗体"命令即可添加一个新的窗体,如图 1-17 所示。在需要移除的窗体上单击鼠标右键,在弹出的快捷菜单中选择需要移除的窗体。

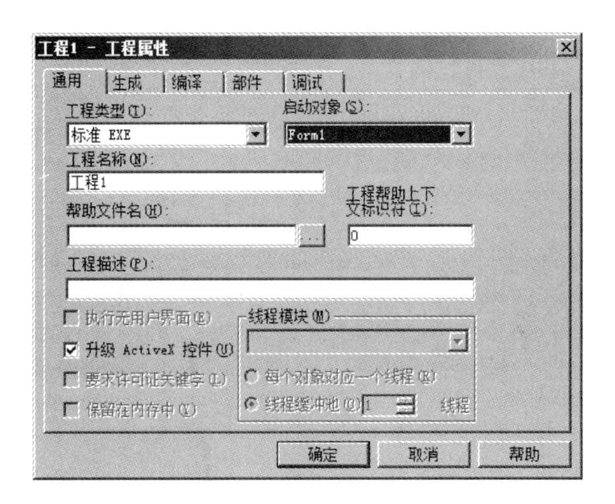

图 1-16 “工程属性”对话框

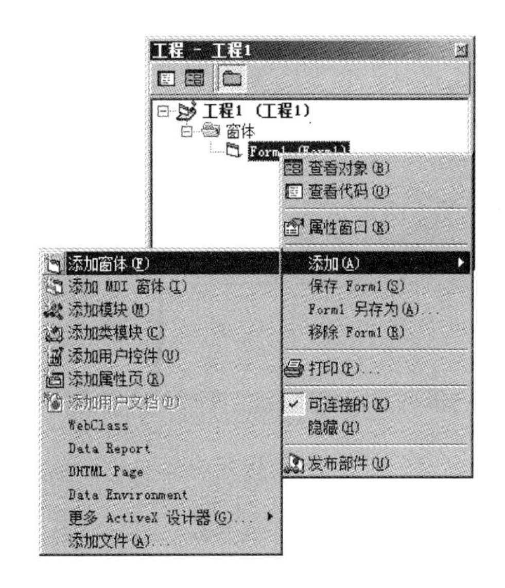

图 1-17 添加或移除窗体

4. 工程的保存或另存为

选择“文件”菜单中的“保存工程”命令或“工程另存为”命令，可以进行工程的保存，如图 1-18 所示，在“文件另存为”对话框中，首先进行窗体的保存，窗体文件的扩展名为 frm。当所有窗体文件保存完毕后，系统会弹出“工程另存为”对话框，如图 1-19 所示，提示用户进行工程的保存，工程文件的扩展名为 vbp。

5. 生成可执行文件

使用“文件”菜单中的“生成工程 1. exe”命令，可以进行工程生成可执行文件，如图 1-20 所示。

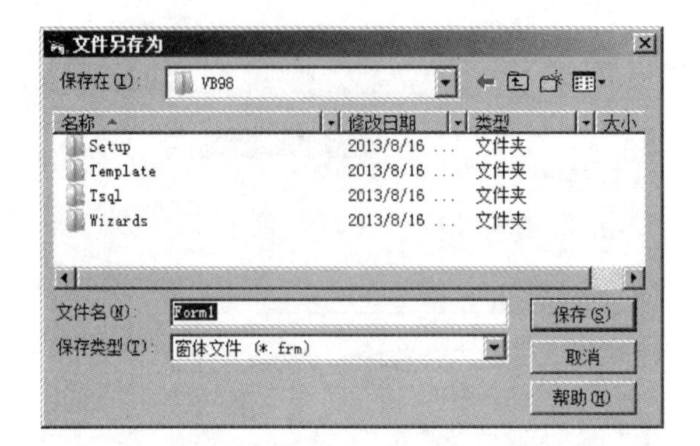

图 1-18 “文件另存为”对话框

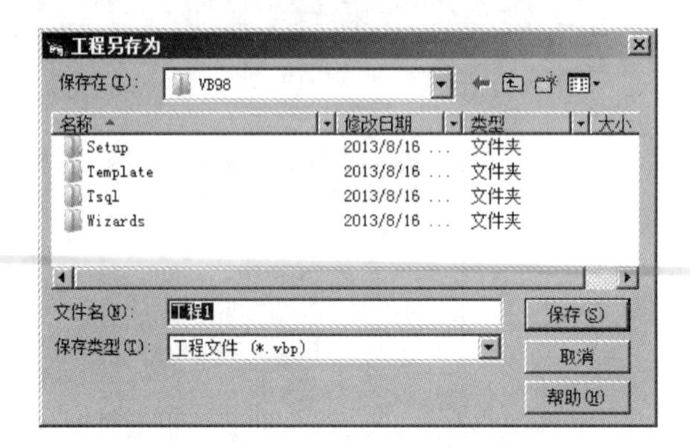

图 1-19 “工程另存为”对话框

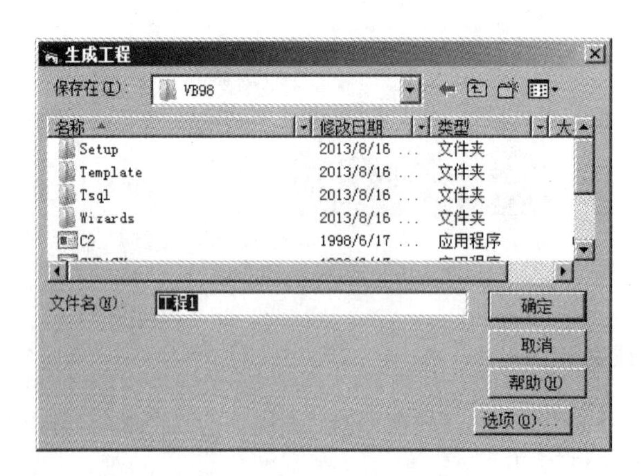

图 1-20 “生成工程”对话框

1.4 Visual Basic 对象与窗体

1.4.1 对象的分类

客观世界的任意实体都称为对象，在 Visual Basic 中对象主要分为以下 3 种：

（1）窗体；
（2）标准控件；
（3）ActiveX 控件。

在 Visual Basic 中，窗体是最基本的对象，是为用户设计应用程序界面而提供的窗口。它是多数 Visual Basic 应用程序设计界面的基础。它相当于一块画布，可以添加标签、命令按钮、文本框、列表框等。

1.4.2 对象的常用操作

在 Visual Basic 中创建对象后，对象的常用操作主要有以下 6 种：
（1）对象的命名；
（2）对象的选定；
（3）对象的复制；
（4）对象的删除；
（5）对象的大小；
（6）对象的移动。

1.4.3 对象的方法

方法是对象的某种操作或行为，具体格式如下：

对象名.方法[参数]

以 Form1 窗体对象为例，窗体的方法如表 1-3 所示。

表 1-3 窗体的方法

序　号	方　法	含　义
1	Form1. Cls	清除窗体屏幕
2	Form1. Move	移动窗体的位置
3	Form1. Show	窗体的显示
4	Form1. Hide	窗体的隐藏

1.4.4 对象的属性

属性是对象本身所具有的，具体格式如下：

对象名.属性名＝属性值

以窗体对象为例，窗体的基本属性如表 1-4 所示。

表 1-4 窗体的基本属性

序　号	属性名称	含　义
1	名称	设置窗体名称，名称在编写代码时使用
2	Caption	设置窗体的标题栏上的标题

续表

序　　号	属 性 名 称	含　　义
3	BackColor	设置窗体的背景颜色 (1) 用 QBcolor(N)函数表示的 16 种颜色 (2) 用 RGB(N,N,N)函数表示的 256^3 种颜色 (3) &H
4	Borderstyle	设置窗体的外观,值是 0～5
5	Controlbox	设置窗体是否显示控制菜单
6	Icon	设置控制菜单图标
7	Maxbutton	设置窗口最大化是否有效
8	Minbutton	设置窗口最小化是否有效
9	Height	设置窗体的高度
10	Width	设置窗体的宽度
11	Picture	设置窗体的背景图
12	Top	设置顶边距
13	Left	设置左边距
14	Visible	设置对象是否可见
15	WindowState	设置窗口启动时的状态

1.4.5 对象的事件

1. 鼠标事件

以窗体为例,常用的鼠标事件如下。

(1) MouseDown 事件

在窗体上按下鼠标键时执行程序代码,MouseDown 事件中含有 4 个参数,参数如图 1-21 所示,具体参数及按键值如表 1-5 所示。

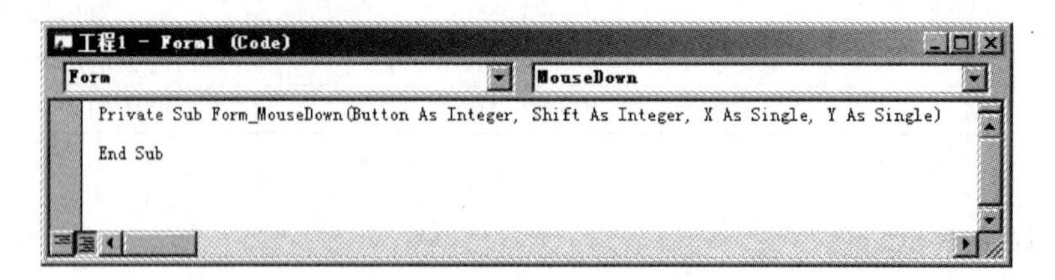

图 1-21　MouseDown 事件代码窗口

表 1-5　鼠标按键值

参数 / 按键值	Button	Shift	X 与 Y
0		未按 Shift|Ctrl|Alt 三个键	X 代表列像素
1	按下左键	按下 Shift	Y 代表行像素
2	按下右键	按下 Ctrl	
3		同时按下 Shift 和 Ctrl	

续表

按键值 \ 参数	Button	Shift	X与Y
4	按下中键	按下 Alt	
5		同时按下 Shift 和 Alt	
6		同时按下 Ctrl 和 Alt	
7		同时按下三个键	

(2) MouseUp 事件

在窗体上释放鼠标键时执行程序代码,MouseUp 事件中的参数含义同 MouseDown 事件。

(3) MouseMove 事件

在窗体上移动鼠标时执行程序代码,MouseMove 事件中的参数含义同 MouseDown 事件。

(4) Click 事件

在窗体上单击鼠标左键时执行程序代码,该事件无参数。

(5) DblClick 事件

在窗体上双击鼠标左键时执行程序代码,该事件无参数。

2. 键盘事件

(1) KeyPress 事件

敲击键盘上的按键时执行代码程序,通过 KeyAscii 返回按键的 ASCII 值。

(2) KeyDown 事件

按下键盘上的按键时执行代码程序,通过 KeyCode 返回按键的 ASCII 值。

(3) KeyUp 事件

释放键盘上按键时执行代码程序,与 KeyDown 事件相对应。

3. 其他事件

(1) Load 事件

进入窗体时执行代码程序。

(2) Unload 事件

关闭窗体时执行代码程序。

1.5 本章教学案例

1.5.1 窗体的显示与隐藏

案例描述

在 Form2 上添加两个命令按钮,标题分别为“显示”、“隐藏”,编写代码使得程序运行时，单击"显示"则 Form1 显示，单击"隐藏"则 Form1 隐藏，最后将 Form2 窗体保存为 VB01-01A. frm、Form1 窗体保存为 VB01-01B. frm，工程文件名为 VB01-01. vbp。

最终效果

本案例的最终效果如图 1-22 和图 1-23 所示。

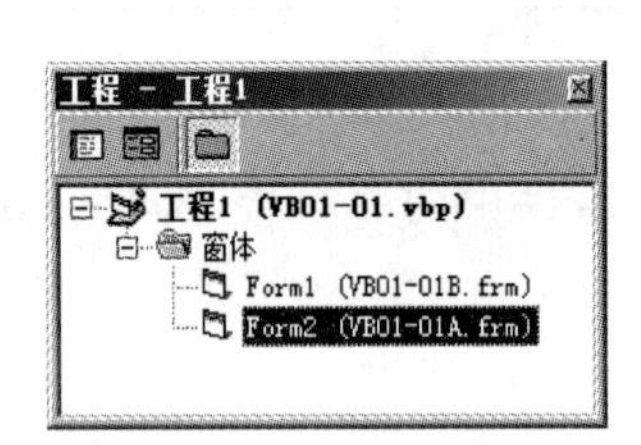

图 1-22　工程资源管理器窗口

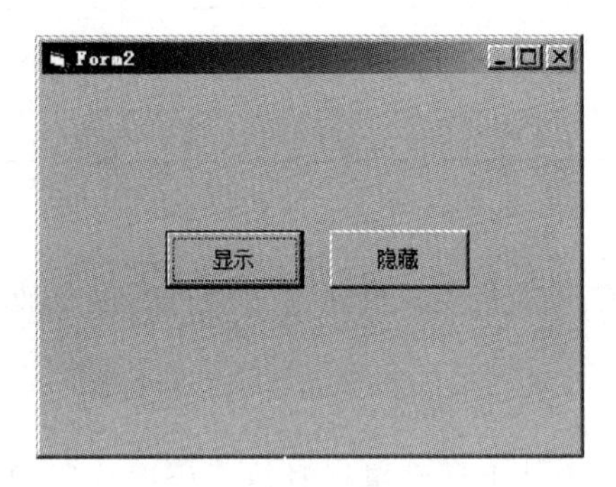

图 1-23　窗体效果

案例实现

(1) 在工程资源管理器窗口空白处单击鼠标右键，选择"添加"→"添加窗体"命令。

(2) 在工程资源管理器窗口"工程 1"文字上单击鼠标右键，选择"工程 1 属性"→"启动对象 Form2"→"确定"命令。

(3) 在 Form2 上添加两个命令按钮，属性窗口中设置 Caption 属性分别为"显示"、"隐藏"。

(4) 双击"显示"命令按钮打开代码窗口，在 Command1_Click() 中编写如下代码：

```
Private Sub Command1_Click()
'Form1.Show
Form1.Visible = True
End Sub
```

(5) 双击"隐藏"命令按钮打开代码窗口，在 Command2_Click() 中编写如下代码：

```
Private Sub Command2_Click()
'Form1.Hide
Form1.Visible = False
End Sub
```

知识要点分析

(1) 窗体的显示和隐藏可以通过 Show 和 Hide 方法来实现。

(2) 窗体的显示和隐藏也可以通过 Visible 属性来实现。

(3) Visible 可以实现任意对象的显示和隐藏。

1.5.2　测试鼠标的按键值

案例描述

在名称为 Form1 的窗体上画一个文本框，初始内容为空，编写适当的程序代码，使得程序运行时，在窗体上按下鼠标键时在文本框中显示相应的按键值。

最终效果

本案例的最终效果如图 1-24 所示。

图 1-24　鼠标按键值的测试

案例实现

(1) 在窗体上画一个文本框,将 Text 属性清空。

(2) 双击窗体打开代码窗口,在 Form_MouseDown 事件中编写如下代码:

```
Private Sub Form_MouseDown(Button As Integer, Shift As Integer, X As Single, Y As Single)
'Text1.Text = Button
Text1.Text = Shift
End Sub
```

知识要点分析

(1) Button 决定鼠标左键、右键和中键按下时的返回值。

(2) Shift 决定与 Alt、Ctrl、Shift 键组合与鼠标共同作用的返回值。

(3) X 和 Y 决定鼠标在窗体的位置坐标。

1.5.3　测试键盘的按键值

案例描述

在名称为 Form1 的窗体上画一个标签,标签有边框,编写适当的程序代码,使得程序运行时,在键盘上按下键盘键时在标签中显示相应的按键值。

最终效果

本案例的最终效果如图 1-25 所示。

图 1-25　键盘按键值的测试

✍案例实现

(1) 在窗体上画一个标签,在属性窗口中将标签的 borderstyle 属性值设为 1。

(2) 双击窗体打开代码窗口,在 Form_ KeyDown 事件中编写如下代码:

```
Private Sub Form_KeyDown(KeyCode As Integer, Shift As Integer)
Label1.Caption = KeyCode
End Sub
```

☎知识要点分析

(1) KeyCode 是按下键盘键时返回的键盘的 ASCII 码值。

(2) Shift 返回 Alt、Ctrl、Shift 键的 ASCII 码值。

1.5.4 窗体背景颜色

📖案例描述

在窗体上添加三个命令按钮,标题分别为"蓝"、"绿"、"红",编写代码使得程序运行时:

(1) 单击"蓝"则通过 QBcolor 函数控制窗体背景色为蓝色;

(2) 单击"绿"则通过 RGB 函数控制窗体背景色为绿色;

(3) 单击"红"则通过十六进制(&H)控制窗体背景色为红色。

最后将窗体保存为 VB01-04.frm,工程文件名为 VB01-04.vbp。

💻最终效果

本案例的最终效果如图 1-26 所示。

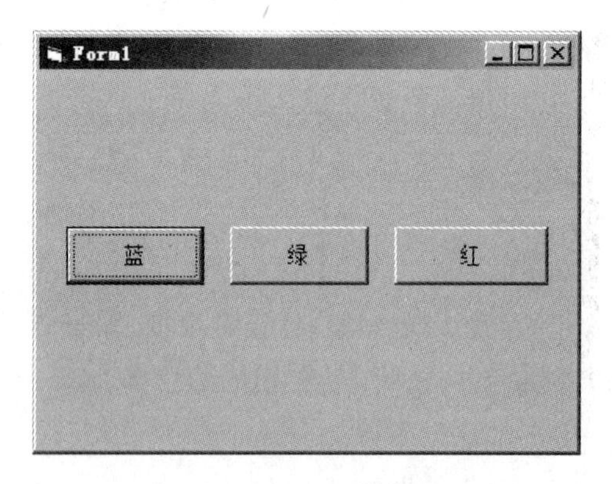

图 1-26 窗体背景颜色

✍案例实现

(1) 在窗体上添加三个命令按钮,在属性窗口中设置 Caption 属性分别为"蓝"、"绿"、"红"。

(2) 双击"蓝"命令按钮打开代码窗口,在 Command1_Click() 中编写如下代码:

```
Private Sub Command1_Click()
Form1.BackColor = QBColor(1)
End Sub
```

(3) 双击"绿"命令按钮打开代码窗口,在 Command2_Click()中编写如下代码:

```
Private Sub Command2_Click()
Form1.BackColor = RGB(0, 255, 0)
End Sub
```

(4) 双击"红"命令按钮打开代码窗口,在 Command3_Click()中编写如下代码:

```
Private Sub Command3_Click()
Form1.BackColor = &HFF
End Sub
```

☎知识要点分析

(1) 用 QBcolor(N)函数表示的 16 种颜色,N 的取值为 0~15。

(2) 用 RGB(N,N,N)函数表示的 256^3 种颜色,N 的取值为 0~255。

(3) 用十六进制表示颜色,必须以 &H 开头。

1.6 本章课外实验

1.6.1 Visual Basic 6.0 的安装与启动

通过网络或安装光盘安装 Visual Basic 6.0 到自己的计算机,并了解安装的过程,并把安装的过程复制到 Word 文档中,并保存文件名为 KSVB01-01。

1.6.2 启动窗体的设置

在 Visual Basic 中添加两个窗体 Form1 和 Form2,设置 Form2 为启动窗体,保存工程为 KSVB01-02,窗体文件名分别为 Form1 和 Form2,最终效果如图 1-27 所示。

图 1-27 Form2 启动窗体

1.6.3 测试鼠标与组合键的按键值

通过与 Ctrl、Shift、Alt 键相结合测试鼠标的按键值,保存窗体和工程为 KSVB01-03,最终效果如图 1-28 所示。

图 1-28 鼠标与组合键的测试

1.6.4 测试键盘 KeyPress 按键值

通过键盘的 KeyPress 事件，测试键盘的按键值，并比较 KeyAscii 与 KeyCode 参数的区别，保存窗体和工程为 KSVB01-04，最终效果如图 1-29 所示。

图 1-29 KeyAscii 按键返回值

第 2 章　Visual Basic 程序设计基础

本章说明

在 Visual Basic 应用程序中，程序代码是由不同元素构成的，包括数据类型、常量、变量、运算符与表达式、函数等。本章重点讲解数据类型、常量、变量、运算符与表达式。

本章主要内容

- Visual Basic 数据类型
- Visual Basic 常量
- Visual Basic 变量
- 运算符与表达式

本章拟解决的问题

(1) Visual Basic 的数据类型有哪些?
(2) 字节型数据、整型数据的取值范围是什么样的?
(3) 哪些数据可以用类型符表示?
(4) 数值型数据包括哪些?
(5) 字符型数据和日期型数据的定界符是什么?
(6) 逻辑值包括什么?
(7) Visual Basic 的常量有哪些?
(8) Visual Basic 的变量如何命名?
(9) 如何理解变量的作用域?
(10) Visual Basic 的运算符有哪些?

2.1 Visual Basic 数据类型

数据是程序处理的对象,不同类型的数据有不同的处理方法。数据类型用于确定一个变量所具有的值在计算机内的存储方式以及对变量可以进行的操作。数据可以依照类型进行分类,Visual Basic 数据类型可分为基本数据类型和用户自定义类型两大类。基本数据类型是由 Visual Basic 直接提供的,用户自定义类型是在基本数据类型不能满足需要时,用户自己定义的数据类型,是由基本数据类型组成的。

Visual Basic 6.0 提供的数据类型如表 2-1 所示。

表 2-1 数据类型

分类	数据及类型	类型符	存储空间(字节)	取值范围
数值型	Byte(字节型)		1	0～255
	Integer(整型)	%	2	－32 768～32 767
	Long(长整型)	&	4	－2 147 483 648～2 147 483 647
	Single(单精度浮点型)	!	4	负数:－3.402 823E38～－1.401 298E-45 正数:1.401 298E-45～3.402 823E38
	Double(双精度浮点型)	#	8	负数:－1.797 693 134 862 32E308～－4.940 656 458 412 47E－324 正数:4.940 656 458 412 47E－324～1.797 693 134 862 32E308
	Currency(货币型)	@	8	－922 337 203 685 477.5808～922 337 203 685 477.5807
日期型	Date(日期型)		8	100 年 1 月 1 日～9999 年 12 月 31 日

续表

分类	数据及类型	类型符	存储空间（字节）	取值范围
字符型	String（变长字符型）	$	10字节加字符串长度	0～2^{31}（大约21亿）
	String（定长字符型）	$	字符串长度	0～2^{16}（大约65 535）
逻辑型	Boolean（布尔型）		2	True或False
变体型	Variant（数值变体类型）		16	任何数字值，最大可达Double的范围
	Variant（字符变体类型）		22字节加字符串长度	与变长String有相同的范围
对象型	Object（对象型）		4	用于表示图形或OLE对象
自定义类型	Type End type （用户自定义）		所有元素所需数目	每个元素的范围与它本身的数据类型的范围相同

说明：

(1) Visual Basic提供的基本数据类型主要有13种，归为6大类，自定义类型是这6大类的综合使用。

(2) 数值型包括字节型、整型、长整型、单精度浮点型、双精度浮点型、货币型。

(3) 日期型用于存储日期和时间，在给出具体日期时需用“#”定义。

(4) 字符型分为变长字符型和定长字符型，在给出具体字符串时需用双引号定义。

(5) 逻辑型也叫布尔型，只有True和False两个值。

(6) 变体型分为数值变体类型和字符变体类型。

(7) 对象型用于表示图形或OLE对象。

2.1.1 数值型

数值型数据包括字节型、整型和实型三类。

1. 字节型数据

字节型(Byte)用来存储二进制数据，用1个字节存储，不能表示负数，0～255的整数可以用Byte型表示。

定义格式：Dim a As Byte

说明：定义a为字节型。

2. 整型数据

整型是指不带小数和指数符号的数，根据其取值范围的不同，整型数又可分为整型

(Integer)和长整型(Long)。

定义格式：Dim a As Integer, b As Long

说明：定义 a 为整型,b 为长整型。

3. 实型数据

实型用来存放小数数据,实型数按其取值范围和精确度的不同又分为单精度实型(Single)、双精度实型(Double)和货币型(Currency)。

定义格式：Dim a As Single, b As Double, c As Currency

说明：定义 a 为单精度,b 为双精度,c 为货币型。

2.1.2 日期型

日期型(Date)用于存储日期和时间。

定义格式：Dim a As Date

说明：定义 a 为日期型。

2.1.3 字符型

字符型(String)用来存放字符串,字符型可分为定长字符型和可变长度字符型两种,变长字符型长度不固定,它的长度随着所赋值的变化可增可减。

定义格式：Dim a As String, Dim b As String * 5

说明：定义 a 为变长字符型,定义 b 为定长字符型。

2.1.4 逻辑型

逻辑型(Boolean)也叫布尔型,只能存储 True 或 False,适合数据只有两种状态的情况。当把逻辑型数据转换成数值型时,True 变成－1,False 变成 0。反之当把数值型数据转换成逻辑型数据时,0 会转换成 False,其他非 0 的数据则转换成 True。

定义格式：Dim a As Boolean

说明：定义 a 为布尔型。

2.1.5 变体型

变体型(Variant)可以存储系统定义的所有数据类型,它是一种可变的数据类型,占用的内存比其他类型多,因此一般不建议使用变体型,而对于用户事先无法预料结果的类型,可以考虑使用变体型。当定义变量时没有说明数据类型,则默认设为变体型。

定义格式：Dim a As Variant

说明：定义 a 为变体类型。

2.1.6 对象型

对象型(Object)存储任何类型的对象，可以引用应用程序中的对象或者其他应用程序中的对象。

定义格式：Dim a As Object

说明：定义a为对象型。

2.1.7 自定义类型

用户自定义类型的格式为：

```
Type 自定义数据类型名
    变量 1 As 数据类型
    变量 2 As 数据类型
    ⋮
End Type
```

使用：Dim a as 自定义数据类型名。

说明：定义a为自定义类型数据。

2.2 Visual Basic 常量

常量是指在程序运行过程中值始终保持不变的量，主要包括整型常量、浮点型常量、字符串常量、日期时间常量、逻辑常量和符号常量等。

2.2.1 整型常量

一个整型常量可以用三种不同的形式表示，如表2-2所示。

表2-2 整型常量表示方法

形　式	表　示	十进制结果
十进制整数	1999	1999
八进制整数	&O3717&	1999
十六进制整数	&H7cf&	1999

说明：

(1) 十进制数是由0～9组成的整数。

(2) 八进制以&O开头、&结束，中间是一个八进制的整数。

(3) 十六进制以&H开头、&结束，中间是一个十六进制的整数。

2.2.2 浮点型常量

浮点型常量也称实型常量，表示方法有两种，如表2-3所示。

表 2-3　浮点型常量

形　　式	举　　例
小数形式	0.123,.123 ,123. ,0.0
指数形式	123E3, 0.123E3 ,123E-3

说明：

(1) 以小数形式表示时,0.123 也可表示为.123；整型常量 123 若要转化为浮点型常量表示为 123.；同样,整型常量 0 转化成浮点型常量表示为 0.0。

(2) 以指数形式表示时,用字母 e 表示其后的数是以 10 为底的幂,如 e3 表示 10^3,而 123e3 表示 123×10^3。

(3) 表示指数形式,用 E 表示单精度,用 D 表示双精度。

2.2.3　字符串常量

字符串常量是用双引号括起来的字符,例如"abc"表示的就是一个字符串。若双引号中不包含任何字符,也不包含空格,则表示一个空字符串。

2.2.4　日期时间常量

日期时间常量在格式上要求用＃将日期时间值括起来。例如,2013 年 8 月 28 日 10 点 30 分 12 秒,在使用时若只表示日期,格式为＃08/28/2013＃,若表示日期和时间,格式为＃2013-08-28 10:30:12 AM＃,若只表示时间,格式为＃10:30:12 AM＃,以上都是合法的日期型常量。

2.2.5　逻辑常量

逻辑常量只有 True(真)和 False(假)两个值,在设置属性值的时候,很多属性都是 True 和 False。

2.2.6　符号常量

若程序中用到的某个数据很长很难记忆或者多次用到,则可以定义一个容易书写的符号来代替它,这个符号就叫符号常量。例如如果在程序中多次使用圆周率,可以使用符号常量来代替它,若要将圆周率的精度提高,则只需修改符号常量的值,而不需要一条一条语句地去查找修改,非常方便。

符号常量需要先说明后使用,声明符号常量的语法为:

Const 符号常量名 As 数据类型 = 表达式

符号常量的命名遵循标识符的命名规则,若省略[As 数据类型],符号常量的类型由表达式的数据类型决定。表达式可以由数值、字符、运算符等组成,也可以使用之前已经定义过的符号常量。例如:

```
Const PI=3.1415926
```

```
Const PI As Single=3.1415926
```

符号常量形式上和变量相似，但本质上仍然是常量，因此只能引用不能被赋值。

2.3 Visual Basic 变量

变量是指在程序运行过程中值可以改变的量，变量的命名具有唯一性，变量与常量在内存中均占据一定的存储空间。

2.3.1 变量命名规则

变量命名时必须遵循以下规则。

(1) 变量必须以字母开头，当中可含有数字和下划线。

(2) 变量名最多是 255 个字符。

(3) 变量名不区分字母的大小写。

变量名中不允许使用下列字符。

(1) 变量名中不能使用运算符、标点符号和空格。

(2) 变量名不能使用 Visual Basic 中的关键字(也称保留字，如 Dim)。

(3) 除了最后一个字符外不能包含类型说明符。

(4) 撇号(')或 Rem 为程序的注释的引导，不能使用。

2.3.2 变量类型声明

变量类型声明就是定义变量的名称和变量的数据类型。

1. 用类型符进行定义

定义变量时，在变量后加类型符%、&、!、#、@、$ 等。

格式为：Dim 变量名 类型符

如 Dim x%,y&,z! 等价于 Dim x As Integer,y As Long,z As SingLe

2. 用 Dim 或 Static 语句定义

用 Dim 或 Static 定义变量，具体格式如下：

Dim 变量名 1 AS 类型名,变量名 2 AS 类型名…
Static 变量名 1 AS 类型名,变量名 2 AS 类型名…

说明：

(1) 用 Dim 或 Static 声明时，系统会自动按照变量的数据类型给变量赋初值，如果是数值型初值为 0，如果是字符型初值为空串，如果是逻辑型初值为 False。

(2) Dim 也称动态变量定义，变量使用前都要恢复到初值。

(3) Static 也称静态变量定义，变量使用时保留上一次变量的值。

(4) 字符型变量有定长和变长之分，在声明定长字符型变量时，用“String * 长度”来表示。

(5) 同时声明多个变量,各变量名以逗号进行分隔。

变量声明及各项含义如表 2-4 所示。

表 2-4　变量声明及各项含义

变量声明	含　义
Dim a As Integer,b As Single	定义 a 为整型变量,b 为单精度型变量
Dim a,b	定义 a 和 b 为变体变量
Dim s As String ＊12	定义 s 为 12 位(定长)字符变量
Dim c As string	定义 c 为可变长度字符变量
Dim x,y,z As Integer	定义 x,y 为变体型变量,z 为整型变量

2.3.3　变量的赋值

变量声明后,系统会根据数据类型赋予变量一个初值。如果需要重新给变量赋值可以使用如下格式:

变量名 = 表达式

说明:

(1) 表达式可以是单个常量、变量、函数、运算符及括号等组成的表达式,计算表达式的值,并将计算结果赋予赋值号左边的变量。

(2) "="右侧表达式中的变量必须是赋过值的,否则变量的初值自动取零(变长字符串变量取空字符)。

(3) 赋值号(=)不同于数学中的等号,如 $x=x+1$ 在数学中不成立,而在 Visual Basic 中,表示将变量 x 的值+1 再重新赋予变量 x。数学中 $a=b+c$ 等价于 $b+c=a$,但在 Visual Basic 中,$b+c=a$ 是非法的赋值语句。

(4) 在使用赋值语句赋值时,原则上要求赋值运算符两边数据类型相同,而实际应用中,如果表达式的数据类型系统能够自动转换为变量的数据类型,也能成功赋值,这个值是类型转换后该有的值。但不是所有数据类型之间都可以强制转换,一旦赋值运算符两边数据类型不同且不能转换,则会出现类型不匹配的错误。例如:

```
Dim a As Integer, b As Integer, c As String, d As Date
a = 1.5                    '转换 1.5 为整型数 2(四舍五入),再赋值给 a
b = "ABCD"                 '出错,类型不符
c = 123                    '转换为字符串"123",再赋值给 c
d = 2.5                    '2.5 转换为日期型数据,整数是日期,小数为时间
```

(5) 数值型变量在赋值的时候如果超出了该类型规定的范围,会提示溢出错误;定长字符型变量赋值时,如果超出了定长,超出的部分截掉显示,不足定长则用空格补足。例如:

```
Dim x As Byte, y As String * 3, z As String * 3
x = 258                    '溢出错误
y = "abcde"                '结果只有"abc"赋值给变量 y
z = "a"                    '将"a"赋值给变量 z,可以用 Len 函数测得字符串的长度为 3
```

2.3.4 变量的作用域

1. 局部变量

在某个过程中定义的变量称为局部变量，该变量只能在本过程中使用，而不能在其他的过程中使用。

2. 窗体级变量

在窗体的通用部分定义的变量，称为窗体级变量，可以在窗体的任意过程中使用，但不能被其他窗体的过程调用。

3. 全局变量

在窗体的通用部分，使用 Public 语句定义的变量为全局变量，可以在本窗体的任意过程中调用，也可以被其他的窗体调用，调用的格式为：

窗体名.变量名

变量的作用域即变量起作用的范围，局部变量、窗体级变量、全局变量的定义如图 2-1 所示。变量 *a* 为局部变量，该变量只能在 Command1 的 Click 事件过程中使用；变量 *b* 为窗体级变量，该变量可在本窗体的任意过程中使用，即只要是本窗体上的对象（如 Command1、Command2 等）都可使用该变量；变量 *c* 为全局变量，该变量不只能在本窗体中使用，还可以在其他窗体中使用，使用的格式为 Form1. c。

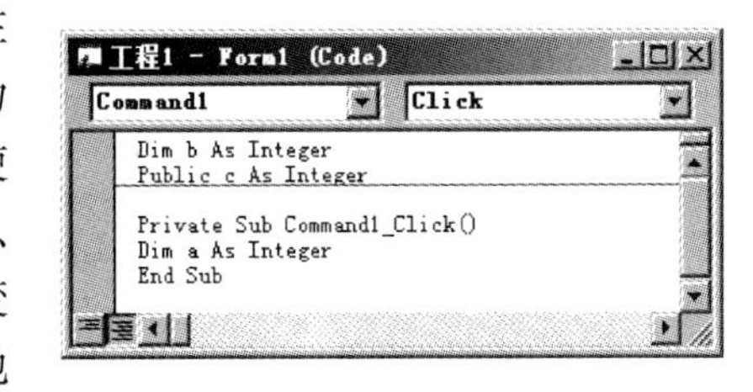

图 2-1　变量的作用域

2.4 运算符与表达式

Visual Basic 提供了丰富的运算符，这些运算符包括算术运算符、关系运算符、字符串连接运算符和逻辑运算符，通过这些运算符连接起来的式子称为表达式。

2.4.1 算术运算符与算术表达式

算术运算符主要是进行算术四则运算的符号，如表 2-5 所示。

表 2-5　算术运算符

序　号	运 算 符	含　义	举　例	结　果
1	＋	加	9＋4	13
2	－	减	9－4	5
3	^	指数	2 ^3	8
4	*	乘	9 * 4	36
5	/	除	9/4	2.25
6	\	整除	9\4	2
7	mod	求余	9 mod 4	1

说明：

(1) ＋、－如果作为正负号的时候最优先计算。

(2) \为整除运算符，求前一个操作数除以后一个操作数的整除部分，如果两个操作数有小数的，小数按四舍五入进行处理。

(3) MOD为求余运算符，也称求模运算符，求前一个操作数除以后一个操作数的余数，如果两个操作数有小数的，小数按四舍五入进行处理。

(4) 运算符的优先顺序可以通过()来改变。

2.4.2 关系运算符与关系表达式

关系运算符也称比较运算符，关系运算符共有6个，如表2-6所示，它们都是双目运算符，用来比较两个操作数的大小。当一个关系式成立时则计算结果为逻辑值真(True)，否则为逻辑值假(False)。

表2-6 比较运算符

序　号	运 算 符	含　义	举　例	结　果
1	<	小于	9<4	False
2	>	大于	9>4	True
3	<=	小于等于	9<=4	False
4	>=	大于等于	9>=4	True
5	=	等于	9=4	False
6	<>	不等于	9<>4	True

说明：

(1) 关系运算符的优先级别相同。

(2) 关系运算符的优先级低于算术运算符。

2.4.3 字符串连接运算符与字符串表达式

字符串连接运算符只有两个，如表2-7所示。

表2-7 字符串连接运算符

运 算 符	含　义	举　例	结　果
+	进行字符串连接	"123" + "100"	123100
&	任意数据类型的连接	"123" & 100	123100

说明：

(1) +要求两边都是字符串，然后把两边的字符串进行连接。如果是数值则进行加法运算，如"123" + 100得到的是223。

(2) & 不管两边是字符型还是其他数据类型，首先都要转换成字符串然后进行连接，使用 & 时，& 要和运算数之间加一个空格。

2.4.4 逻辑运算符与逻辑表达式

常用的逻辑运算符有3个，如表2-8所示，其中Not为单目运算符，And和Or为双目运算符，逻辑运算的结果是逻辑值True或False。

表2-8 逻辑运算符

运算符	含义	举例	结果
Not	逻辑非	Not 5>4	False
And	逻辑与	5>3 And 9<12	True
Or	逻辑或	5>3 Or 9<12	True

说明：

(1) 逻辑运算符的优先级顺序为Not(非)→And(与)→Or(或)，即Not最优先。

(2) 逻辑运算符中的And和Or低于关系运算符，Not高于算术运算符。

(3) 多个And运算符，只有前一个为真，才判断下一个。

(4) 多个Or运算符，只要有一个为真，就不判断下一个。

2.5 本章教学案例

2.5.1 变量的定义与赋值

案例描述

定义不同数据类型的变量A、B、C、D、E、F、G、H，并给每个变量赋值，变量定义的类型及赋值要求如表2-9所示，程序运行时，单击窗体可在窗体上输出各变量的值，最后将窗体保存为VB02-01.frm，工程文件名为VB02-01.vbp。

表2-9 变量定义与赋值

变量名称	定义的数据类型	变量赋值
A	Integer	A = 1234
B	Integer	B = 1.6
C	Double	C = 1.6
D	Date	D = #9/10/3013#
E	String	E = "ABCDEF"
F	String * 3	F = "ABCDEF"
G	Boolean	G = True
H	Variant	H = "内蒙古"

最终效果

本案例的最终效果如图2-2所示。

图 2-2　变量的赋值及结果

✍案例实现

双击窗口打开代码窗口,在 Form_Click()中编写如下代码:

```
Private Sub Form_Click()
Dim A As Integer, B As Integer
Dim C As Double
Dim D As Date
Dim E As String, F As String * 3
Dim G As Boolean
Dim H As Variant
A = 1234
B = 1.6
C = 1.6
D = #9/10/3013#
E = "ABCDEF"
F = "ABCDEF"
G = True
H = "内蒙古"
Print "A=" & A
Print "B=" & B
Print "C=" & C
Print "D=" & D
Print "E=" & E
Print "F=" & F
Print "G=" & G
Print "H=" & H
End Sub
```

☎知识要点分析

(1) 变量赋值的语法格式为<变量名> = <表达式>。

(2) 同时声明多个变量,各变量名用逗号进行分隔。

(3) 声明变量 B 为整型,所以要求给变量 B 赋的值必须是整型,若不是整型则自动转换为整型值。

(4) 字符型变量有定长和变长之分,在声明定长字符型变量时,用"String * 长度"来表示,定长字符型变量赋值时,如果超出了定长,超出的部分截掉显示,不足定长则用空格补足。

2.5.2 算术运算符计算

案例描述

程序运行时，单击窗体可在窗体上输出如表 2-10 所示的各表达式的值，最后将窗体保存为 VB02-02.frm，工程文件名为 VB02-02.vbp。

表 2-10 算术运算符及表达式

序　　号	表　达　式	运 行 结 果
1	2 ^ 3	8
2	17 / 3	5.66666666666667
3	17 \ 3	5
4	17.5\ 3.4	6
5	17 Mod 3	2
6	17.5 Mod 3.4	0

最终效果

本案例的最终效果如图 2-3 所示。

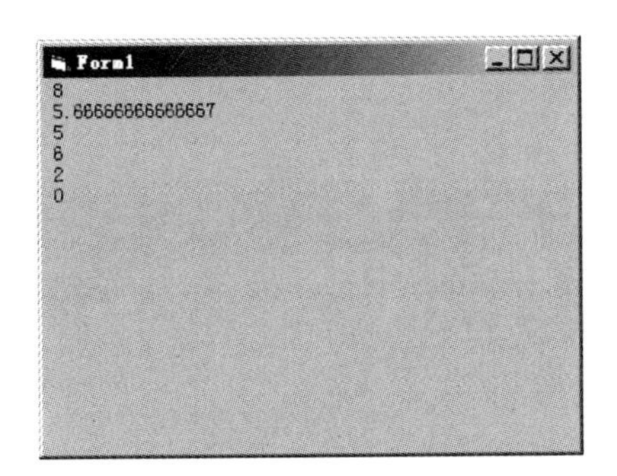

图 2-3 算术运算符及运行结果

案例实现

双击窗口打开代码窗口，在 Form_Click()中编写如下代码：

```
Private Sub Form_Click()
Print 2 ^ 3
Print 17 / 3
Print 17 \ 3
Print 17.5 \ 3.4
Print 17 Mod 3
Print 17.5 Mod 3.4
End Sub
```

知识要点分析

(1) \为整除求商，如果两个操作数有小数，小数部分按四舍五入进行处理。

(2) Mod 为整除求余，如果两个操作数有小数，小数部分按四舍五入进行处理。

2.5.3 比较运算符计算

案例描述

程序运行时,单击窗体可在窗体上输出如表 2-11 所示的各表达式的值,最后将窗体保存为 VB02-03.frm,工程文件名为 VB02-03.vbp。

表 2-11 比较运算符及表达式

序号	表达式	运行结果
1	3 <> 5	True
2	"abcd" < "abc"	False
3	"abcd" Like "abcd"	True
4	"abcd" Like "abc?"	True
5	"abcd" Like "ab??"	True
6	"abcd" Like "ab*"	True
7	"abcd" Like "abcd"	True
8	"abc?" Like "abcd"	False

最终效果

本案例的最终效果如图 2-4 所示。

图 2-4 比较运算符及运行结果

案例实现

双击窗口打开代码窗口,在 Form_Click() 中编写如下代码:

```
Private Sub Form_Click()
Print 3 <> 5
Print "abcd" < "abc"
Print "abcd" Like "abcd"
Print "abcd" Like "abc?"
Print "abcd" Like "ab??"
Print "abcd" Like "ab*"
Print "abcd" Like "abcd"
Print "abc?" Like "abcd"
End Sub
```

☎知识要点分析

(1) 字符串比较是按照 ASCII 码值的大小进行比较，首先比较第 1 个字符，第 1 个字符相同比较第 2 个字符，以此类推。

(2) Like 是对字符串进行比较看是否匹配，比较时可在后一个字符串中使用通配符，通配符有？和 * 两种，? 代表一个字符，* 代表多个字符。

2.5.4 字符串连接运算符计算

📖案例描述

程序运行时，单击窗体可在窗体上输出如表 2-12 所示的各表达式的值，最后将窗体保存为 VB02-04.frm，工程文件名为 VB02-04.vbp。

表 2-12 字符串连接运算符及表达式

序　号	表　达　式	运 行 结 果
1	100 + 123	223
2	"100" + "123"	100123
3	"100" + 123	223
4	100 & 123	100123
5	"Visual" & " " & "Basic"	Visual Basic

💻最终效果

本案例的最终效果如图 2-5 所示。

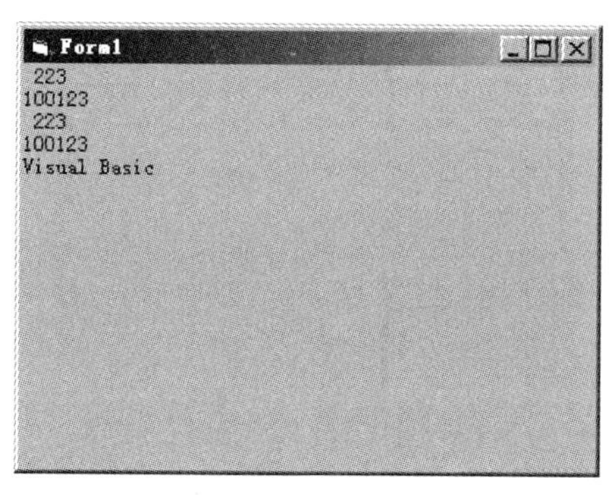

图 2-5 字符串连接运算符及运行结果

✍案例实现

双击窗口打开代码窗口，在 Form_Click() 中编写如下代码：

```
Private Sub Form_Click()
Print 100 + 123
Print "100" + "123"
Print "100" + 123
Print 100 & 123
Print "Visual" & " " & "Basic"
End Sub
```

☎知识要点分析

(1) 字符串运算符有两种：+和 &。

(2) +要求两边都是字符串，然后把两边的字符串进行连接，如果是数值则进行加法运算。

(3) & 不管两边是字符型还是数值型，首先都要转换成字符串然后进行连接，使用 & 时要在 & 和运算数之间加一个空格。

2.5.5 逻辑运算符与表达式

🕮案例描述

程序运行时，单击窗体可在窗体上输出如表 2-13 所示的各表达式的值，最后将窗体保存为 VB02-05.frm，工程文件名为 VB02-05.vbp。

表 2-13 逻辑运算符与表达式

序　号	表 达 式	运 行 结 果
1	Not 3 > 5	True
2	3 < 5 And 6 > 7	False
3	3 < 5 Or 6 > 7	True

最终效果

本案例的最终效果如图 2-6 所示。

图 2-6 逻辑运算符及运行结果

✍案例实现

双击窗口打开代码窗口，在 Form_Click()中编写如下代码：

```
Private Sub Form_Click()
Print Not 3 > 5
Print 3 < 5 And 6 > 7
Print 3 < 5 Or 6 > 7
End Sub
```

☎知识要点分析

(1) Not 是真了为假，假了为真。

(2) And 同时为真才为真，一个为假就为假。

(3) Or 同时为假才为假,一个为真就为真。

2.5.6 符号常量计算圆的周长和面积

案例描述

在窗体上添加三个标签,标题分别为"半径"、"周长"、"面积",添加三个初始内容为空的文本框,分别放在相应标签的后面,添加一个命令按钮,标题为"计算",程序运行时在Text1 中输入半径,单击"计算"命令按钮,计算出圆的周长和面积,分别显示在 Text2 和Text3 中,最后将窗体保存为 VB02-06.frm,工程文件名为 VB02-06.vbp。

最终效果

本案例的最终效果如图 2-7 所示。

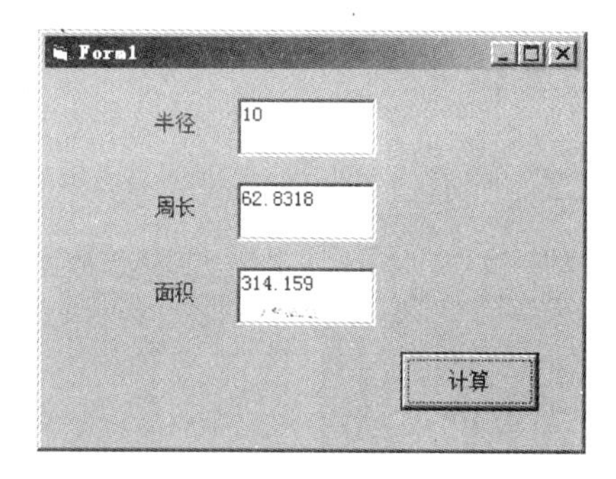

图 2-7 周长和面积的计算结果

案例实现

(1) 添加三个标签,Caption 属性分别为"半径"、"周长"、"面积",添加三个文本框,清空 Text 属性,添加一个命令按钮,Caption 属性为计算。

(2) 双击计算命令按钮打开代码窗口,在 Command1_Click()中编写如下代码:

```
Private Sub Command1_Click()
Dim r As Single, zc As Single, mj As Single
Const pi As Single = 3.14159
r = Text1.Text
zc = 2 * pi * r
mj = pi * r ^ 2
Text2.Text = zc
Text3.Text = mj
End Sub
```

知识要点分析

(1) Const pi As Single = 3.14159 定义 pi 为符号常量。

(2) 圆周率 pi 在程序中多次使用,避免多次重复输入。

2.5.7 变量的作用域

案例描述

在窗体 From1 上添加三个命令按钮,标题分别为"局部变量"、"窗体级变量"、"显示

Form2"，在窗体 From2 上添加一个命令按钮，标题为"全局变量"，根据表 2-14 的要求对变量进行定义，测试变量的作用范围，最后将窗体 Form2 保存为 VB02-07B. frm、窗体 Form1 保存为 VB02-07A. frm，工程文件名为 VB02-07. vbp。

表 2-14　表达式

序　　号	变　　量	作　用　域	变量赋初值
1	a	局部变量	$a = 100$
2	b		$b = 200$
3	m	窗体级变量	$m = 300$
4	n		$n = 400$
5	x	全局变量	$x = 500$
6	y		$y = 600$

最终效果

本案例的最终效果如图 2-8 所示。

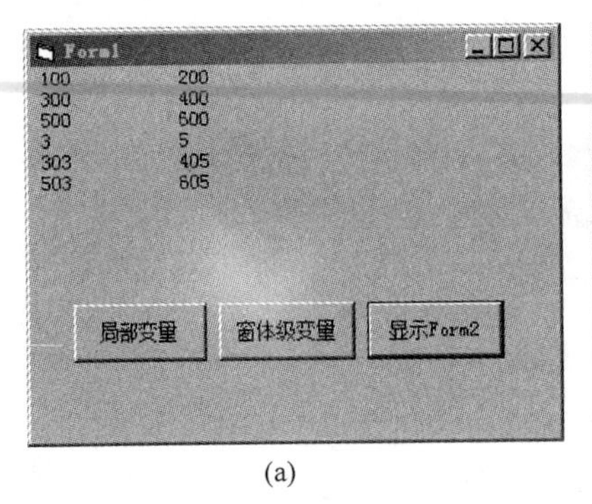

(a)

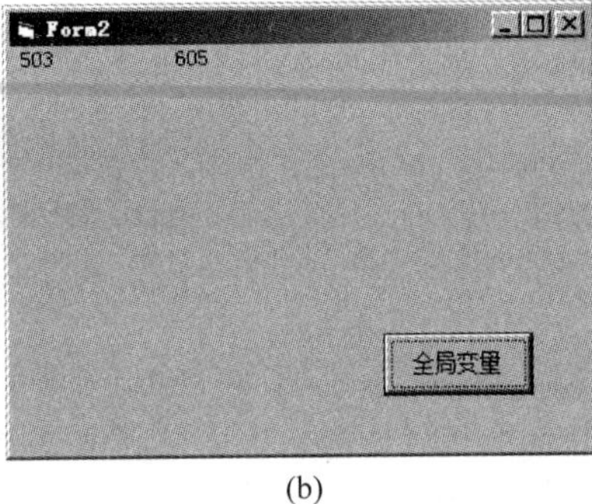

(b)

图 2-8　变量的作用域

案例实现

(1) 在 Form1 上添加三个命令按钮，Caption 属性分别为"局部变量"、"窗体级变量"、"显示 Form2"，在 Form2 上添加一个命令按钮，Caption 属性为"全局变量"。

(2) 打开 Form1 的代码窗口，在通用中编写如下代码：

```
Dim m As Integer, n As Integer
Public x As Integer, y As Integer
```

(3) 在 Command1_Click()中编写如下代码：

```
Private Sub Command1_Click()
Dim a As Integer, b As Integer
a = 100
b = 200
m = 300
n = 400
x = 500
y = 600
```

```
Print a, b
Print m, n
Print x, y
End Sub
```

(4) 在 Command2_Click()中编写如下代码：

```
Private Sub Command2_Click()
a = a + 3
b = b + 5
Print a, b
m = m + 3
n = n + 5
Print m, n
x = x + 3
y = y + 5
Print x, y
End Sub
```

(5) 在 Command3_Click()中编写如下代码：

```
Private Sub Command3_Click()
Form2.Show
End Sub
```

(6) 打开 Form2 的代码窗口，在 Command1_Click()中编写如下代码：

```
Private Sub Command1_Click()
Print Form1.x, Form1.y
End Sub
```

☎知识要点分析

变量的作用域即确定变量在哪个范围内有效。

(1) 局部变量：只能在本过程中使用，不能在其他过程中使用，如果同名属于不同过程；

(2) 模块级变量：也称窗体级变量，可在本窗体的任意过程中使用，但不能在其他窗体中使用。

(3) 全局变量：在任意过程中均可使用，如果在其他窗体中使用该变量必须在变量前加窗体名，即窗体名.变量名。

2.6 本章课外实验

2.6.1 计算表达式的值

编写代码求出如表 2-15 所示的各表达式的值，将运行结果在窗体上输出，保存窗体和工程为 KSVB02-01。

表 2-15　表达式

序　　号	表　达　式	运 行 结 果
1	4+5\6 * 7/8mod9	5
2	12+"34"	46
3	(7\3+1) * (18\5-1)	6
4	5 ^2 mod 25\2 ^2	1
5	-Q ^2(其中 Q=2)	-4

2.6.2　计算各程序的结果

设计如图 2-9 所示的窗体，编写代码求出如表 2-16 所示的各程序的结果，将运算结果在窗体上输出，保存窗体和工程为 KSVB02-02。

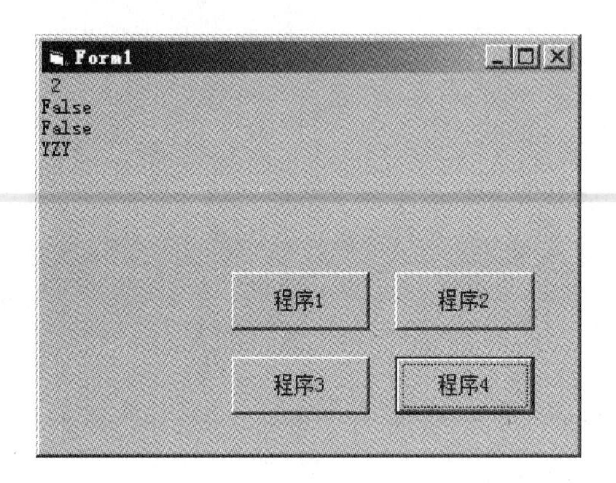

图 2-9　各程序运行结果

表 2-16　程序代码

序　　号	程 序 代 码	运 行 结 果
1	Dim x As Integer x = 1 x = x + 1 Print x	2
2	Dim x As Integer x = 1 Print x = x + 1	False
3	A = 10 b = 5 c = 1 Print A > b > c	False
4	x = "X": y = "Y": z = "Z" x = y:y = z:z = x Print x + y + z	YZY

2.6.3 变量的作用域应用

设计如图 2-10 所示的窗体，程序运行时在 Text1 中输入半径，单击“计算”命令按钮，计算出圆的周长和面积，单击“显示结果”命令按钮，将计算出的圆的周长和面积分别显示在 Text2 和 Text3 中，保存窗体和工程为 KSVB02-03。

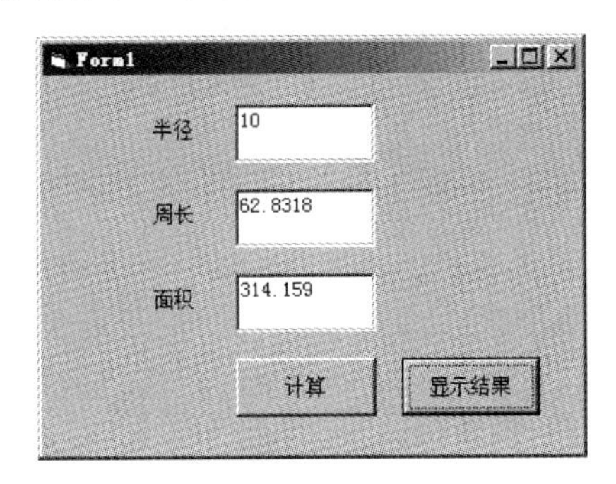

图 2-10　运行结果

2.6.4 算术四则运算

设计如图 2-11 所示的窗体，程序运行时在 Text1、Text2 中分别输入两个数，单击＋、－、* 、/命令按钮可将计算结果显示在 Text3 中，保存窗体和工程为 KSVB02-04。

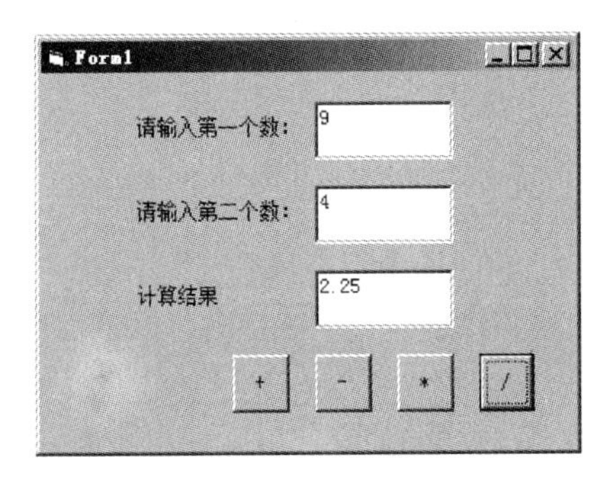

图 2-11　四则运算结果

第3章　Visual Basic 面向对象的程序设计

本章说明

Visual Basic 应用程序包括两部分内容：程序代码和应用程序设计界面，应用程序设计界面通常由窗体、菜单、标准控件等组合而成，本章重点介绍 MDI 窗体、菜单的建立、基本控件的使用。

本章主要内容

- MDI 窗体与菜单
- 标准控件

📖本章拟解决的问题

(1) 如何将窗体设置为 MDI 窗体的子窗体?
(2) 如何建立下拉菜单?
(3) 如何建立快捷菜单?
(4) 标签的属性有哪些?
(5) 文本框的属性、事件和方法有哪些?
(6) 命令按钮的属性有哪些?
(7) 单选项、多选项、框架控件的属性有哪些?
(8) 如何使用计时器控件?
(9) 组合框与列表框的属性及方法有哪些?
(10) 滚动条的属性及事件有哪些?
(11) 如何在图片框与图像框中加载图片?
(12) 如何使用图形控件?

3.1 MDI 窗体与菜单

3.1.1 MDI 窗体

一个应用程序只能有一个 MDI 窗体,其他为子窗体。通过将 Mdichild 属性设置为 True 可以将窗体作为 MDI 窗体的子窗体。在工程资源管理器窗口可以添加 MDI 窗体,如图 3-1 所示。

图 3-1　添加 MDI 窗体

3.1.2 窗体菜单

菜单可以在普通窗体添加，也可以在MDI窗体添加，添加菜单是通过“菜单编辑器”来实现的，打开“菜单编辑器”的方法如下。

(1) 在窗体上单击鼠标右键，在快捷菜单中选择“菜单编辑器”。

(2) 在工具的下拉菜单中选择“菜单编辑器”。

(3) 通过Ctrl+E快捷键打开“菜单编辑器”。

“菜单编辑器”打开后，效果如图3-2所示。

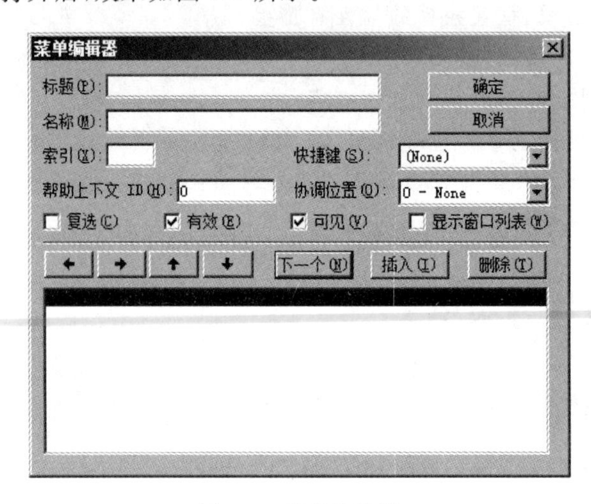

图3-2 菜单编辑器

说明：

(1) 菜单中的标题与名称是必选项，不能省略，名称为编写代码时使用。

(2) 菜单操作的快捷键可以在编辑器中指定。

(3) 菜单分组可以利用分隔符号“-”实现。

(4) 菜单中带下划线字母“& 字母”实现。

(5) 选中“复选”单选框，可以让菜单进行复选操作。

(6) 选中“有效”单选框，可以让菜单可用，否则不可用。

(7) 选中“可见”单选框，可以让菜单显示，否则不显示。

3.1.3 快捷菜单

快捷菜单是鼠标右键菜单，也称弹出式菜单，在“菜单编辑器中”要设置菜单的标题不可见，即去掉“可见”选项，菜单名称就是快捷菜单名称。具体调用格式如下：

窗体名.Popupmenu 菜单名,Flags=值,X,Y,Boldcommand

说明：

(1) 菜单名是在菜单编辑器中定义的主菜单项名。

(2) Flags参数为常数，用来定义菜单的显示位置与菜单的行为，取值如表3-1所示。

表 3-1 Flags 参数

定位常量	值	作用	说明
VbPopupMenuLeftAlign	0	指定菜单位置	指定的 X 坐标位置作为弹出式菜单的左上角
VbPopupMenuCenterAlign	4		指定的 X 坐标位置作为弹出式菜单的中心点
VbPopupMenuRightAlign	8		指定的 X 坐标位置作为弹出式菜单的右上角
VbPopupMenuLeftButton	0	指定菜单行为	单击鼠标可选中并执行菜单命令
VbPopupMenuRightButton	2		单击鼠标左键或右键可选中并执行菜单命令

(3) X 和 Y 分别用来指定弹出式菜单显示位置的横坐标和纵坐标，如果省略，则弹出式菜单在鼠标的当前位置显示。

(4) Boldcommand 指定弹出式菜单中需要加粗显示的菜单项，注意只能有一个菜单项加粗显示。

3.2 标准控件

3.2.1 标签

标签主要用来显示文本信息，所显示的文本只能用 Caption 属性来设置或修改。标签的基本属性如表 3-2 所示。

表 3-2 标签的基本属性

序号	属性名称	含义
1	Alignment	对齐方式
2	Autosize	自动大小
3	Borderstyle	设置边框
4	Caption	标题
5	Backstyle	设置是否透明
6	Enabled	设置是否可用

3.2.2 文本框

文本框是一个文本编辑区域，这个区域中可以输入、编辑、修改和显示文本。

1. 文本框的常用属性

文本框的常用属性如表 3-3 所示。

表 3-3 文本框的常用属性

序号	属性名称	含义
1	Backcolor	设置文本框颜色
2	Forecolor	设置文本颜色
3	Fontname	字体属性
4	Fontsize	字号属性

续表

序　　号	属性名称	含　　义
5	Fontbold	设置加粗
6	Fontitalic	设置斜体
7	Fontstrikethru	设置删除线
8	Fontunderline	设置下划线
9	Enabled	设置文本框是否可以输入
10	Multiline	设置是否可以接收多行文本
11	Scrollbars	设置文本框是否有滚动条
12	Locked	设置文本框是否可编辑
13	Maxlength	允许输入的最大字符数
14	Passwordchar	文本框作为密码输入框，值设成 *
15	Seltext	选中文本
16	Sellength	返回选中文本长度
17	Selstart	返回文本的起始位置

2. 文本框的常用事件和方法

文本框的常用事件和方法如表 3-4 所示。

表 3-4　文本框的常用事件和方法

序　　号	名　　称	含　　义
1	Change 事件	文本框中的文本发生改变时触发该事件
2	Gotfocus 事件	文本框获得焦点时触发该事件
3	Lostfocus 事件	文本框失去焦点时触发该事件
4	Setfocus 方法	使文本框获得焦点的方法

3.2.3　命令按钮

命令按钮提供了用户与应用程序交互最简便的方法，在应用程序中，命令按钮通常在单击时执行指定的操作。命令按钮的基本属性如表 3-5 所示。

表 3-5　命令按钮的基本属性

序　　号	属性名称	含　　义
1	Cancel	设置为 True，按 Esc 键与单击作用相同
2	Default	设置为 True，按 Enter 键与单击作用相同
3	Style	设置为 1 时，可以设置 ICO 图标
4	Picture	设置 ICO 图标
5	Downpicture	设置按下时的 ICO 图标
6	Disabledpicture	设置按钮不可用时的 ICO 图标

3.2.4 单选项与多选项

单选项与多选项用来表示选择状态。单选项、多选项的基本属性如表 3-6 所示。

表 3-6 单选项、多选项的基本属性

序号	属性名称	在单选项中的含义	在复选项中的含义
1	Style	设置单选项外观,0 为单选,1 为按钮	设置多选项外观,0 为多选,1 为按钮
2	Value	设置单选项是否选中,值分别是 True、False	设置多选项是否选中,值分别是 0、1、2

3.2.5 计时器

计时器控件可以按一定的时间间隔产生计时器事件。计时器的基本属性如表 3-7 所示。

表 3-7 计时器的基本属性

序 号	属 性 名 称	在单选项中的含义
1	Interval	设置时间间隔,单位是 ms
2	Enabled	设置计时器是否可用

3.2.6 列表框

列表框用于在很多项目中做出选择的操作。

1. 列表框的常用属性

列表框的常用属性如表 3-8 所示。

表 3-8 列表框的常用属性

序 号	属 性 名 称	含 义
1	Style	0 表示标准列表框,1 表示带复选的列表框
2	List	列表中的项目
3	Listcount	列表中项目的总数
4	Listindex	列表项目的位置,最小是 0,未选是 −1
5	Text	返回列表选中项目的文本
6	List(*N*)	用数组表示列表中的项目,从 0 开始
7	Selected(*N*)	判断是否被选中
8	MultiSelect	是否允许多重选择
9	Selcount	选择的项目数
10	Sorted	确定排序

2. 列表框的常用方法

列表框的常用方法如表 3-9 所示。

表 3-9　列表框的常用方法

序　　号	属性名称	含　　义
1	Additem	向列表框中添加项目 增加为第几项：List1. Additem Text1. Text,N
2	Removeitem	从列表框中删除项目 删除指定的项目：List1. Removeitem N 删除选中的项目：List1. Removeitem List1. Listindex
3	Clear	删除所有项目 List1. Clear

3.2.7　组合框

组合框是组合了列表框和文本框的特性而成的控件，也就是组合框兼有列表框和文本框的功能。

1. 组合框的常用属性

组合框的常用属性如表 3-10 所示。

表 3-10　组合框的常用属性

序　　号	名　　称	含　　义
1	Style	0 表示可编辑的下拉列表，1 表示可编辑列表，2 表示不能编辑的下拉列表
2	Text	返回组合框选中项目的值
3	List	组合框的项目
4	List(*N*)	组合框数组

2. 组合框的常用方法

组合框的常用方法如表 3-11 所示。

表 3-11　组合框的常用方法

序　　号	名　　称	含　　义
1	Clear	删除组合框中的所有项目 Combo1. Clear
2	Additem	向组合框增加列表项目 Combo1. Additem Text1. Text,N(*N* 表示增加为第几项)
3	Removeitem	从组合框中删除 删除第几个项目：Combo1. Removeitem *N* 删除选中的项目：Combo1. Removeitem Combo1. Listindex

3.2.8　滚动条

滚动条分为两种，即水平滚动条和垂直滚动条。

1. 滚动条的常用属性

滚动条的常用属性如表 3-12 所示。

表 3-12　滚动条的常用属性

序　　号	属 性 名 称	含　　义
1	Min	滚动条值范围的最小值
2	Max	滚动条值范围的最大值
3	Largechange	单击滚动条值的步长
4	Smallchange	单击箭头滚动条值的步长
5	Value	滚动条返回的值

2. 滚动条的常用事件

滚动条的常用事件如表 3-13 所示。

表 3-13　滚动条的常用事件

序　　号	属 性 名 称	含　　义
1	Change	滚动条的值变化时发生
2	Scroll	拖动滑块时发生

3.2.9　图片框与图像框

图片框和图像框是 Visual Basic 中用来显示图形的两种基本控件。

1. 图片框和图像框的常用属性

图片框和图像框的常用属性如表 3-14 所示。

表 3-14　图片框和图像框的常用属性

序号	属性名称	含　　义
1	Picture	加载图片
2	Height	图片框/图像框高度
3	Width	图片框/图像框宽度
4	Stretch	图像框中图像大小：为真时，图像与图像框大小一样；为假时，图像框与图像大小一样

2. 图片框和图像框加载图片的方法还可以编写如下代码

```
picture1.Picture=Loadpicture("文件名")
image1.Picture=Loadpicture("文件名")
```

3.2.10 图形控件

1. 直线控件

直线控件(Line)的常用属性如表 3-15 所示。

表 3-15 直线控件的常用属性

序 号	属性名称	含 义
1	BorderColor	设置线的颜色
2	BorderWidth	设置线的宽度
3	X1	第一个点的横坐标
4	X2	第二个点的横坐标
5	Y1	第一个点的纵坐标
6	Y2	第二个点的纵坐标

2. 形状控件

形状控件(Shape)的常用属性如表 3-16 所示。

表 3-16 形状控件的常用属性

序 号	属性名称	含 义
1	BackColor	设置背景颜色
2	BackStyle	设置背景样式
3	BorderColor	设置边框颜色
4	BorderStyle	设置边框样式
5	FillColor	设置填充颜色
6	FillStyle	设置填充样式
7	Shape	形状样式

说明：

(1) 如果想要看见 BackColor 属性设置的颜色，需要先将 BackStyle 属性设为 1。

(2) 如果想要看见 FillColor 属性设置的颜色，需要先将 FillStyle 属性设为 0。

3. 画图形的方法

(1) 画直线的方法：Line (X1,Y1)-(X2,Y2)[,颜色][BF]。

(2) 画圆的方法：Circle(X,Y),半径[,颜色]。

(3) 画点的方法：Pset(X,Y),颜色。

(4) 返回指定点的 RGB 颜色：Point(X,Y)。

3.2.11 框架控件

框架是一个容器控件，用于将窗体上的对象分组。框架的常用属性如表 3-17 所示。

表 3-17　框架的常用属性

序　　号	属性名称	含　　义
1	Caption	标题
2	Enabled	设置框架内的对象是否可用

3.3 本章教学案例

3.3.1 MDI 窗体中建立菜单

案例描述

在 MDI 窗体建立如图 3-3、图 3-4 所示的文件菜单，菜单设置要求如表 3-18 所示。最后将 MDI 窗体保存为 MDIVB03-01. frm，窗体保存为 VB03-01. frm，工程文件名为 VB03-01. vbp。

表 3-18　菜单设置要求

标　　题	名　　称	要　　求	菜单层次
文件	File	运行程序时此菜单项显示为：文件(F)	1
新建	New	运行程序时此菜单项的快捷键为 Ctrl+N	2
打开	Open	运行程序时此菜单项为灰色	2
—	fgt	运行程序时此菜单项为一条灰色分隔线	2
保存	Save	运行程序时此菜单项前有“√”标记	2
关闭	Close	运行程序时此菜单项不显示	2
帮助	Help	运行程序时此菜单项显示为文件(H)	1
显示	Show	运行程序时此菜单项可控制 Form1 窗体显示	2
隐藏	Hide	运行程序时此菜单项可控制 Form1 窗体隐藏	2

最终效果

本案例的最终效果如图 3-3 和图 3-4 所示。

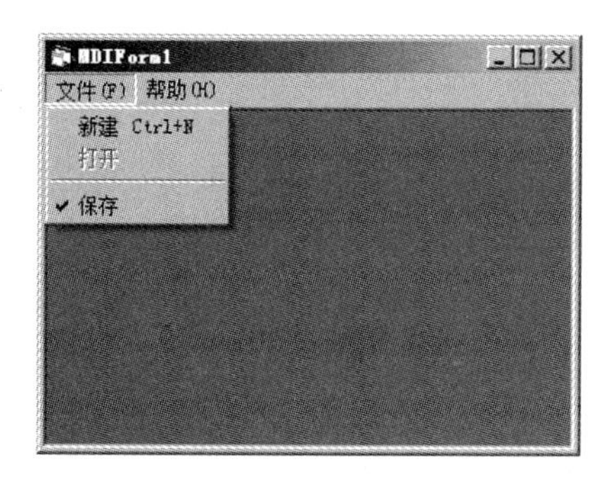

图 3-3　菜单效果

图 3-4　窗体的显示

案例实现

(1) 在工程资源管理器窗口空白处右击选择“添加”→“添加 MDI 窗体”命令，添加

MDI 窗体后的工程资源管理器窗口如图 3-5 所示。

(2) 在工程资源管理器窗口“工程 1”文字上右击选择“工程 1 属性”→“启动对象”→MDIForm1 选项。

(3) 将 Form1 的 MDIChild 属性设为 True。

(4) 在 MDI 窗体上右击选择“菜单编辑器”选项，建立如图 3-6 所示的菜单。

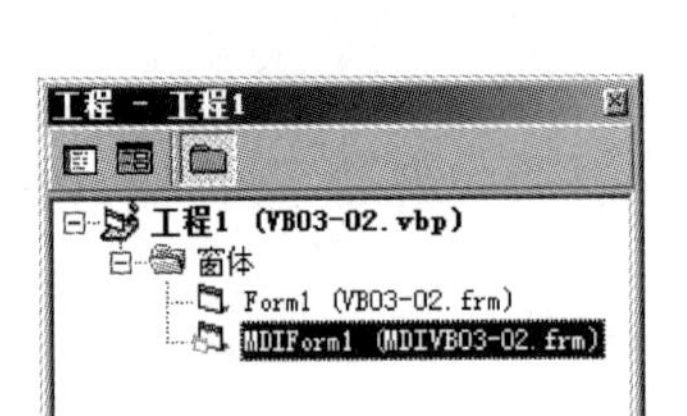

图 3-5 工程资源管理器

图 3-6 “菜单编辑器”对话框

(5) 设置新建菜单项的快捷键为 Ctrl+N。

(6) 设置打开菜单项的“有效”为未选。

(7) 设置保存菜单项的“复选”为选中。

(8) 设置关闭菜单项的“可见”为未选。

(9) 选择菜单项“显示”，打开代码窗口，在 Show_Click()中编写如下代码：

```
Private Sub Show_Click()
Form1.Show
End Sub
```

(10) 选择菜单项“隐藏”，打开代码窗口，在 Hide_Click()中编写如下代码：

```
Private Sub Hide_Click()
Form1.Hide
End Sub
```

☎知识要点分析

(1) 菜单中的快捷键在菜单编辑器中指定，注意快捷键的指定具有唯一性。

(2) 一个应用程序只能有一个 MDI 窗体，其他为子窗体，通过 MDIChild 属性设置。

3.3.2 快捷菜单控制字体

🕮案例描述

在窗体上添加一个文本框，内容为“内蒙古”，建立如图 3-7 所示的快捷菜单，菜单设置如表 3-19 所示，要求程序运行后，如果右击窗体则弹出此菜单，选中某项菜单文本框中的字体可以进行相应的设置。最后将窗体保存为 VB03-02.frm，工程文件名为 VB03-02.vbp。

表 3-19　菜单设置要求

标　　题	名　　称	菜单层次
字体	zt	1
黑体	ht	2
楷体	kt	2
隶书	ls	2

最终效果

本案例的最终效果如图 3-7 所示。

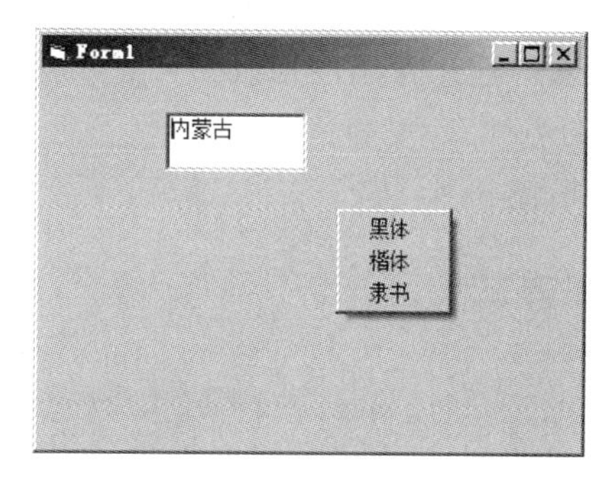

图 3-7　菜单效果

案例实现

(1) 在窗体上单击鼠标右键,选择"菜单编辑器"命令,建立如图 3-8 所示的菜单。

图 3-8　"菜单编辑器"对话框

(2) 打开代码窗口,在 Form_MouseDown 中编写如下代码:

```
Private Sub Form_MouseDown(Button As Integer, Shift As Integer, X As Single, Y As Single)
If Button = 2 Then Form1.PopupMenu zt
End Sub
```

(3) 选择每种字体菜单项,编写如下代码:

```
Private Sub ht_Click()
```

```
Text1.fontname = "黑体"
End Sub

Private Sub kt_Click()
Text1.fontname = "楷体_GB2312"
End Sub

Private Sub ls_Click()
Text1.fontname = "隶书"
End Sub
```

☎知识要点分析

（1）主菜单项的标题不显示，调用菜单的格式为：窗体名.Popupmenu 菜单名，其中菜单名是快捷菜单主菜单项的名称。

（2）楷体的字体名称为“楷体_GB2312”。

3.3.3 标签的文字对齐方式

🕮案例描述

在窗体上添加一个标签，标题为“内蒙古”，设置标签有边框、标签内文字的初始对齐方式为居中对齐，再添加三个命令按钮，标题分别为“左对齐”、“居中对齐”、“右对齐”，程序运行后单击相应的命令按钮，则可以控制标签内文字的对齐方式，最后将窗体保存为VB03-03.frm，工程文件名为VB03-03.vbp。

最终效果

本案例的最终效果如图3-9所示。

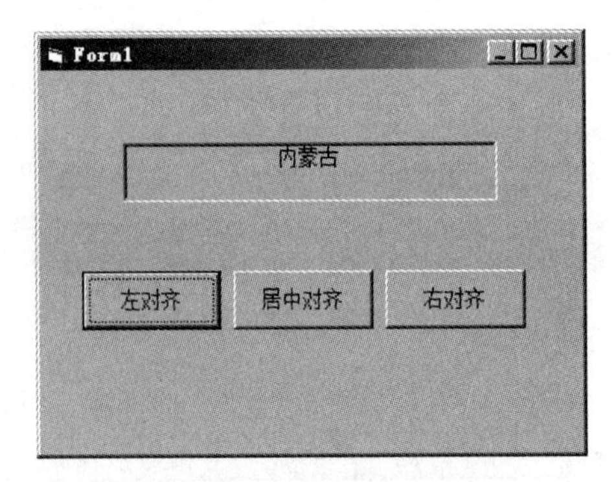

图3-9 窗体效果

✍案例实现

（1）添加一个标签，Caption属性为“内蒙古”，BorderStyle为1，Alignment为2。

（2）添加三个命令按钮，Caption分别为“左对齐”、“居中对齐”、“右对齐”。

（3）双击“左对齐”命令按钮打开代码窗口，在Command1_Click()中编写如下代码：

```
Private Sub Command1_Click()
Label1.Alignment = 0
End Sub
```

(4) 双击"居中对齐"命令按钮打开代码窗口,在 Command2_Click()中编写如下代码:

```
Private Sub Command2_Click()
Label1.Alignment = 2
End Sub
```

(5) 双击"右对齐"命令按钮打开代码窗口,在 Command3_Click()中编写如下代码:

```
Private Sub Command3_Click()
Label1.Alignment = 1
End Sub
```

☎知识要点分析

(1) 标签若带有边框,需要将 BorderStyle 属性设置为 1。

(2) 标签中文字的对齐方式是通过 Alignment 属性设置的,值为 0 则左对齐,值为 1 则右对齐,值为 2 则居中对齐。

3.3.4 文本框选择属性应用

案例描述

在窗体上添加 4 个文本框,均无初始内容,添加三个命令按钮,标题分别为"选中文本"、"文本长度"、"起始位置",程序运行后,在 Text1 中输入内容,用鼠标选中一部分内容,单击选中文本,可将所选内容在 Text2 中显示;单击文本长度,可将所选内容的长度在 Text3 中显示;单击起始位置,可将鼠标选择的起始位置在 Text4 中显示,最后将窗体保存为 VB03-04.frm,工程文件名为 VB03-04.vbp。

最终效果

本案例的最终效果如图 3-10 所示。

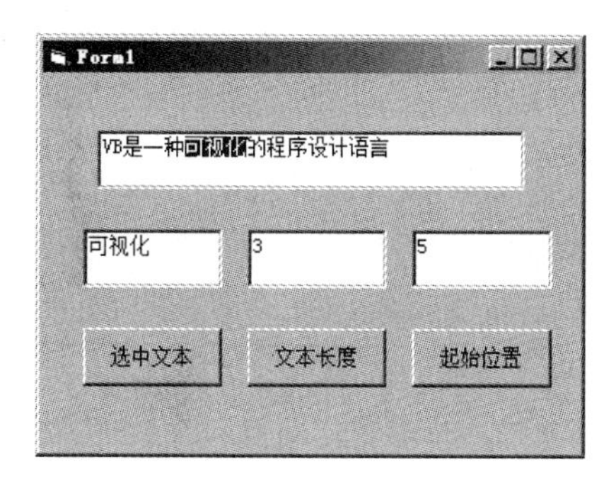

图 3-10 窗体效果

案例实现

(1) 添加两个文本框,将 Text 属性清空。

(2) 添加三个命令按钮,Caption 属性分别为"选中文本"、"文本长度"、"起始位置"。

(3) 双击"选中文本"命令按钮打开代码窗口,在 Command1_Click()中编写如下代码:

```
Private Sub Command1_Click()
Text2.Text = Text1.SelText
End Sub
```

(4) 双击"文本长度"命令按钮打开代码窗口,在 Command2_Click()中编写如下代码:

```
Private Sub Command2_Click()
Text3.Text = Text1.SelLength
End Sub
```

(5) 双击"起始位置"命令按钮打开代码窗口,在 Command3_Click()中编写如下代码:

```
Private Sub Command3_Click()
Text4.Text = Text1.SelStart
End Sub
```

☎知识要点分析

(1) SelText 可返回选中的文本。

(2) SelLength 可返回选中文本的长度。

(3) SelStart 可返回选择文本的起始位置。

3.3.5 为命令按钮设置图标

🕮案例描述

在窗体上添加两个命令按钮,高均为 800,设置 Command1 上的图标为文件夹"VB03-05"下的图标 1,按下 Command1 时所显示的为图标 2,设置 Command2 按钮的不可用图标为图标 3,最后将窗体保存为 VB03-05.frm,工程文件名为 VB03-05.vbp。

🖳最终效果

本案例的最终效果如图 3-11 所示。

图 3-11　最终效果

✍案例实现

(1) 添加两个命令按钮,将 Style 属性均设置为 1。

(2) 设置 Command1 的 Picture 属性为文件夹"VB03-05"下的图标 1,Downpicture 属性为该文件夹下的图标 2。

(3) 设置 Command2 的 Enabled 属性为 False,Disabledpicture 属性为图标 3。

☎知识要点分析

(1) 选择与命令按钮大小相符的图片。

(2) Picture、Downpicture、Disabledpicture 这三个属性用于设置命令按钮的 ICO 图标。

(3) 设置的前提条件是命令按钮的 Style 属性必须设置为 1。

3.3.6 单选项控制字体字号

🕮案例描述

在窗体上添加一个标签,标题为"内蒙古"且标签为自动大小,添加两个框架,标题分别为"字体"、"字号","字体"框内添加三个单选按钮,标题分别为"隶书"、"黑体"、"楷体","字号"框内添加三个单选按钮,标题分别为 10、30、50,程序运行后,可以通过所选择的单选按钮控制标签中文字的字体和字号,最后将窗体保存为 VB03-06. frm,工程文件名为 VB03-06. vbp。

最终效果

本案例的最终效果如图 3-12 所示。

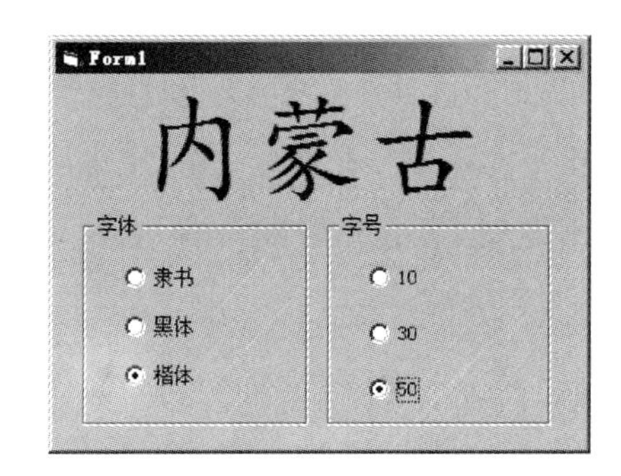

图 3-12　最终效果

✍案例实现

(1) 添加一个标签,Caption 属性为"内蒙古",Autosize 属性为 True。

(2) 添加两个框架,Caption 属性分别为"字体"、"字号"。

(3) "字体"框中添加三个单选按钮,标题分别为"隶书"、"黑体"、"楷体"。

(4) "字号"框中添加三个单选按钮,标题分别为 10、30、50。

(5) 打开代码窗口,在每个单选按钮中编写如下代码:

```
Private Sub Option1_Click()
Label1.FontName = "隶书"
End Sub

Private Sub Option2_Click()
Label1.FontName = "黑体"
End Sub

Private Sub Option3_Click()
Label1.FontName = "楷体_GB2312"
```

```
End Sub

Private Sub Option4_Click()
Label1.FontSize = 10
End Sub

Private Sub Option5_Click()
Label1.FontSize = 30
End Sub

Private Sub Option6_Click()
Label1.FontSize = 50
End Sub
```

☎知识要点分析

(1) Fontname 属性控制字体。

(2) 楷体的字体名称为"楷体_GB2312"。

(3) Fontsize 属性控制字号。

3.3.7 显示计算机系统时间

🕮案例描述

在窗体上添加一个标签,字号为初号且为自动大小,添加一个计时器,程序运行后可以在标签中显示计算机的系统时间,最后将窗体保存为 VB03-07.frm,工程文件名为 VB03-07.vbp。

🖳最终效果

本案例的最终效果如图 3-13 所示。

图 3-13 最终效果

✍案例实现

(1) 添加一个标签,Font 属性中字号为初号,Autosize 属性为 True。

(2) 添加一个计时器,Interval 属性为 1000。

(3) 双击计时器打开代码窗口,在 Timer1_Timer()中编写如下代码:

```
Private Sub Timer1_Timer()
Label1.Caption = Time
End Sub
```

☎**知识要点分析**

(1) 代码需要在 Timer 事件中编写。

(2) 计时器控件每隔 Interval 的时间间隔调用 Timer 事件一次，Interval 的单位是 ms，1s=1000ms。

3.3.8 10秒倒计时

📖**案例描述**

在窗体上添加一个标签，标题为 10，字号为初号且为自动大小，添加两个命令按钮，标题分别为“暂停”和“继续”，添加一个计时器，程序运行后可以在标签中看到 10s 倒计时，命令按钮可以控制计时的暂停与继续，当倒计时到 0 时退出程序运行，最后将窗体保存为 VB03-08.frm，工程文件名为 VB03-08.vbp。

💻**最终效果**

本案例的最终效果如图 3-14 所示。

图 3-14 最终效果

✍**案例实现**

(1) 添加一个标签，Caption 属性为 10，Font 属性中字号为初号，Autosize 属性为 True。

(2) 添加两个命令按钮，Caption 属性分别为“暂停”和“继续”。

(3) 添加一个计时器，Interval 属性为 1000。

(4) 双击计时器打开代码窗口，在 Timer1_Timer()中编写如下代码：

```
Private Sub Timer1_Timer()
Label1.Caption = Label1.Caption - 1
If Label1.Caption = 0 Then End
End Sub
```

(5) 在“暂停”和“继续”命令按钮中分别编写如下代码：

```
Private Sub Command1_Click()
Timer1.Enabled = False
End Sub

Private Sub Command2_Click()
Timer1.Enabled = True
End Sub
```

☎**知识要点分析**

(1) 10s 倒计时实质上是标签上的数字每隔 1s 减少 1。

(2) 计时的"暂停"与"继续"就是控制计时器是否可用。

3.3.9 列表框的属性应用

📖案例描述

在窗体上添加一个初始内容为空的文本框、一个命令按钮、一个列表框,列表框中的表项依次为 FF、DD、AA、CC、EE、BB。

(1) 设置列表框的适当属性,使得输入的表项按字母顺序排序。

(2) 程序运行时单击命令按钮,文本框中可以显示列表框中项目的总数。

(3) 程序运行时在列表框中选中一项,单击命令按钮可在文本框中显示该项目的位置序号。

(4) 程序运行时在列表框中选中一项,单击命令按钮可在文本框中显示列表框中选中的内容。

(5) 程序运行时单击命令按钮,可在文本框中返回指定位置序号的内容。

(6) 程序运行时在列表框中选中一项,单击命令按钮可判断指定位置序号的内容是否被选中,将判断结果显示在文本框中。

(7) 设置列表框的适当属性,使得列表框中的表项允许多重选择,程序运行时在列表框中选择多项,单击命令按钮可在文本框中显示选择项目的个数。

(8) 最后将窗体保存为 VB03-09. frm,工程文件名为 VB03-09. vbp。

💻最终效果

本案例的最终效果如图 3-15 所示。

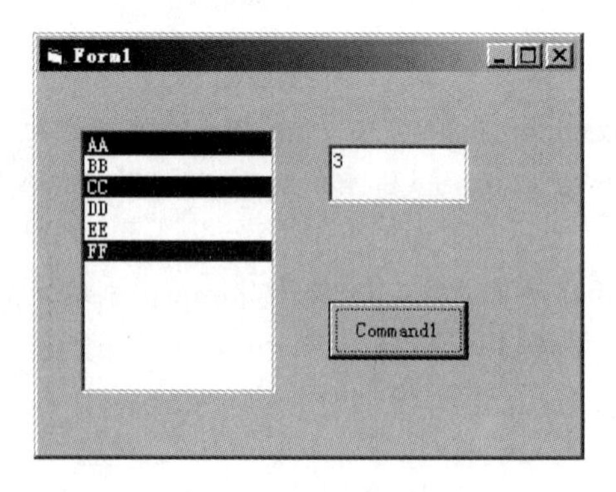

图 3-15　最终效果

✍案例实现

(1) 添加一个文本框、一个命令按钮、一个列表框。

(2) 在列表框的 List 属性中输入表项 FF、DD、AA、CC、EE、BB。

(3) 设置列表框的 Sorted 属性为 True。

(4) 双击命令按钮打开代码窗口,在 Command1_Click()中编写如下代码:

```
Private Sub Command1_Click()
```

```
'Text1.Text = List1.ListCount
'Text1.Text = List1.ListIndex
'Text1.Text = List1.Text
'Text1.Text = List1.List(0)
'Text1.Text = List1.Selected(0)
Text1.Text = List1.SelCount 'MultiSelect 设置为 1 或 2
End Sub
```

☎知识要点分析

(1) 在列表框中通过 List 属性添加表项。

(2) 在表项需要换行时使用 Ctrl+Enter。

(3) 允许同时选择多个列表项需要将列表框的 MultiSelect 属性置 1。

3.3.10 列表框项目添加与清除

🕮案例描述

在窗体上添加两个列表框、两个命令按钮,按钮的标题分别为“>”、“清除”,编写适当的代码,使得程序一运行,列表框 1 中添加表项,表项内容为 AA、BB、CC、DD、EE、FF,代码中指定 FF 添加到 AA 项的位置,在列表框 1 中选中一项,单击“>”命令按钮,则将该项添加到列表框 2 中,并从列表框 1 中删除,单击“清除”按钮则清除列表框 2 中的全部内容,最后将窗体保存为 VB03-10.frm,工程文件名为 VB03-10.vbp。

🖳最终效果

本案例的最终效果如图 3-16 所示。

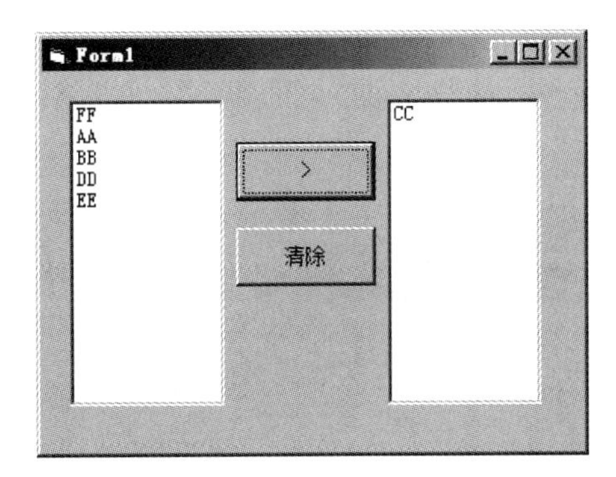

图 3-16 最终效果

✍案例实现

(1) 添加两个列表框、两个命令按钮,按钮的 Caption 属性分别为“>”、“清除”。

(2) 双击窗体打开代码窗口,在 Form_Load()中编写如下代码:

```
Private Sub Form_Load()
List1.AddItem "AA"
List1.AddItem "BB"
List1.AddItem "CC"
List1.AddItem "DD"
List1.AddItem "EE"
```

```
List1.AddItem "FF", 0
End Sub
```

(3) 双击“>”命令按钮打开代码窗口，在 Command1_Click()中编写如下代码：

```
Private Sub Command1_Click()
List2.AddItem List1.Text
List1.RemoveItem List1.ListIndex
End Sub
```

(4) 双击“清除”命令按钮打开代码窗口，在 Command2_Click()中编写如下代码：

```
Private Sub Command2_Click()
List2.Clear
End Sub
```

☎知识要点分析

(1) 向列表框中添加项目时使用 List1. Additem Text1. Text,N。

(2) Additem 属于方法，Text1. Text 代表要添加的内容，后面的“,N”代表要把当前添加的内容放到什么位置，N 即 Listindex。

3.3.11 文本框显示滚动条的值

案例描述

在窗体上添加一个初始内容为空的文本框、一个名称为 HS1 的水平滚动条，设置滚动条的 Min 属性为 1、Max 属性为 100、Smallchange 属性为 5、Largechange 属性为 10，滚动条上滚动块的初始位置为 50，程序运行后，文本框中可以显示滚动条上滚动块的值，最后将窗体保存为 VB03-11. frm，工程文件名为 VB03-11. vbp。

最终效果

本案例的最终效果如图 3-17 所示。

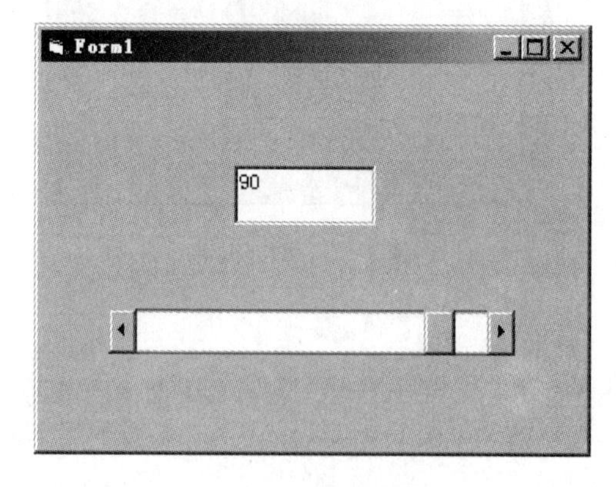

图 3-17 最终效果

案例实现

(1) 添加一个文本框、一个水平滚动条，名称属性为 HS1。

(2) 在属性窗口设置滚动条的 Min 属性为 1、Max 属性为 100、Smallchange 属性为

5、Largechange 属性为 10、Value 属性为 50。

(3) 双击滚动条打开代码窗口，在滚动条的 Change 与 Scroll 事件中编写如下代码：

```
Private Sub HS1_Change()
Text1.Text = HS1.Value
End Sub

Private Sub HS1_Scroll()
Text1.Text = HS1.Value
End Sub
```

☎知识要点分析

(1) 滚动条的最小值通过 Min 属性进行设置，最大值通过 Max 属性设置。

(2) 滚动条上滚动块的初始位置通过 Value 属性设置。

(3) 滚动条上滚动块发生变化时触发 Scroll 事件，为防止出错代码可以同时写在滚动条的 Change 与 Scroll 事件中。

3.3.12 图片框与图像框加载图片

案例描述

在窗体上添加两个命令按钮、一个图片框、一个图像框，设置图像框的适当属性，使得图像框不随图片大小的变化而改变，程序运行后，单击 Command1 可在图片框中加载文件夹“VB03-12”下的图片 A，单击 Command2 可在图像框中加载文件夹“VB03-12”下的图片 B，最后将窗体保存为 VB03-12.frm，工程文件名为 VB03-12.vbp。

最终效果

本案例的最终效果如图 3-18 所示。

图 3-18 最终效果

案例实现

(1) 添加两个命令按钮、一个图片框、一个图像框，设置图像框的 Stretch 为 True。

(2) 双击 Command1 打开代码窗口，在 Command1_Click() 中编写如下代码：

```
Private Sub Command1_Click()
Picture1.Picture = LoadPicture(App.Path & "\A.jpg")
End Sub
```

(3) 双击 Command2 打开代码窗口,在 Command2_Click()中编写如下代码:

```
Private Sub Command2_Click()
Image1.Picture = LoadPicture(App.Path & "\B.jpg")
End Sub
```

☎知识要点分析

(1) 图像框不随图片大小的变化而改变,需要设置图像框的 Stretch 为 True。

(2) 加载图片时使用 LoadPicture 函数,其中 App.path 代表的是加载图片的路径。

3.3.13 形状控件绘制同心圆与三角形

📖案例描述

在窗体上添加两个命令按钮,标题分别为“三角形”、“同心圆”,程序运行时:

(1) 单击“三角形”按钮,则在窗体上绘制一个三角形,其中三角形三个顶点的坐标为(500,500)、(0,2000)、(1000,2000)。

(2) 单击“同心圆”按钮,则在窗体上以(2000,2000)为圆心,200 及 200 的倍数为半径绘制 5 个同心圆,同心圆的颜色依次为黑、红、绿、蓝、白,再绘制一个红色的圆心。

最后将窗体保存为 VB03-13.frm,工程文件名为 VB03-13.vbp。

🖵最终效果

本案例的最终效果如图 3-19 所示。

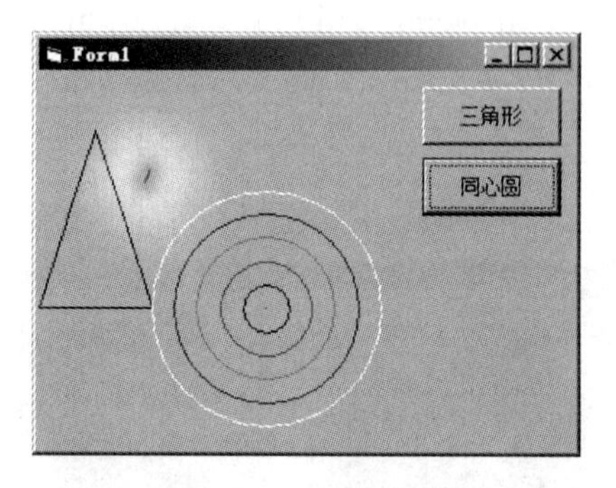

图 3-19 最终效果

✍案例实现

(1) 添加两个命令按钮,Caption 属性分别为“三角形”、“同心圆”;

(2) 双击“三角形”命令按钮打开代码窗口,在 Command1_Click()中编写如下代码:

```
Private Sub Command1_Click()
Line (500, 500)-(0, 2000)
Line (500, 500)-(1000, 2000)
Line (0, 2000)-(1000, 2000)
End Sub
```

(3) 双击“同心圆”命令按钮打开代码窗口,在 Command2_Click()中编写如下代码:

```
Private Sub Command2_Click()
PSet (2000, 2000), RGB(255, 0, 0)
```

```
Circle (2000, 2000), 200, RGB(0, 0, 0)
Circle (2000, 2000), 400, RGB(255, 0, 0)
Circle (2000, 2000), 600, RGB(0, 255, 0)
Circle (2000, 2000), 800, RGB(0, 0, 255)
Circle (2000, 2000), 1000, RGB(255, 255, 255)
End Sub
```

☎**知识要点分析**

(1) 直线控件的 Line 方法是：Line (X1,Y1)－(X2,Y2)，通过两点坐标相减来绘制直线，两点坐标相减时不分先后顺序。

(2) 画圆的方法：Circle(X,Y)，半径[,颜色]。

3.4 本章课外实验

3.4.1 菜单控制窗体的背景

在窗体建立如图 3-20 所示的“背景色”菜单，菜单设置如表 3-20 所示，最后将窗体保存为 KSVB03-01.frm，工程文件名为 KSVB03-01.vbp。

表 3-20 菜单设置要求

标　　题	名　　称	要　　求	层次
背景色	Backcolour	运行程序时此菜单项显示为：背景色(B)	1
红	Red	运行程序时选择此菜单项可将窗体背景色设为红色	2
绿	Green	运行程序时选择此菜单项可将窗体背景色设为绿色	2
蓝	Blue	运行程序时选择此菜单项可将窗体背景色设为蓝色	2

图 3-20 窗体效果

3.4.2 控制标签可用与不可用

在窗体上添加一个标签，标题为“内蒙古”，设置标签透明、自动大小、有边框且初始状态为不可用，再添加两个命令按钮，标题分别为“可用”、“禁用”，程序运行后单击可用，则标签变为可用状态，单击“禁用”，则标签变为不可用状态，最后将窗体保存为 KSVB03-02.frm，工程文件名为 KSVB03-02.vbp，最终效果如图 3-21 所示。

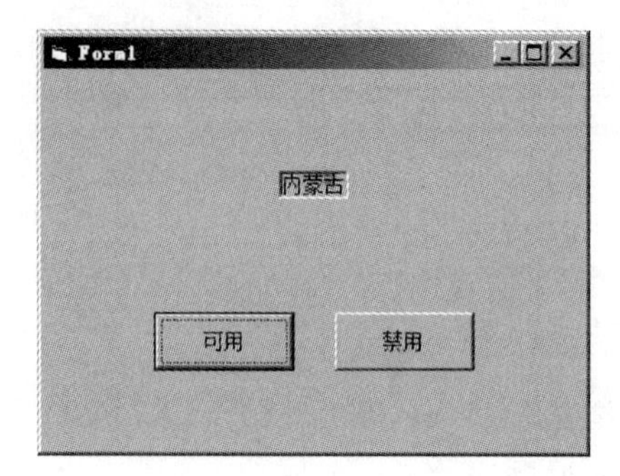

图 3-21　窗体效果

3.4.3　设置光标位置

在窗体上添加两个文本框，均无初始内容，添加一个命令按钮，标题为“设置光标在Text2 中”，程序运行后，单击命令按钮则光标在 Text2 中闪烁，在 Text2 中输入内容时，Text1 可以同步显示 Text2 中的内容，最后将窗体保存为 KSVB03-03.frm，工程文件名为 KSVB03-03.vbp，最终效果如图 3-22 所示。

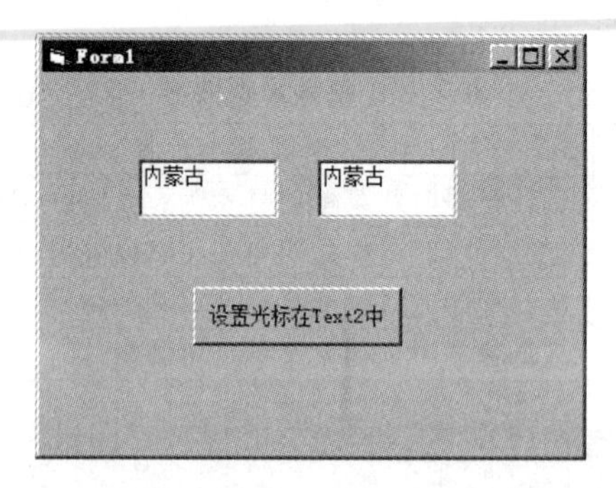

图 3-22　窗体效果

3.4.4　改变控制位置与大小

在窗体上添加两个命令按钮，程序运行后，单击 Command1 可使该按钮移到窗体右上角，单击 Command2 则可使该按钮在长度和宽度上各扩大到原来的两倍，最后将窗体保存为 KSVB03-04.frm，工程文件名为 KSVB03-04.vbp，最终效果如图 3-23 所示。

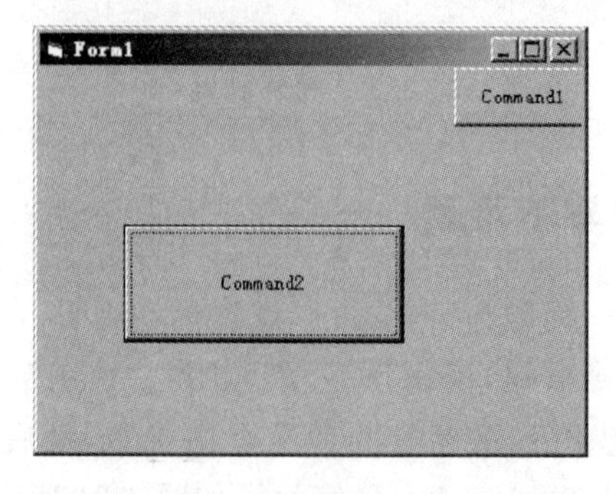

图 3-23　最终效果

3.4.5 滚动条的值添加到组合框中

在窗体上添加一个组合框，类型为简单式组合框，再添加一个水平滚动条，名称为HS1、Min属性为0、Max属性为100、SmallChange属性为5、LargeChange属性为10。程序运行后，先将滚动条的滚动块移到某一位置，然后单击窗体，则在组合框中添加一个项目，该项目的内容即为滚动块所在的位置，最后将窗体保存为KSVB03-05.frm，工程文件名为KSVB03-05.vbp，最终效果如图3-24所示。

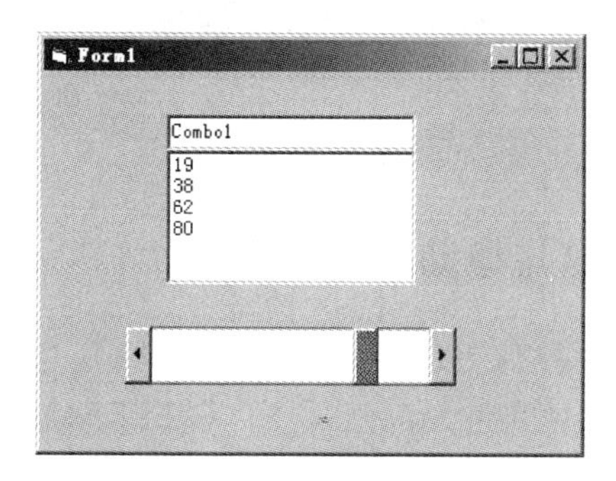

图3-24 最终效果

3.4.6 列表框更换形状填充

在窗体上添加一个列表框，设置列表框的表项为0、1、2、3、4、5、6、7，添加一个形状控件，设置该形状为圆形。程序运行后，单击列表框中的某一项，则将所选的列表项作为形状控件的填充参数(例如选择3，则形状控件被竖线填充)，最后将窗体保存为KSVB03-06.frm，工程文件名为KSVB03-06.vbp，最终效果如图3-25所示。

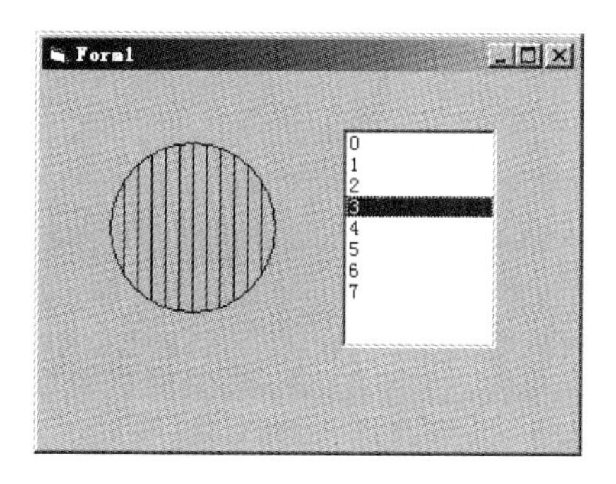

图3-25 最终效果

3.4.7 组合框显示图片

在窗体上添加一个图像框，设置适当的属性使得图像框的大小不随图片的大小改变，添加一个组合框，组合框的初始文本为"***请选择图片***"，为列表框添加列表项目A.jpg、B.jpg、C.jpg，将窗体保存为KSVB03-07.frm，工程文件名为KSVB03-07.vbp，最终效果如图3-26所示。编写适当的代码，使得程序运行后可以通过组合框中的选择对文件夹“KSVB03-07”下的图片进行浏览。

图 3-26 最终效果

3.4.8 形状控件的改变与移动

在窗体上添加一个形状控件，设置该形状为椭圆形、边框宽度为 5、边框为蓝色(&H00C00000&)实线、内部填充色为黄色(&H0000FFFF&)，添加 4 个命令按钮，标题分别为“圆形”、“红色边框”、“向右”、“向下”，程序运行后：

(1) 单击“圆形”按钮，则将形状控件设为圆形；

(2) 单击“红色边框”按钮，则将形状控件的边框颜色设置为红色(&HFF&)；

(3) 每单击“向右”按钮一次，则形状控件向右移动 100；

(4) 每单击“向下”按钮一次，则形状控件向下移动 100；

最后将窗体保存为 KSVB03-08.frm，工程文件名为 KSVB03-08.vbp，最终效果如图 3-27 所示。

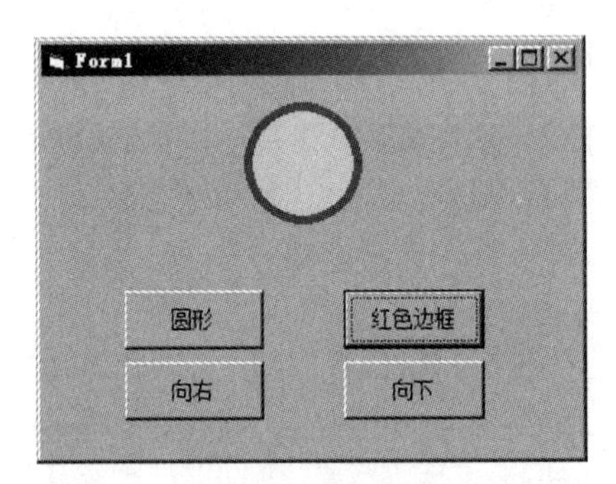

图 3-27 最终效果

第4章 Visual Basic 面向过程的程序设计

本章说明

在 Visual Basic 中，结构化程序设计包括顺序、选择、循环，选择结构通过判断条件是否成立从而执行相应的语句来实现，循环结构则是产生一个重复执行的语句序列，直到满足指定的条件为止。

本章主要内容

- 程序设计语句
- 选择结构
- 循环结构

📖 本章拟解决的问题

(1) 程序结构有哪些?
(2) 程序如何加注释?
(3) IF 语句有哪几种形式?
(4) 多分支语句如何使用?
(5) For…Next 循环语句和 Do…Loop 两类循环语句有什么区别?

面向过程的程序设计主要通过结构化程序设计方法实现,结构化程序包含顺序、选择和循环三种控制结构。算法的控制结构也是由这三种基本结构组合而成的,因此,这三种结构被称为程序设计的三种基本结构,如表 4-1 所示。

表 4-1 程序结构

程序结构	说　　明
顺序结构	按照语句的书写顺序逐条地执行,执行过程中不存在任何分支,是程序结构的基础
选择结构	根据设置的"条件"来决定选择执行哪一分支中的语句,包括单分支、多分支和分支的嵌套
循环结构	利用计算机重复执行某一部分代码,以完成大量有规则的重复性运算

4.1 顺序结构程序设计

一个完整的 Visual Basic 应用程序,一般都包含三部分内容,即输入数据、计算处理、输出结果。

程序严格按照语句书写的先后顺序执行,这样的程序结构叫顺序结构。顺序结构是程序结构中最常见、最简单的一种程序结构,一般由赋值语句、输入数据语句和输出数据语句等组成。Visual Basic 的输入输出有着十分丰富的内容和形式,它提供了多种手段,并可通过有关控件实现输入输出操作。

4.1.1 赋值语句

赋值语句是程序设计中最基本、最常用的语句,具体格式如下:

赋值对象=表达式

说明:

(1) 表达式可以是常量、变量,也可以是由运算符组合成的表达式。
(2) 赋值对象可以是变量、对象的属性等。

4.1.2 注释语句

注释语句是对程序添加的注释,主要有以下两种格式:

格式 1:'注释内容

格式 2:Rem　注释内容

说明：

(1) 注释语句是非执行语句，对程序的执行过程不产生任何影响，也不被编译与解释。

(2) 用'加的注释内容，习惯于将注释内容置于可执行语句的后面，而使用 Rem 加的注释内容单独占一行。

4.1.3 暂停语句

暂停语句是在程序中设置“断点”，暂停程序的执行，同时打开“立即”窗口，用户可在此对程序进行检测和调试，具体格式为：

```
Stop
```

4.1.4 结束语句

程序结束语句的作用是结束当前程序而进行下一段程序，主要的结束语句如表 4-2 所示。

表 4-2 结束语句

序号	结束语句	含义
1	End	结束整个程序的运行
2	End Sub	结束 Sub 过程
3	End Function	结束 Function 函数过程
4	End If	结束条件分支语句
5	End Select	结束多情况 Select 语句
6	End Type	结束自定义类型

4.1.5 输出语句

格式：**对象名.Print 表达式列表**[,/;]

说明：

(1) 对象名可以是窗体、图片框或打印机，也可以是立即窗口，如果省略对象名，则在当前窗体上输出。

(2) 表达式包括数值表达式、关系表达式、逻辑表达式、字符串表达式或日期表达式。如果将表达式省略，则输出一个空行。

与 Print 有关的函数有如下两个。

(1) Tab(*N*)

说明：将光标移到指定的位置 *N*，从这个位置开始输出信息，要输出的内容放在 Tab 函数的后面，并用分号隔开。

例如：Print Tab(20);800

(2) Spc(*N*)

说明：在 Print 的输出中，用 Spc 函数可以跳过 *N* 个空格，Spc 函数与输出项之间用分号隔开。

例如：Print "ABC";Spc(10);"XYZ"

4.1.6 格式输出

(1) Format 函数

用格式输出函数 Format 可以使表达式按照格式符指定的格式输出。

格式：**Format (数值表达式,格式符)**

常见的格式符如表 4-3 所示。

表 4-3 常见的格式符

序号	格式符	作　　用
1	#	格式符 # 的个数决定了显示区段的长度,数值位数小于格式符指定的长度时不补 0
2	0	格式符 0 的个数决定了显示区段的长度,数值位数小于格式符指定的长度时,多余的位数用 0 补齐

(2) VBCRLF

在 Visual Basic 程序中,VBCRLF 是一个系统常量,可直接使用,其作用是回车换行,等价于 Chr(13) & Chr(10)。

4.1.7 打印输出

打印输出时,各语句用法如表 4-4 所示。

表 4-4 打印输出

序　　号	输出语句	含　　义
1	Printer. print	打印输出表达式
2	Printer. Page	打印页码,页码自动加 1
3	Printer. NewPage	打印换页
4	Printer. EndDoc	打印结束

4.1.8 窗体输出

格式为：窗体. PrintForm。

4.2 选择结构程序设计

用顺序结构编写的程序比较简单,只能实现一些简单的处理,在实际应用中,有许多问题需要判断某些条件,根据判断的结果来控制程序的流程,使用选择结构,可以实现这样的处理。

4.2.1 If 单分支语句结构

单分支结构是判断一个条件,执行相应的程序,格式有以下两种。

格式1：

If <条件表达式> Then <语句>

格式2：

If <条件表达式> Then
<语句组>
End If

说明：

(1) 该语句中若条件表达式的值是True，则执行Then后的语句。

(2) 如果是单语句可以使用格式1，如果是多语句可以使用格式2。

4.2.2 if双分支语句结构

双分支结构是判断两个条件，执行相应的程序，格式有以下两种。

格式1：

If <条件表达式> Then <语句1> Else <语句2>

格式2：

If <条件表达式> Then
<语句组1>
Else
<语句组2>
End If

说明：

(1) 若条件表达式的值是True，则执行Then后的语句，否则执行Else后面的语句。

(2) 如果是单语句可以使用格式1，如果是多语句可以使用格式2。

4.2.3 If多分支语句结构

多分支结构是判断若干个条件，执行相应的程序，具体格式如下：

If <条件表达式1> Then
<语句组1>
ElseIf <条件表达式2> Then
<语句组2>
⋮
ElseIf <条件表达式 *N*> Then
<语句组 *N*>
Else
<语句组 *N*+1>
End If

说明：

(1) 若条件表达式1的值是True，则执行语句组1，否则判断条件表达式2，若表达式

2的值是True，则执行语句组2，以此类推直到表达式N，若前N个条件表达式的值均为False，则执行语句组$N+1$。

(2) 条件表达式的判断要具有唯一性，条件表达式间不能存在条件包含关系，否则程序容易出错。

(3) If条件语句在使用时可以进行嵌套，但要注意嵌套的层次结构不能混乱。

4.2.4 Select Case 多分支语句结构

使用多分支语句Select Case也可以实现多分支选择，它比上述条件语句嵌套更有效、更易读，并且易于跟踪调试，具体格式如下：

```
Select Case 测试表达式
    Case 条件表达式 1
        语句组 1
    Case 条件表达式 2
        语句组 2
    ⋮
    Case 条件表达式 N
        语句组 N
    Case Else
        语句组 N+1
End Select
```


说明：

(1) 测试表达式与条件表达式的类型要一致。

(2) Select Case执行时先求测试表达式的值，寻找与该值相匹配的Case子句，然后执行该Case子句中的语句组，如果没有找到与该值相匹配的Case子句，则执行Case Else子句中的语句组，然后执行End Select后面的语句。

(3) 条件表达式的表示方法如表4-5所示。

表4-5 条件表达式的表示方法

序　号	条件表达式	示　例	说　明
1	表达式或常量	CASE 2	数值或字符串常量
2	一组枚举表达式	CASE 3,5,8	是枚举中的某一个
3	用TO指明一个范围	CASE 1 TO 100	指定一个取值范围
4	IS关系表达式	CASE IS>3	配合比较运算符指明一个范围

4.3 循环结构程序设计

在处理实际问题过程中，经常要利用同一种方法对不同数据进行重复处理，这些相同操作可通过重复执行同一程序段实现，这种重复执行具有特定功能程序段的程序结构就称为循环结构。

4.3.1 For…Next 循环

For…Next 循环语句适用于循环次数预知的情况，其语法结构为：

```
For 循环变量＝初值 To 终值[Step 步长值]
    语句组 1
    [Exit For]
Next[循环变量]
```

说明：

(1) For 循环使用循环变量控制循环，每执行一次循环，循环变量的值就会按照设置的步长值变化，直到该值超出终值确定的范围。

(2) 如果没有设定步长值，则步长默认为 1。

(3) 可使用 Exit For 语句随时退出该循环。

4.3.2 While…Wend 循环

While…Wend 循环语句适用于预先不知道循环次数的情况，需要计算条件表达式的值来决定是否继续执行循环，其语法结构为：

```
While 条件[条件为真循环]
    语句组
Wend
```

说明：

(1) 当给定的条件为 True(非 0)时，执行循环中的语句组，当遇到 Wend 语句时，控制返回到 While 语句并对条件进行测试。

(2) 若条件为 True 则再次执行语句组；若条件为 False，则执行 Wend 后面的语句。

4.3.3 Do While…Loop 循环

给定循环条件，对循环条件进行测试，若条件为真，则执行循环，该循环分为两类：前测型和后测型。

前测型：

```
Do While 条件[条件为真循环]
    语句组
    [Exit Do]
Loop
```

说明：

(1) 首先判断条件，如果为 False(或 0)时，则跳过所有语句，执行 Loop 下面的语句。

(2) 如果条件值为 True(或非 0)，则执行循环语句，执行到 Loop 后，跳回 Do While 语句再次判断条件，这种形式的循环体可能执行多次。

后测型：

```
Do
    语句组
    [Exit Do]
Loop While 条件[条件为真循环]
```

说明：

(1) 首先执行循环体中的语句，执行到 Loop While 时判断条件。

(2) 如果条件值为 False(或 0)，则执行 Loop While 下面的语句；如果为 True(或非 0)，则跳回 Do 执行循环语句，这种形式的循环至少执行一次。

4.3.4 Do Until…Loop 循环

给定循环条件，对循环条件进行测试，若条件为假，则执行循环，该循环分为两类：前测型和后测型。

前测型：

```
Do Until 条件[条件为真时退出循环]
    语句组
    [Exit Do]
Loop
```


说明：

(1) 首先判断条件，如果为 True(或非 0)时，则跳过所有语句，执行 Loop 下面的语句。

(2) 如果条件值为 False(或 0)时，则执行循环语句，执行到 Loop 后，跳回 Do Until 语句再次判断条件，这种形式的循环体可能执行 0 次或多次。

后测型：

```
Do
    语句组
    [Exit Do]
Loop Until 条件[条件为真退出循环]
```

说明：

(1) 首先执行循环体中的语句，执行到 Loop Until 时判断条件，如果其值为 True(或非 0)，则执行 Loop Until 下面的语句。

(2) 如果为 False(或 0)时，则跳回 Do 执行循环语句，这种形式的循环至少执行一次。

4.3.5 Do…Loop 循环

Do…Loop 循环结构适用于预先不知道循环次数的情况，可使用 Exit Do 中途退出循环。

```
Do
    语句组
```

```
    [Exit Do]
Loop
```

说明：

(1) 没有循环次数和循环条件。

(2) 必须使用 Exit Do 退出循环，否则为死循环。

4.3.6 Goto 循环

Goto 语句可以改变程序的顺序，跳过程序的某一部分去执行另一部分，或者返回已经执行过的某些语句使之重复执行，因此，用 Goto 语句可以构成循环。

```
Goto 标号 或 行号
```

说明：

(1) “标号”是一个以冒号结尾的标识符；“行号”是一个整型数。

(2) Goto 语句改变程序执行的顺序，无条件地把控制转移到“标号”或“行号”所在的程序行，并从该行开始向下执行。

4.4 本章教学案例

4.4.1 设置字体与字号

案例描述

在窗体上添加一个标签，标题为“内蒙古”且标签为自动大小，添加两个框架，标题分别为“字体”、“字号”，在“字体”框内添加两个单选按钮，标题分别为“隶书”、“黑体”，在“字号”框内添加两个单选按钮，标题分别为 30、50，添加一个命令按钮，标题为“确定”。程序运行后，选择相应的单选按钮后单击命令按钮则对标签中文字的字体和字号进行设置，最后将窗体保存为 VB04-01. frm，工程文件名为 VB04-01. vbp。

最终效果

本案例的最终效果如图 4-1 所示。

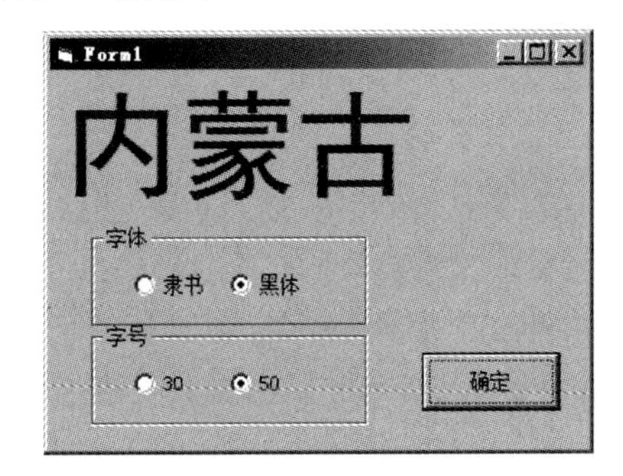

图 4-1 最终效果

✍案例实现

(1) 添加一个标签,Caption 属性为"内蒙古",Autosize 属性为 True。

(2) 添加两个框架,Caption 属性分别为"字体"、"字号"。

(3) 在"字体"框中添加两个单选按钮,标题分别为"隶书"、"黑体"。

(4) 在"字号"框中添加两个单选按钮,标题分别为 30、50。

(5) 添加一个命令按钮,Caption 属性为"确定"。

(6) 打开代码窗口,在 Command1_Click() 中编写如下代码:

```
Private Sub Command1_Click()
If Option1.Value = True And Option3.Value = True Then
    Label1.FontName = "隶书"
    Label1.FontSize = 30
End If
If Option1.Value = True And Option4.Value = True Then
    Label1.FontName = "隶书"
    Label1.FontSize = 50
End If
If Option2.Value = True And Option3.Value = True Then
    Label1.FontName = "黑体"
    Label1.FontSize = 30
End If
If Option2.Value = True And Option4.Value = True Then
    Label1.FontName = "黑体"
    Label1.FontSize = 50
End If
End Sub
```


☎知识要点分析

(1) 标签的 FontName 属性设置的是字体,FontSize 属性设置的是字号,其中字体名属于字符必须加双引号。

(2) 判断 If 后面的表达式,若表达式的值为 True,则执行 Then 后面的语句组。

(3) 该案例可以通过单条 IF 语句实现,还可以通过 If…ElseIF 来实现。

4.4.2 输入一个数求绝对值

🕮案例描述

在窗体上添加两个标签,标题分别为"输入一个数"、"这个数的绝对值为",标签为自动大小,添加两个初始内容为空的文本框,添加一个命令按钮,标题为"计算"。程序运行时,在 Text1 中输入一个数,单击"计算"命令按钮,则可计算出这个数的绝对值并在 Text2 中显示,最后将窗体保存为 VB04-02.frm,工程文件名为 VB04-02.vbp。

🖵最终效果

本案例的最终效果如图 4-2 所示。

图 4-2　最终效果

✍案例实现

(1) 添加两个标签，Caption 属性分别为“输入一个数”、“这个数的绝对值为”，Autosize 属性均为 True。

(2) 添加两个文本框，将 Text 属性清空。

(3) 添加一个命令按钮，Caption 属性为“计算”。

(4) 打开代码窗口，在 Command1_Click()中编写如下代码：

```
Private Sub Command1_Click()
Dim X As Single, Y As Single
X = Text1.Text
'If X >= 0 Then Y = X Else Y = -X
If X >= 0 Then
    Y = X
Else
    Y = -X
End If
Text2.Text = Y
End Sub
```

☎知识要点分析

(1) 定义变量 X 为单精度浮点型，通过赋值语句：X = Text1.Text 将 Text1 中的值赋予 X 时，该值的类型会转换为单精度浮点型。

(2) 若 Then 后面要执行的语句仅一条，既可写一行也可换行写，但如果是语句组则必须换行写。

4.4.3　计算货款打折

🕮案例描述

在窗体上添加两个标签，标题分别为“原货款”、“打折后的货款”，标签为自动大小，添加两个初始内容为空的文本框，添加一个命令按钮，标题为“计算”，程序运行时，在 Text1 中输入原货款，单击“计算”按钮则可计算出打折后的货款，并在 Text2 中显示，打折的标准为：

X<100　不打折

X<500　0.95 折

X<1000　0.9 折

X<2000　0.85 折

X≥2000　0.8 折

最后将窗体保存为 VB04-03.frm，工程文件名为 VB04-03.vbp。

最终效果

本案例的最终效果如图 4-3 所示。

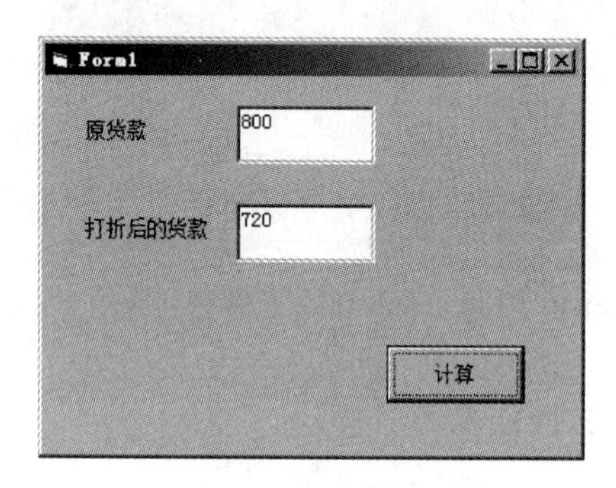

图 4-3　最终效果

案例实现

(1) 添加两个标签，Caption 属性分别为“原货款”、“打折后的货款”，Autosize 属性均为 True。

(2) 添加两个文本框，将 Text 属性清空。

(3) 添加一个命令按钮，Caption 属性为“计算”。

(4) 打开代码窗口，在 Command1_Click() 中编写如下代码：

```
Private Sub Command1_Click()
Dim X As Double, Y As Double
X = Text1.Text
If X < 100 Then
    Y = X
ElseIf X < 500 Then
    Y = X * 0.95
ElseIf X < 1000 Then
    Y = X * 0.9
ElseIf X < 2000 Then
    Y = X * 0.85
ElseIf X >= 2000 Then
    Y = X * 0.8
End If
Text2.Text = Y
End Sub
```

知识要点分析

(1) 定义变量 *X* 为双精度浮点型，通过赋值语句：X = Text1.Text 将 Text1 中的值赋予 *X* 时，该值的类型会转换为双精度浮点型。

(2) 最后一个分支既可写为 ElseIf X >= 2000 Then，也可写为 Else X >= 2000。

(3) 通过 IF…ElseIf 来实现生活中常见的多分支问题。

4.4.4 字符判断

📖案例描述

在窗体上添加两个标签,标题分别为"输入一个字符"、"判断结果为",标签为自动大小,添加两个初始内容为空的文本框,添加一个命令按钮,标题为"判断"。程序运行时,在 Text1 中输入一个字符,单击"判断"按钮则可判断出这个字符是大写字母、小写字母、数字或是其他字符,并将判断结果显示在 Text2 中,最后将窗体保存为 VB04-04. frm,工程文件名为 VB04-04. vbp。

💻最终效果

本案例的最终效果如图 4-4 所示。

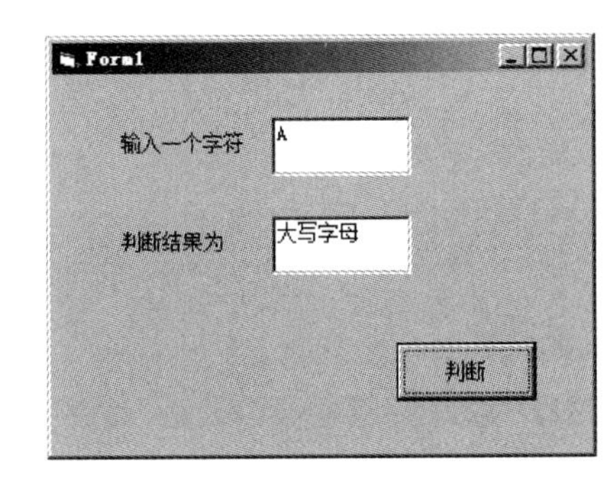

图 4-4 最终效果

✍案例实现

(1) 添加两个标签,Caption 属性分别为"输入一个字符"、"判断结果为",Autosize 属性均为 True。

(2) 添加两个文本框,将 Text 属性清空。

(3) 添加一个命令按钮,Caption 属性为"判断"。

(4) 打开代码窗口,在 Command1_Click() 中编写如下代码:

```
Private Sub Command1_Click()
Dim X As String
X = Text1.Text
Select Case Asc(X)
    Case 65 To 90
        Text2.Text = "大写字母"
    Case 97 To 122
        Text2.Text = "小写字母"
    Case 48 To 57
        Text2.Text = "数字"
    Case Else
        Text2.Text = "其他字符"
End Select
End Sub
```

☎知识要点分析

(1) 本案例是通过ASCII码值来判断字符的，将Text1中的内容赋值给变量X，利用Asc(X)函数将X转换为ASCII码值。

(2) ASCII码值在65～90的即为大写字母，在97～122的即为小写字母，在48～57的即为数字，否则就是其他字符。

(3) Select Case后为测试表达式，每条Case子句后为条件表达式，测试表达式与条件表达式的类型必须一致。

4.4.5 用循环求1～100的和

📖案例描述

在窗体上添加一个标签，标题为"1～100的累加和为"，标签为自动大小，添加一个初始内容为空的文本框，添加5个命令按钮，标题分别为For Next、Do While Loop、Do Loop While、Do Until Loop、Do Loop Until。程序运行时，单击每个命令按钮均可用不同的循环语句求出1～100的累加和，并将求和结果显示在Text1中，最后将窗体保存为VB04-05.frm，工程文件名为VB04-05.vbp。

💻最终效果

本案例的最终效果如图4-5所示。

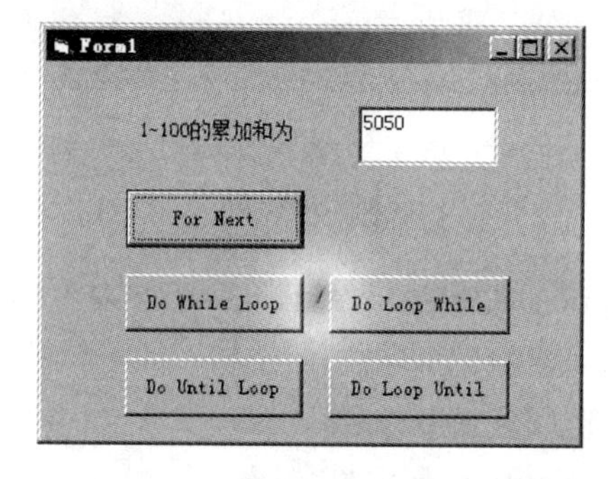

图4-5　最终效果

✍案例实现

(1) 添加一个标签，Caption属性为"1～100的累加和为"，Autosize属性为True。

(2) 添加一个文本框，将Text属性清空。

(3) 添加5个命令按钮，Caption属性分别为For Next、Do While Loop、Do Loop While、Do Until Loop、Do Loop Until。

(4) 双击For Next命令按钮打开代码窗口，在Command1_Click()中编写如下代码：

```
Private Sub Command1_Click()
Dim s As Integer, i As Integer
s = 0
For i = 1 To 100 Step 1
    s = s + i
Next i
Text1.Text = s
End Sub
```

(5) 双击 Do While Loop 命令按钮打开代码窗口,在 Command2_Click()中编写如下代码:

```
Private Sub Command2_Click()
Dim s As Integer, i As Integer
s = 0
i = 1
Do While i <= 100
    s = s + i
    i = i + 1
Loop
Text1.Text = s
End Sub
```

(6) 双击 Do Loop While 命令按钮打开代码窗口,在 Command3_Click()中编写如下代码:

```
Private Sub Command3_Click()
Dim s As Integer, i As Integer
s = 0
i = 1
Do
    s = s + i
    i = i + 1
Loop While i <= 100
Text1.Text = s
End Sub
```

(7) 双击 Do Until Loop 命令按钮打开代码窗口,在 Command4_Click()中编写如下代码:

```
Private Sub Command4_Click()
Dim s As Integer, i As Integer
s = 0
i = 1
Do Until i > 100
    s = s + i
    i = i + 1
Loop
Text1.Text = s
End Sub
```

(8) 双击 Do Loop Until 命令按钮打开代码窗口,在 Command5_Click()中编写如下代码:

```
Private Sub Command5_Click()
Dim s As Integer, i As Integer
s = 0
i = 1
Do
    s = s + i
```

```
    i = i + 1
Loop Until i > 100
Text1.Text = s
End Sub
```

☎**知识要点分析**

(1) 若将一个变量定义为数值型,则赋初值为 0 的代码可以省略,即 s=0 可省略。

(2) 通过赋值语句: Text1. Text = s,将最后的计算结果 s 赋给 Text1 显示。

4.4.6 求一个数的阶乘

案例描述

在窗体上添加两个标签,标题分别为“输入一个数”、“这个数的阶乘为”,标签为自动大小,添加两个初始内容为空的文本框,添加一个命令按钮,标题为“计算”。程序运行时,在 Text1 中输入一个数,单击“计算”命令按钮则可计算出这个数的阶乘,并将计算结果显示在 Text2 中,最后将窗体保存为 VB04-06. frm,工程文件名为 VB04-06. vbp。

最终效果

本案例的最终效果如图 4-6 所示。

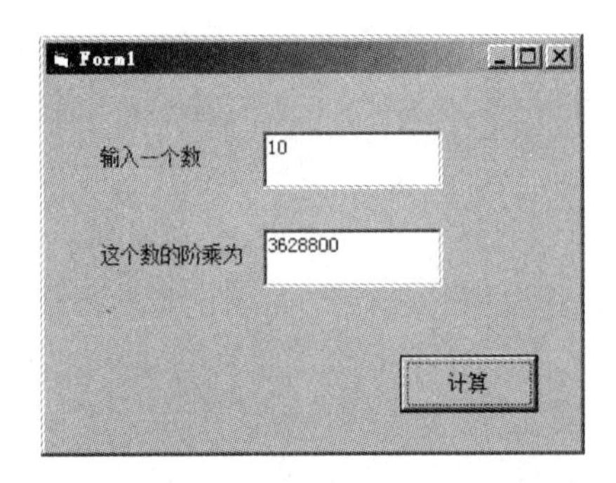

图 4-6 最终效果

✍**案例实现**

(1) 添加两个标签,Caption 属性分别为“输入一个数”、“这个数的阶乘为”,Autosize 属性均为 True。

(2) 添加两个文本框,将 Text 属性清空。

(3) 添加一个命令按钮,Caption 属性为“计算”。

(4) 打开代码窗口,在 Command1_Click() 中编写如下代码:

```
Private Sub Command1_Click()
Dim i As Integer, n As Integer, t As Long
n = Text1.Text
t = 1
For i = 1 To n
    t = t * i
Next
Text2.Text = t
End Sub
```

☎**知识要点分析**

(1) 若将一个变量定义为数值型,则初值为0,求乘积时该变量的初值必须为1,即t=1不能省略。

(2) 变量 *n* 是要计算阶乘的数,变量 *i* 用来循环 1～*n*,t = t * i实现累乘。

4.4.7 判断素数

案例描述

在窗体上添加两个标签,标题分别为"输入一个数"、"判断结果为",标签自动大小,添加两个初始内容为空的文本框,添加一个命令按钮,标题为"判断"。程序运行时,在Text1中输入一个数,单击判断命令按钮则可判断这个数是否是素数,并将判断结果显示在Text2中,最后将窗体保存为VB04-04.frm,工程文件名为VB04-04.vbp。

最终效果

本案例的最终效果如图4-7所示。

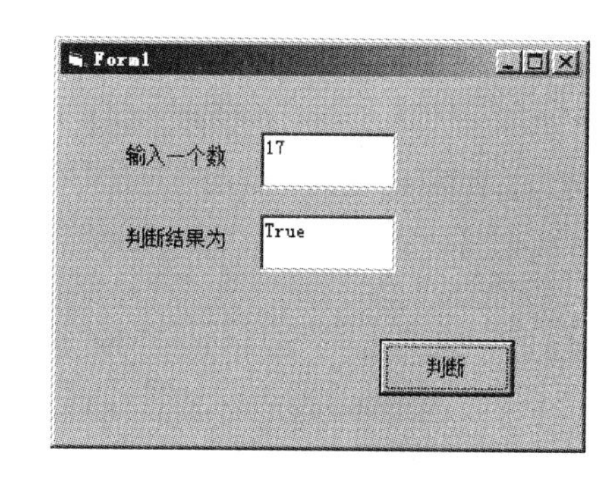

图4-7 最终效果

案例实现

(1) 添加两个标签,Caption属性分别为"输入一个数"、"判断结果为",Autosize属性均为True。

(2) 添加两个文本框,将Text属性清空。

(3) 添加一个命令按钮,Caption属性为"判断"。

(4) 打开代码窗口,在Command1_Click()中编写如下代码:

```
Private Sub Command1_Click()
Dim n As Integer, i As Integer, bj As Boolean
n = Text1.Text
bj = True
For i = 2 To n - 1
    If n Mod i = 0 Then
        bj = False
        Exit For
    End If
Next
Text2.Text = bj
End Sub
```

☎知识要点分析

(1) 变量 n 是需要判断是否是素数的数,素数即只能被 1 和它本身整除的数,所以只需要判断 $2 \sim n-1$ 即可。

(2) 变量 bj 作为标记使用,初值为 True,若需要判断的数 n 能被 $2 \sim n-1$ 之间的数整除则 bj 为 False,并且 Exit For 退出 For 循环。

(3) 在循环体后面将判断结果 bj 赋给 Text2 进行显示。

4.4.8 数列前 30 项的和

🕮案例描述

在窗体上添加一个标签,标题为“数列 1+1/2-1/3+1/4-1/5…前 30 项的值为”,标签为自动大小,一个初始内容为空的文本框,添加一个命令按钮,标题为“计算”。程序运行时,单击“计算”命令按钮则可计算出该数列前 30 项的值,并将结果显示在 Text1 中,最后将窗体保存为 VB04-08.frm,工程文件名为 VB04-08.vbp。

🖳最终效果

本案例的最终效果如图 4-8 所示。

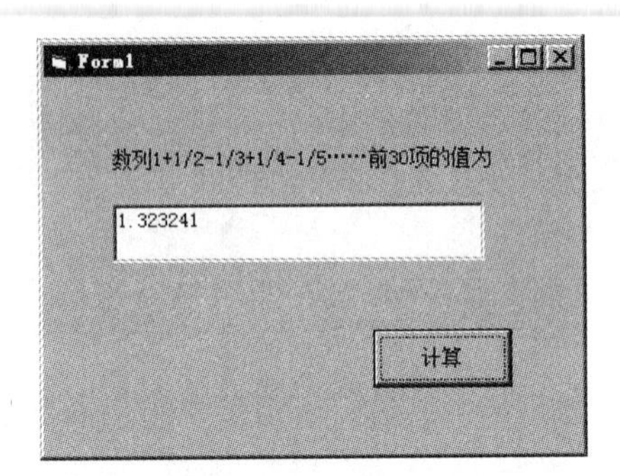

图 4-8　最终效果

✍案例实现

(1) 添加一个标签,Caption 属性为“数列 1+1/2-1/3+1/4-1/5……前 30 项的值为”,Autosize 属性均为 True。

(2) 添加一个文本框,将 Text 属性清空。

(3) 添加一个命令按钮,Caption 属性为“计算”。

(4) 打开代码窗口,在 Command1_Click()中编写如下代码:

```
Private Sub Command1_Click()
Dim i As Integer, fz As Integer, s As Single
s = 1
For i = 2 To 30
    s = s + 1 / i * (-1) ^ i
Next
Text1.Text = s
End Sub
```

☎**知识要点分析**

(1) 该题的特点是从第二项开始,分子是1,分母正负交替变换,因第一项不满足此规律,故将 s 的初值赋为1。

(2) 变量 i 从第2项开始循环到30,通过 s = s + 1 / i * (-1) ^ i 进行累加。

4.5 本章课外实验

4.5.1 多条件选择判断

在窗体上添加两个框架,其名称分别为F1和F2,标题分别为"交通工具"和"到达目标",在F1中添加两个单选按钮,名称分别为Op1和Op2,标题分别为"飞机"和"火车";在F2中添加两个单选按钮,名称分别为Op3和Op4,标题分别为"北京"和"上海"。添加一个标签,其名称为Lab1,宽度为3000,高度为375。程序运行时,选择不同单选按钮时产生的显示结果如表4-6所示。

表4-6 显示结果

	选中的单选按钮		单击窗体后标签中显示的结果
	交通工具	到达目标	
第一种情况	飞机	北京	坐飞机去北京
第二种情况	飞机	上海	坐飞机去上海
第三种情况	火车	北京	坐火车去北京
第四种情况	火车	上海	坐火车去上海

最后将窗体保存为KSVB04-01.frm,工程文件名为KSVB04-01.vbp,最终效果如图4-9所示。

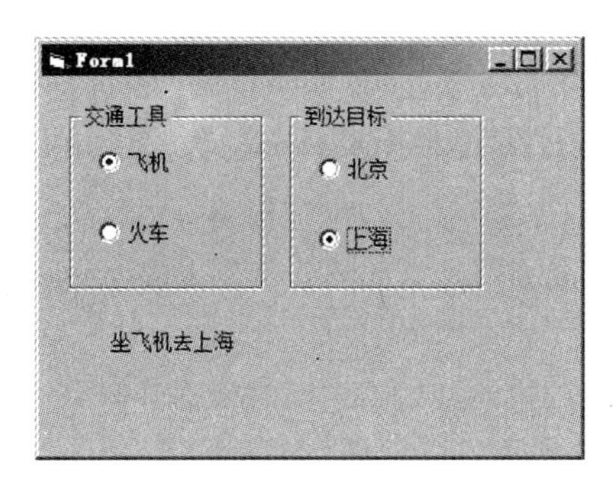

图4-9 最终效果

4.5.2 复选条件判断

在窗体上添加两个复选框,名称分别为Ch1和Ch2,标题分别为"程序设计"、"数据库原理";添加一个文本框,一个命令按钮,名称为C1,标题为"确定"。程序运行时,选择不同复选框产生的显示结果如表4-7所示。

表 4-7　显示结果

程 序 设 计	数据库原理	在文本框中显示的结果
不选	不选	我选的课是
选中	不选	我选的课是程序设计
不选	选中	我选的课是数据库原理
选中	选中	我选的课是程序设计数据库原理

最后将窗体保存为 KSVB04-02. frm，工程文件名为 KSVB04-02. vbp，最终效果如图 4-10 所示。

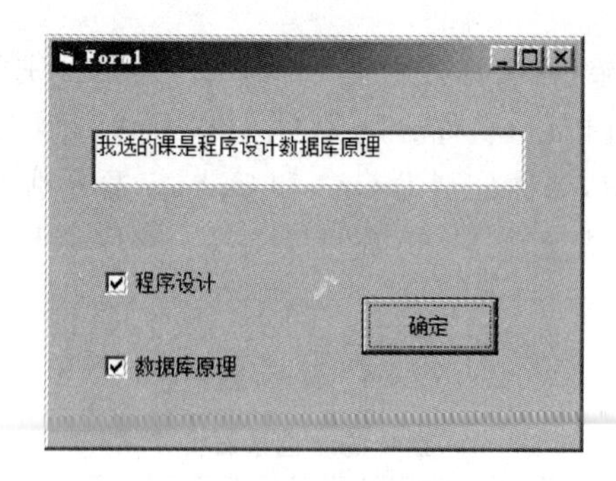

图 4-10　最终效果

4.5.3　计时器与滚动条

在窗体上添加两个命令按钮，标题分别为“开始”、“停止”，一个水平滚动条名称为 HS1、Min 属性为 0、Max 属性为 100，添加一个计时器。程序运行时，单击“开始”命令按钮，则滚动条 HS1 中的滚动块从左向右移动（每 0.5s 移动一个刻度），移到最右端后，自动回到最左端，再重新向右移动；如果单击“停止”命令按钮，则滚动块停止移动，最后将窗体保存为 KSVB04-03. frm，工程文件名为 KSVB04-03. vbp，最终效果如图 4-11 所示。

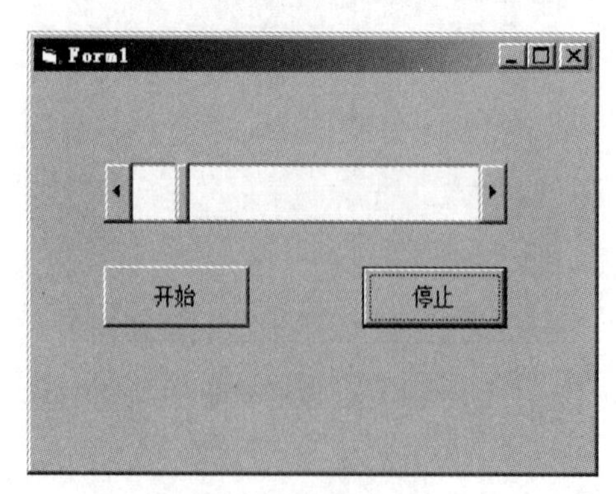

图 4-11　最终效果

4.5.4　滚动字幕

在窗体上添加一个标签，标题为“内蒙古欢迎您”，要求标签距窗体的左边界为 0，且为自动大小。添加一个计时器，时间间隔为 0.1s。编写适当的程序，使得程序运行时通过计时器控制标签字幕向右滚动，当标签滚动出窗体右侧后可以重新从窗体左侧滚动，最后将窗体保存为 KSVB04-04.frm，工程文件名为 KSVB04-04.vbp，最终效果如图 4-12 所示。

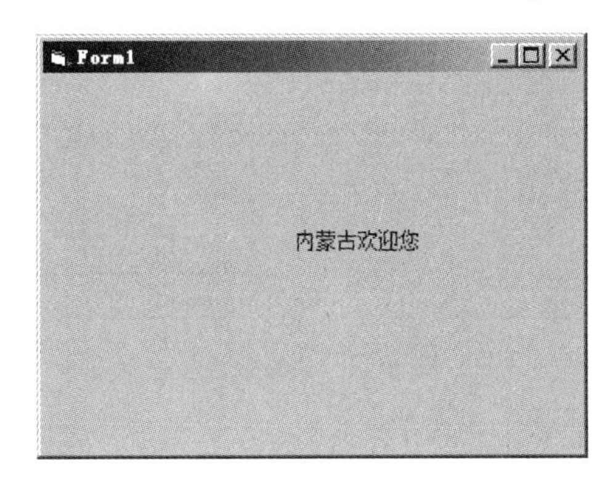

图 4-12 最终效果

4.5.5 求 1～100 中被 3 和 7 同时整除的数的个数

在窗体上添加一个标签，标题为"1～100 中被 3 和 7 同时整除的数的个数为"，标签为自动大小。添加一个初始内容为空的文本框，一个命令按钮，标题为"统计"。程序运行时，单击"统计"命令按钮可以统计出 1～100 中被 3 和 7 同时整除的数的个数，显示在 Text1 中，最后将窗体保存为 KSVB04-05.frm，工程文件名为 KSVB04-05.vbp，最终效果如图 4-13 所示。

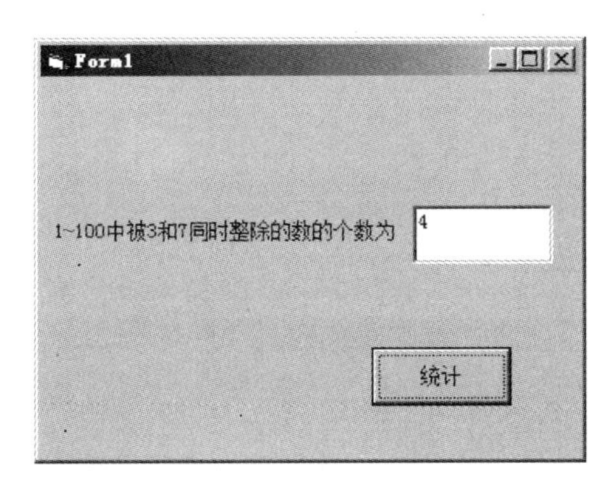

图 4-13 最终效果

4.5.6 数据的奇偶判断

在窗体上添加两个标签，标题分别为"输入一个数"、"判断结果为"，标签为自动大小。添加两个初始内容为空的文本框，一个命令按钮，标题为"判断"。程序运行时，在 Text1 中输入一个数，单击"判断"命令按钮判断出该数的奇偶，并将判断结果显示在 Text2 中，最后将窗体保存为 KSVB04-06.frm，工程文件名为 KSVB04-06.vbp，最终效果如图 4-14 所示。

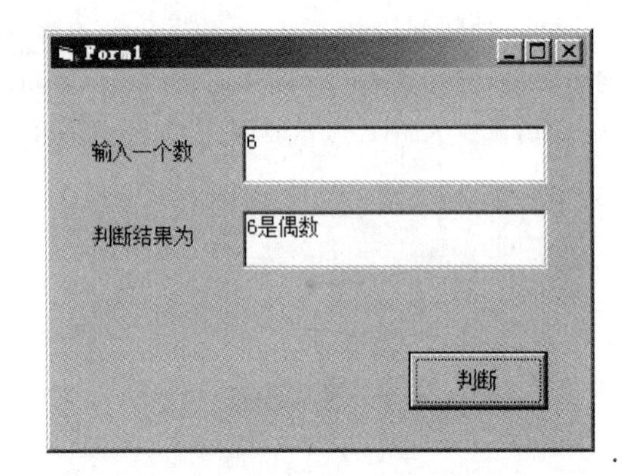

图 4-14　最终效果

4.5.7　公里数与运费打折

在窗体上添加两个标签，标题分别为“输入运输距离”、“打折后的运费为”，标签为自动大小，添加两个初始内容为空的文本框，一个命令按钮，标题为“计算”。程序运行时，在Text1中输入运输距离，单击“计算”命令按钮则可计算出打折后的费用，并显示在Text2中，最后将窗体保存为KSVB04-04.frm，工程文件名为KSVB04-04.vbp，最终效果如图4-15所示。

每吨运费的计算方法是：距离×折扣×单价。

其中，单价为0.3

折扣为：

距离<500	折扣为1
500≤距离<1000	折扣为0.98
1000≤距离<1500	折扣为0.95
1500≤距离<2000	折扣为0.92
2000≤距离	折扣为0.9

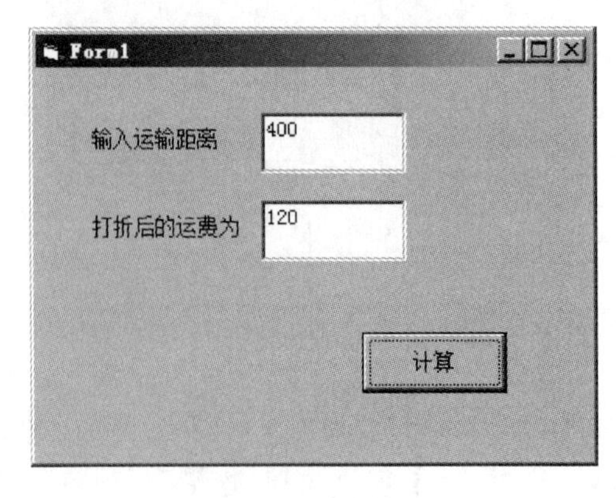

图 4-15　最终效果

4.5.8 月份判断

在窗体上添加两个标签，标题分别为“输入月份”、“判断结果为”，标签为自动大小，添加两个初始内容为空的文本框，一个命令按钮，标题为“判断”。程序运行时，在 Text1 中输入某月份的数值(1～12)，单击“判断”命令按钮则可判断出该月份所在的季节，并显示在 Text2 中，若输入的不是月份，则 Text2 中显示“输入有误，请重新输入！”，最后将窗体保存为 KSVB04-08.frm，工程文件名为 KSVB04-08.vbp，最终效果如图 4-16 所示。

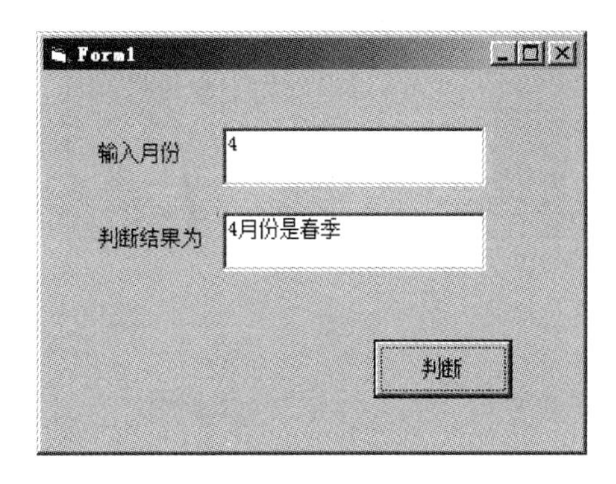

图 4-16 最终效果

4.5.9 输入一个数计算阶乘

在窗体上添加两个标签，标题分别为“输入一个整数(1～100)”、“计算结果为”，标签为自动大小，添加两个初始内容为空的文本框，一个命令按钮，标题为“计算”。程序运行时，在 Text1 中输入一个 1～100 的整数，单击“计算”命令按钮则可对该数进行判断，若输入的数小于等于 10 则计算该数的阶乘，若该数大于 10 则计算 1 到该数的累加和，并将计算结果显示在 Text2 中，最后将窗体保存为 KSVB04-09.frm，工程文件名为 KSVB04-09.vbp，最终效果如图 4-17 所示。

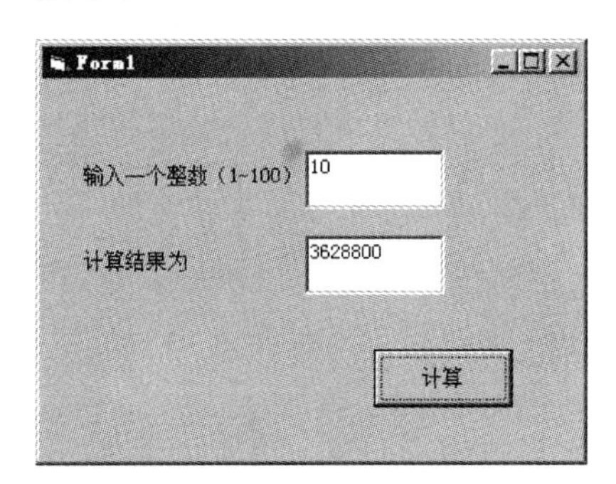

图 4-17 最终效果

4.5.10 大于输入数的第一个素数

在窗体上添加两个标签，标题分别为“输入一个数”、“大于该数的第一个素数是”，标签为自动大小，添加两个初始内容为空的文本框，一个命令按钮，标题为“计算”。程序运行时，在 Text1 中输入一个数，单击“计算”命令按钮则可计算出大于该数的第一个素数，并将计算结果显示在 Text2 中，最后将窗体保存为 KSVB04-10. frm，工程文件名为 KSVB04-10. vbp，最终效果如图 4-18 所示。

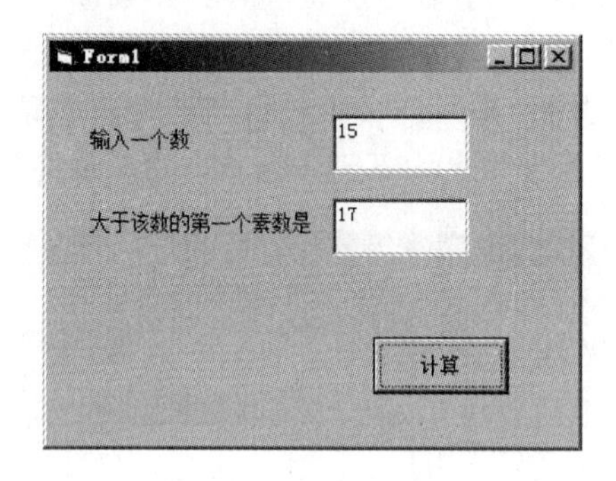

图 4-18　最终效果

4.5.11　求数列 1＋1/3＋1/5…1/2*n*－1 的和

在窗体上添加两个标签，标题为“输入 *n*”、“数列 1＋1/3＋1/5…1/2*n*－1 的值为”，标签为自动大小，添加两个初始内容为空的文本框，添加一个命令按钮，标题为“计算”。程序运行时，在 Text1 中输入一个数 *n*，单击“计算”命令按钮则可计算出该数列前 *n* 项的值，并将结果显示在 Text2 中，最后将窗体保存为 KSVB04-11. frm，工程文件名为 KSVB04-11. vbp，最终效果如图 4-19 所示。

图 4-19　最终效果

4.5.12　列表项目的增减

在窗体上添加两个列表框，4 个命令按钮，标题分别为“＞”、“”＞＞、“＜＜”、“＜”，编写适当的代码，使得程序运行时：

(1) 列表框中添加表项，表项内容为 AA、BB、CC、DD、EE、FF；

(2) 在列表框 1 中选中一项，单击“＞”命令按钮，则将该项添加到列表框 2 中，并将其从列表框 1 中删除；

(3) 在列表框 2 中选中一项，单击“＜”命令按钮，则将该项添加到列表框 1 中，并将其从列表框 2 中删除；

(4) 单击“＞＞”命令按钮，可将列表框 1 中的全部内容移到列表框 2 中；

(5) 单击“＜＜”命令按钮，可将列表框 2 中的全部内容移到列表框 1 中；

最后将窗体保存为 KSVB04-12.frm，工程文件名为 KSVB04-12.vbp，最终效果如图 4-20 所示。

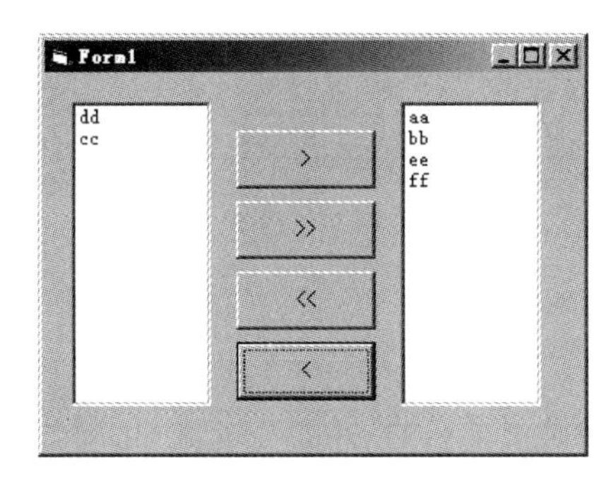

图 4-20　最终效果

4.5.13　计算 π 的值

在窗体上添加一个标签，标题为“π 的近似值为”，标签为自动大小，添加一个初始内容为空的文本框，添加一个命令按钮，标题为“计算”。程序运行时，单击“计算”命令按钮则可通过计算公式 $\pi/4=1-1/3+1/5-1/7+\cdots$ 来求 π 的近似值(当最后一项的绝对值小于 10^{-5} 时停止计算)，并将结果显示在 Text1 中，最后将窗体保存为 KSVB04-13.frm，工程文件名为 KSVB04-13.vbp，最终效果如图 4-21 所示。

图 4-21　最终效果

4.5.14　输出九九乘法表

在窗体上添加一个初始内容为空的文本框，可接收多行文本，添加一个命令按钮，标题为“显示九九乘法表”。程序运行时，单击“显示九九乘法表”命令按钮则将九九乘法表显示在 Text1 中，最后将窗体保存为 KSVB04-14.frm，工程文件名为 KSVB04-14.vbp，最终效果如图 4-22 所示。

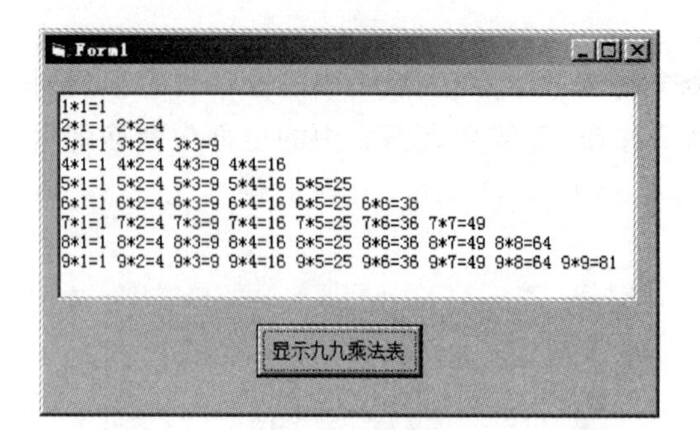

图 4-22　最终效果

4.5.15　百钱百鸡问题

用 100 元买 100 只鸡，母鸡 3 元一只，小鸡 1 元 3 只，问各应买多少只？

在窗体上添加两个标签，标题分别为“母鸡的只数”、“小鸡的只数”，标签为自动大小，添加两个初始内容为空的文本框，添加一个命令按钮，标题为“计算”。程序运行时，单击“计算”命令按钮，计算结果显示在 Text1 和 Text2 中，最后将窗体保存为 KSVB04-15.frm，工程文件名为 KSVB04-15.vbp，最终效果如图 4-23 所示。

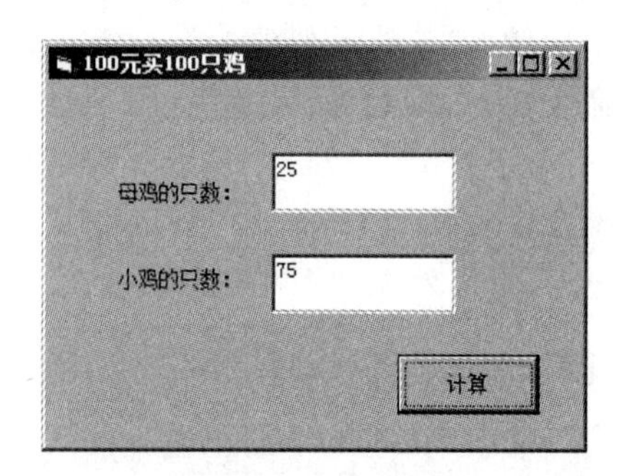

图 4-23　最终效果

第5章　Visual Basic 函数

本章说明

Visual Basic 应用程序包括两部分：程序界面和程序代码，其中，程序代码由语句组成，而语句由不同的“基本元素”构成，包括常量、变量、运算符、表达式和函数等，本章重点介绍函数。

本章主要内容

- Visual Basic 基本函数
- 输入与输出函数

本章拟解决的问题

(1) 函数的三要素是什么?
(2) 如何获取某个范围的随机整数?
(3) 如何使用数学函数?
(4) 如何使用字符串函数?
(5) 如何使用转换函数?
(6) 如何使用日期函数?
(7) 如何使用输入输出函数?

5.1 Visual Basic基本函数

Visual Basic的函数可分为内部函数和用户自定义函数两大类。内部函数也称公共函数,是Visual Basic事先编制好的相应的程序,编程时可以直接使用。内部函数包括数学函数、字符函数、日期时间函数、类型转换函数等。每个内部函数都有它特定的功能,每个函数的使用都需要考虑函数的三要素:函数名、函数参数和函数的返回值。

函数的语法格式为:函数名(参数1,参数2,…)

函数名是系统规定的函数的名称;函数参数的多少根据函数的不同而不同,参数用圆括号括起来,如果有多个参数,则用半角逗号隔开;每个函数都有一个确切的结果,这个结果就是该函数的返回值,在使用函数的过程中需注意函数返回值的数据类型。调用函数的一般方法是将函数的结果直接用Print语句输出,或者用函数构成表达式,将表达式的结果赋值给某个变量。在"代码编辑器"窗口输入函数名和"("后,系统会列出该函数的参数类型和个数等信息方便用户参考。

5.1.1 数学函数

数学函数是Visual Basic系统提供的进行算术运算的函数,函数参数假设用数值 x 来表示,表5-1中列出了常用数学函数的功能、用法和函数的返回值。

表5-1 数学函数及用法

序号	函数	功能	举例	结果
1	Abs(x)	返回 x 的绝对值	Abs(−9.5)	9.5
2	Sin(x)	返回 x 的正弦值	Sin(30 * 3.14/180)	0.5
3	Cos(x)	返回 x 的余弦值	Cos(30 * 3.14/180)	0.9
4	Tan(x)	返回 x 的正切值	Tan(30 * 3.14/180)	0.6
5	Exp(x)	求e的 x 次方,即 e^x	Exp(3)	20
6	Log(x)	求以e为底的对数	Log(60)	4.1
7	Rnd(x)	产生随机数	Rnd	0~1之间的随机小数
8	Sgn(x)	返回参数 x 的正负号 $x>0$,返回1 $x=0$,返回0 $x<0$,返回−1	Sgn(−2) Sgn(0) Sgn(2)	−1 0 1

续表

序号	函数	功能	举例	结果
9	Sqr(x)	返回 x 的平方根	Sqr(9)	3
10	Int(x)	求不大于 x 的最大整数	Int(－8.5)	－9
11	Fix(x)	截尾取整	Fix(－8.5)	－8
12	Round(x,n)	四舍五入	Round(8.35,1)	8.4

部分数学函数说明如下。

(1) 数学三角函数如 Sin、Cos、Tan 等，参数都以弧度为单位，如果是角度数值，先要转为弧度，即用公式“角度数×π/180”得到弧度。

(2) Int(x)和 Fix(x)函数都是取整，但有所不同。Fix(x)函数只是去掉小数部分，返回其整数部分；而 Int(x)函数是返回小于等于 x 的最大整数，但不同于四舍五入，例如：

① Fix(8.6)和 Int(8.6)结果都为 8。

② Fix(－8.6)结果为－8，Int(－8.6)结果都为－9。

当函数参数 x 是正数时，这两个函数的结果相同，而当 x 是负数时，结果不同。

(3) Rnd(x)函数是一个产生随机数的函数，返回一个随机的 0～1 的 Single 型小数，参数 x 是随机数种子，若省略 x 则默认 $x>0$。若 $x>0$，重复执行 Rnd(x)产生随机数序列的下一个数；若 $x<0$，重复执行 Rnd(x)产生相同的一个随机数；当 $x=0$，重复执行函数，会出现一个相同的随机数。

当 $x=0$ 时重复调用随机数函数也只能产生同一个随机数；当 $x>0$ 时，重复调用函数能够产生随机数序列，但这是一个相同的序列，每次启动程序调用函数产生的随机数序列都是相同的。而如果将 Randomize 语句放到随机数函数的前面，可以避免这两种情况的发生。Randomize 语句的语法如下：

```
Randomize[(x)]
```

x 是随机数发生器的种子数(整型)，可以省略。

在程序设计的过程中，经常需要产生某个范围的随机数或某个范围的随机数整数，可以参考下面的规则：

若要产生(x,y)范围内的随机数，则：

Rnd * (y－x)＋1

若要产生(x,y)范围的随机整数，则：

Int((y－x＋1) * Rnd)＋x

(4) Round(x,n)函数不是我们习惯使用的四舍五入函数，而是四舍六入，五很特殊，需分情况而定。具体来说可以用这样的口诀来说明：五后非零要进一、五后为零视奇偶、五前为偶应舍去、五前为奇则进一。

例如，执行下列语句(保留两位小数)：

Round(2.8352)　　结果为 2.84

Round(2.835)　　结果为 2.84

Round(2.825)　　结果为 2.82

5.1.2 字符函数

字符函数用于对字符串进行处理，在 Visual Basic 中，采用了新的字符处理方式，将英文字符和中文字符统一编排，每个字符都用两个字节表示，每个英文字符和汉字的字符长度都是 1，这种处理方式称为“Unicode 方式”。用字母 *s* 表示一个字符串，*n* 表示数值，表 5-2 列出了常用字符函数的功能、用法和函数的返回值。

表 5-2 常用字符函数及用法

序号	函　　数	功　　能	举　　例	结　　果
1	Left(*s*,*n*)	在 *s* 中从左开始取 *n* 个字符	Left("内蒙古财经大学", 3)	内蒙古
2	Right(*s*,*n*)	在 *s* 中从右开始取 *n* 个字符	Right("内蒙古财经大学",2)	大学
3	Mid(*s*,*n*1[,*n*2])	在 *s* 中从 *n*1 个位置开始取 *n*2 个字符	Mid("内蒙古财经大学",4,2)	财经
4	Ltrim(*s*)	去掉 *s* 左边的空格	"qq" + LTrim(" abc ") + "qq"	qqabc qq
5	Rtrim(*s*)	去掉 *s* 右边的空格	"qq" + RTrim(" abc ") + "qq"	qq abcqq
6	Trim(*s*)	去掉 *s* 两边的空格	"qq" + Trim(" abc ") + "qq"	qqabcqq
7	Space(*n*)	产生 *n* 个空格	"abc" + Space(3) + "def"	abc def
8	Ucase(*s*)	将 *s* 中的字母全部转换为大写	Ucase("abc")	ABC
9	Lcase(*s*)	将 *s* 中的字母全部转换为小写	Lcase("abc")	abc
10	String(*n*,*s*|*n*1)	返回由 *n* 个 *s* 字符串首字符组成的字符串或者 *n*1 对应的 ASCII 字符组成的字符串	String(3, "abc")	aaa
11	StrReverse(*s*)	将 *s* 字符串倒置，返回字符串的反串	StrReverse("abc")	cba
12	InStr([*n*],*s*1,*s*2[,*m*])	在 *s*1 中从 *n* 开始查找 *s*2，返回 *s*2 在 *s*1 中的开始的位置	InStr(3,"acfbc", "c")	5
13	Replace (*s*, *s*1, *s*2[,*n*1][,*n*2][,*m*])	在 *s* 中从 *n*1 开始由 *s*2 替代 *s*1，共替代 *n*2 次，*m* 表示是否区分大小写	Replace("These Is books And those Is pens.", "is", "are", 1, 2, 0)	These Is books And those Is pens.

部分字符函数说明如下。

(1) InStr([*n*],*s*1,*s*2[,*m*])

功能：确定 *s*2 子串在 *s*1 主串中的起始字符位置。

说明：若参数 *n* 缺省，该函数返回 *s*2 在 *s*1 中首次出现的起始字符位置；否则，该函数返回 *s*2 在 *s*1 中从第 *n* 位起出现的起始字符位置。例如：

```
Dim x
x = InStr(2, "This is a book", "is", 0)
Print x         'x 的值是 3
```

(2) string(n,s|$n1$)

功能：返回由 n 个 s 字符串首字符组成的字符串或是由 n 个 $n1$ 数字对应的 ASCII 字符组成的字符串。例如：

```
Dim s, s1, s2 As String
s1 = String(10, 65)
s2 = String(10, "abc")
Print s1        's1 的值是 10 个 A"AAAAAAAAAA"
Print s2        's2 的值是 10 个 a"aaaaaaaaaa"
```

(3) Replace(s,$s1$,$s2$[,$n1$][,$n2$][,m])

说明：如果省略 $n1$ 和 $n2$，在字符串 s 中，从第一个字符开始，由字符串 $s2$ 替代所有的 $s1$；若有 $n1$，则从 $n1$ 开始替代，若有 $n2$，则从 $n1$ 开始连续替代 $n2$ 次；m 表示是否区分大小写，m=0 区分，m=1 不区分，省略 m 为区分大小写。

例如：

```
Dim s As String, s1 As String,s2 As String
s = "These Is books And those Is pens."
s1 = Replace(s, "is", "are", 1, 2, 1)
s2 = Replace(s, "is", "are", 1, 2, 0)
Print s1 's1 的值是"These are books And those are pens."
Print s2 's1 的值是"These Is books And those Is pens."
```

5.1.3 日期时间函数

日期时间函数和日期或时间相关，常用的日期时间函数的功能、用法和函数的返回值如表 5-3 所示，参数 d 表示日期，t 表示时间，n 为一个数值。

表 5-3 常用日期函数及用法

序号	函　数	功　能	举　例	结　果
1	Now	返回系统日期/时间	Now	2013-10-20 15:20:05
2	Date	返回系统日期	Date	2013-10-20
3	Time	返回系统时间	Time	15:20:05
4	Year(d)	返回年份	Year(#2013/10/20#)	2013
5	Month(d)	返回月份	Month(#2013/10/20#)	10
6	Day(d)	返回日	Day(#2013/10/20#)	20
7	MonthName(n)	返回月份名称	MonthName(6)	六月
8	WeekDay(d)	返回日期号	WeekDay(#2013/10/20#)	1
9	WeekDayName(n)	返回星期名	WeekDayName(6)	星期五
10	Hour(t)	返回小时	Hour("11:30:45 AM")	11
11	Minute(t)	返回分钟	Minute("11:30:45 AM")	30
12	Second(t)	返回秒钟	Second("11:30:45 AM")	45

说明：

系统日期与时间是用户计算机中内部时钟的日期与时间，该日期与时间不一定与实际日期与时间一致，系统日期与时间可以由用户根据需要而设置。

5.1.4 类型转换函数和判断函数

类型转换函数的功能是强制进行数据类型的转换，类型判断函数用来判断常量、变量、函数及表达式的类型。常用的类型转换函数和判断函数如表 5-4 所示，其中参数 *s* 表示字符串，*n* 表示数值。

表 5-4 类型转换函数和判断函数

序号	函数	函数功能
1	Chr(*n*)	将 ASCII 码值转换成字符
2	Asc(*s*)	将首字符转换为 ASCII 值
3	Str(*n*)	将数值转换成字符串
4	Val(*s*)	将数字字符串转换成数值
5	Typename	判断类型

说明：

(1) Asc(*s*)

返回字符串 *s* 首字符对应的 ASCII 码数值(十进制)，在一般情况下，返回 0～255 的整数，*s* 不能是空字符串。

(2) Chr(*n*)

将数值(十进制)转换成相应的 ASCII 码字符，*n* 的正常范围为 0～255，Chr()与 Asc()为互逆函数。

(3) Str(*n*)

将数值转换为数字字符串，转换后的字符串左边增加一个符号位。

(4) Val(*s*)

将字符串中第一个数字字符到第一个非数字字符之间的所有数字字符转换为数值。小数点、0～9、正负号等被认为是数字字符。若第一个字符就是非数字字符，其转换结果为 0。

例如：

```
Dim n1 As Single, n2 As Single, n3 As Single
n1 = Val("38a.76b")
n2 = Val("abc")
n3 = Val("56.8")
Print n1, n2, n3   'n1 的结果是 38,n2 的结果是 0,n3 的结果为 56.8
```

(5) 类型判断函数 Typename

函数应用举例：

```
Private Sub Command1_Click()
Dim b As Date
Print TypeName(200)                '常量类型,结果为 Integer
Print TypeName("True")             '常量类型,结果为 String
```

```
    Print TypeName(Rnd)                    '判断函数的类型,结果为 Single
    Print TypeName(b)                      '判断变量的类型,结果为 Date
    Print TypeName(Sqr(9) + 6 > 10)        '判断表达式的类型,结果为 Boolean
End Sub
```

5.2 输入输出函数

5.2.1 输入函数

在 Visual Basic 中提供了两个函数 InputBox 和 MsgBox,这两个函数分别弹出输入对话框和消息(输出)对话框来,为用户的输入和输出提供了方便。

1. InputBox 函数的语法格式

<变量>=InputBox("提示"[,"标题"][,"默认值"] [,xpos][,ypos])

说明:

(1)“提示”是必选项,指定在对话框中显示的文本,如果不想指定文本,可以给一个空字符串;若要使“提示”文本换行显示,可在换行处插入回车符(Chr(13))、换行符(Chr(10))(或系统符号常量 VbcrLf)或回车换行符(Chr(13)+Chr(10)),使显示的文本换行。

(2)“标题”指定对话框标题栏中显示的标题。

(3)“默认值”用于指定输入对话框中显示的默认文本。

(4) xpos 和 ypos 分别指定对话框的左边和上边与屏幕左边与上边的距离,通常都是省略的。

2. 函数功能

该函数的作用是打开一个对话框,等待用户输入,当用户输入内容后单击“确定”按钮或回车键时,函数返回输入的值,单击“取消”按钮,返回的将是一个空字符串。其值的类型为字符型。

例如执行下列语句:

```
x = InputBox("")
```

这是 InputBox 函数最简单的用法,只给出了第一个参数,并且是一个空串,其余都取默认值。执行该函数将产生如图 5-1 所示的输入对话框,当用户在对话框的文本框中输入内容后,单击“确定”按钮,输入的内容将以字符型数据返回给变量 x。若用户单击“取消”按钮,则返回一个空字符串赋值给变量 x。

如果执行的是下述语句:

```
n = InputBox("请输入一个正整数" + vbCrLf + "(不能超过 1000)","输入", 1)
```

则弹出如图 5-2 所示的“输入”对话框,标题栏显示“输入”,提示文本分两行显示,默认值为 1,如图 5-2 所示。

图 5-1　参数取默认值的输入对话框

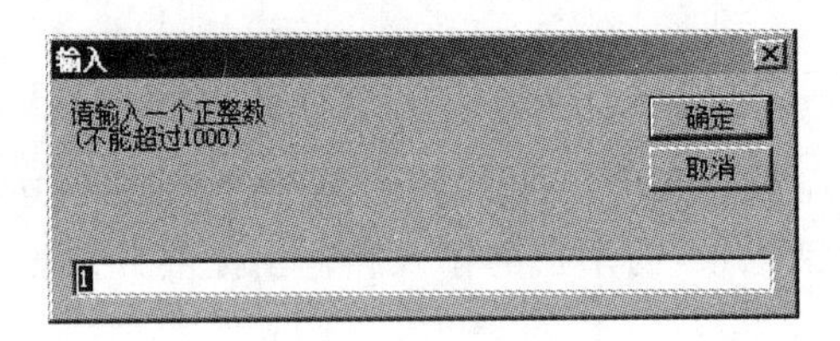

图 5-2　指定三个参数的输入对话框

5.2.2　输出函数

1. MsgBox 函数的语法格式

<变量>=MsgBox("提示"[,对话框类型[, "对话框标题"]])

2. 函数功能

使用 MsgBox 函数可以弹出一个输出消息的对话框，当用户单击不同的命令按钮后，函数将返回不同的数值(表示用户单击了哪个按钮)赋值给变量，根据该变量的值决定后续程序的编写。

说明：

(1) 第一个参数“提示”是必选项，指定在对话框中显示的文本，如果省略了双引号中的提示文本，则弹出的是一个没有任何提示信息的对话框；在“提示”文本中使用 vbCrLf、回车符(Chr(13))、回车换行符(Chr(13)+Chr(10))或换行符(Chr(10))，可使显示的提示文本换行。

(2) “对话框标题”指定对话框标题栏中显示的标题。

(3) “对话框类型”指定对话框中出现的按钮、图标及默认按钮三部分，这三部分一般用“+”连成一个参数，这三部分的取值和含义如表 5-5～表 5-7 所示。

表 5-5　按钮类型

符号常量	值	显示的按钮
VbOKOnly	0	“确定”按钮
VbOKCancel	1	“确定”和“取消”按钮
VbAbortRetryIgnore	2	“终止”、“重试”和“忽略”按钮
VbYesNoCancel	3	“是”、“否”和“取消”按钮
VbYesNo	4	“是”和“否”按钮
VbRetryCancel	5	“重试”和“取消”按钮

表 5-6 图标类型

符号常量	值	显示的图标
VbCritical	16	停止图标
VbQuestion	32	问号(?)图标
VbExclamation	48	感叹号(!)图标
VbInformation	64	消息图标

表 5-7 默认按钮

符号常量	值	默认的活动按钮
VbDefaultButton1	0	第一个按钮
VbDefaultButton2	256	第二个按钮
VbDefaultButton3	512	第三个按钮

这三部分的组合决定了对话框的模式。可以全部省略或者只保留一部分、两部分、三部分组合成一个参数,形成不同的对话框风格。

例如执行下列语句:

```
F = MsgBox("确定要删除程序吗", vbYesNo + vbQuestion, "删除确认")
```

则弹出如图 5-3 所示的对话框。

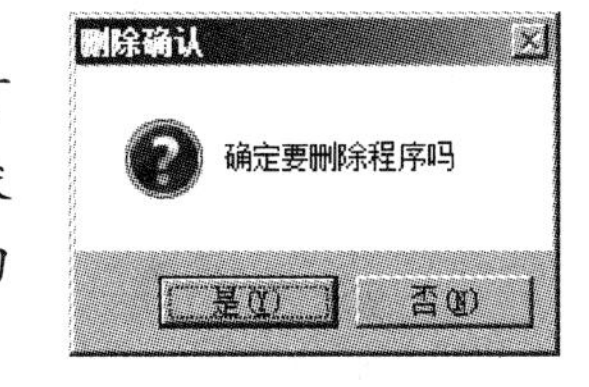

图 5-3 消息对话框

该例中的 vbYesNo + vbQuestion 用的是符号常量,也可以直接用数字"4+32"表示,省略了第三部分"默认按钮",则默认第一个按钮。用户单击了"是"按钮或"否"按钮,函数的返回值是不同的。

(4) MsgBox 函数返回值带回了用户在对话框中单击了哪一个命令按钮的信息,函数值如表 5-8 所示。

表 5-8 MsgBox 函数返回值

符号常量	返回值	对应按钮
Vbok	1	确定
Vbcancel	2	取消
Vbabort	3	终止
Vbretry	4	重试
Vbignore	5	忽略
Vbyes	6	是
Vbno	7	否

(5) 如果使用 MsgBox 函数时,给出了第一个和第三个参数,则必须给出完整的参数分隔符(两个逗号)。例如:

```
F = MsgBox("确定要删除程序吗", , "删除确认")
```

(6) 若不需要函数的返回值,则可以将 MsgBox 使用为语句形式,语法格式为:

```
MsgBox "提示"[,对话框类型[, "对话框标题"]]
```

去掉函数参数外围的圆括号即可。

5.3 本章教学案例

5.3.1 求绝对值和平方根

案例描述

在窗体上添加三个标签(Label1、Label2、Label3)、三个文本框(Text1、Text2、Text3)、一个命令按钮 Command1。编写适当的代码,程序运行时在 Text1 中输入一个整数,单击 Command1 在 Text2 中计算出该数的绝对值,在 Text3 中计算出该数的平方根。保存工程窗体为 VB05-01.vbp 和 VB05-01.frm。

最终效果

本案例的最终效果如图 5-4 所示。

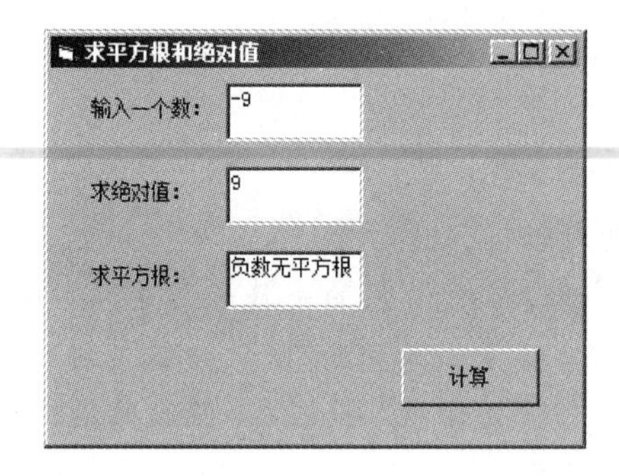

图 5-4 计算结果

案例实现

(1) 新建工程和窗体,在窗体上添加控件,并设置控件的相应属性,效果如图 5-4 所示。

(2) 编写如下程序代码:

```
Private Sub Command1_Click()
'单击命令按钮完成绝对值和平方根的计算并输出
    Dim x As Integer, y As Integer
    x = Text1.Text
    y = Abs(x)
    If x >= 0 Then
      z = Sqr(x)
    Else
      z = "负数无平方根"
    End If
    Text2 = y
    Text3 = z
End Sub
```

☎知识要点分析

(1) 求绝对值的函数为 Abs,求平方根的函数为 Sqr。

(2) 本例中涉及文本框的输入和输出,文本框中的数据为字符型,因系统能够进行强制类型转换,所以代码中未进行转换。当然在代码中用函数转换类型和系统强制转换后的输出效果还是有区别的。

5.3.2 符号、取整和四舍六入函数

📖案例描述

在窗体上添加 4 个标签(Label1、Label2、Label3、Label4)、4 个文本框(Text1、Text2、Text3 和 Text4)、一个命令按钮 Command1。编写适当的代码,程序运行时单击 Command1,弹出"输入"对话框,输入"－9.65"后单击"计算"命令按钮,程序运行结果如图 5-5 所示。保存工程窗体为 VB05-02.vbp 和 VB05-02.frm。

💻最终效果

本案例的最终效果如图 5-5 所示。

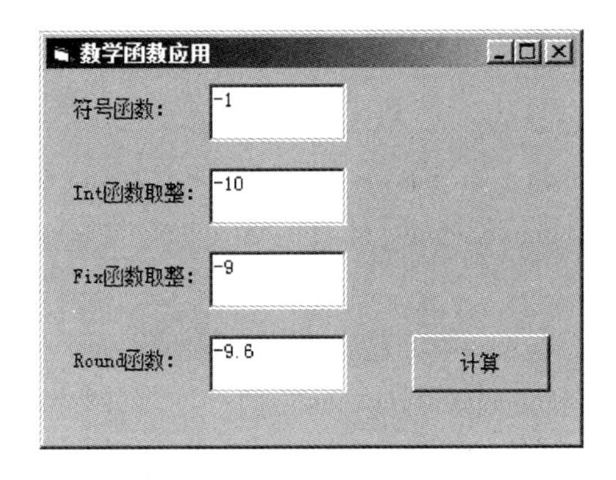

图 5-5 计算结果

✍案例实现

(1) 新建工程和窗体,在窗体上添加控件,并设置窗体和各个控件的相应属性,效果如图 5-5 所示。

(2) 编写如下程序代码:

```
Private Sub Command1_Click()
  Dim n
  n = Val(InputBox("请输入一个数", "输入", 0))
  Text1 = Sgn(n)
  Text2 = Int(n)
  Text3 = Fix(n)
  Text4 = Round(n, 1)
End Sub
```

(3) 程序运行时,单击"计算"命令按钮,弹出如图 5-6 所示的"输入"对话框,输入"－9.65",单击"确定"按钮后完成计算。

图 5-6 “输入”对话框

☎知识要点分析

(1) 函数 InputBox 的返回值为字符型,因此要用 Val 函数转换为数值型后赋值给变量,进行数学运算。

(2) 要特别注意 Round 函数和 Int 以及 Fix 函数的区别。

5.3.3 字符处理和输入函数

🕮案例描述

在窗体上添加两个标签(Label1、Label2)、两个文本框(Text1、Text2)、一个命令按钮 Command1。编写适当的代码,程序运行时单击 Command1 弹出“输入”对话框,输入“abcde123”后确定,程序运行结果如图 5-7 所示。保存工程窗体为 VB05-03.vbp 和 VB05-03.frm。

最终效果

本案例的最终效果如图 5-7 所示。

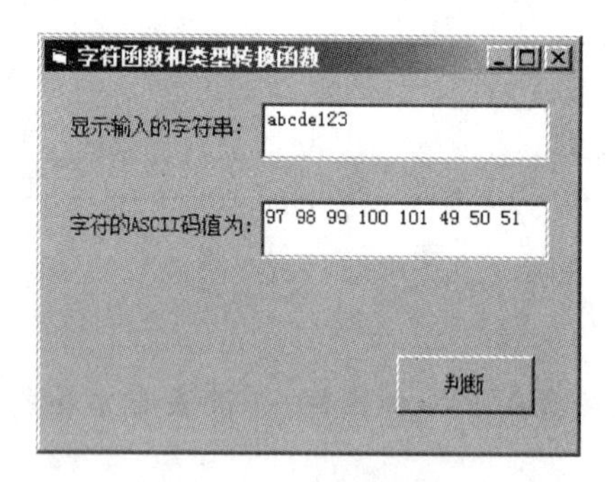

图 5-7 判断结果

✍案例实现

(1) 新建工程和窗体,在窗体上添加控件,并设置窗体和各个控件的相应属性,效果如图 5-7 所示。

(2) 编写如下程序代码:

```
Private Sub Command1_Click()
Dim s As String
    s = InputBox("请输入字符串" + Chr(10) + "(输入英文字母或数字)", "输入")
Text1 = s
For i = 1 To Len(s)
  Text2 = Text2 & Asc(Mid(s, i, 1)) & " "
```

```
Next
End Sub
```

(3) 程序运行时,单击"判断"按钮,弹出如图 5-8 所示的对话框,输入"abcde123"后单击"确定"按钮,完成计算。

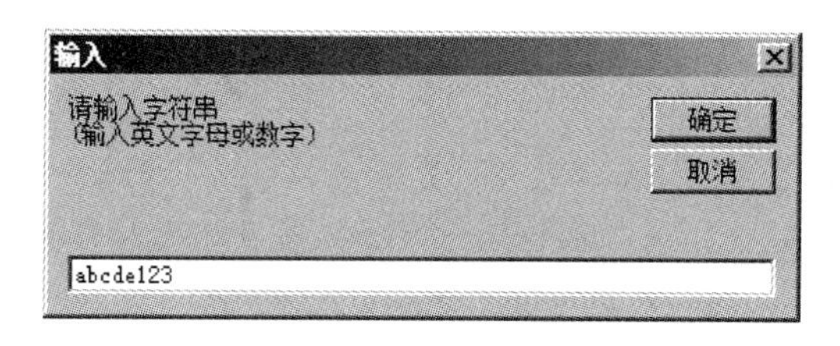

图 5-8 "输入"对话框

☎知识要点分析

(1) 函数 InputBox 参数的设定控制"输入"对话框的外观。

(2) For 循环实现截取字符串中的每个字符,并计算其 ASCII 码值输出。

(3) 每次循环在 Text2 中输出的值都是在上次循环输出值上连接,而不是直接替换。

5.3.4 日期时间函数和输出函数

🕮案例描述

在窗体上添加 6 个标签(Label1、Label2、…、Label6),5 个文本框(Text1、Text2、…、Text5),一个命令按钮 Command1。界面设计如图 5-9 所示。编写适当的代码,程序运行时单击"显示日期时间"命令按钮,则弹出消息对话框(如图 5-10 所示),单击"是"按钮后在相应的文本框中显示日期和时间信息,单击"否"按钮则结束程序的运行。保存工程窗体为 VB05-04.vbp 和 VB05-04.frm。

🖳最终效果

本案例的最终效果如图 5-9 和图 5-10 所示。

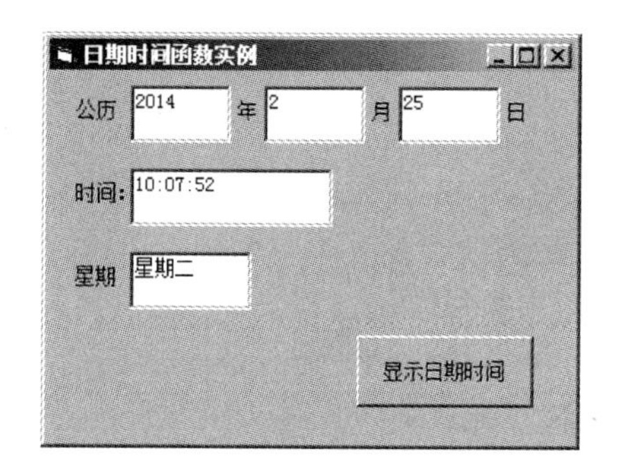

图 5-9 日期显示效果

图 5-10 消息对话框

✍案例实现

(1) 新建工程和窗体,在窗体上添加控件,并设置窗体和各个控件的相应属性,效果如图 5-10 所示。

(2) 编写如下程序代码:

```
Private Sub Command1_Click()
  f = MsgBox("确定要显示日期时间面板吗?", vbYesNo + vbQuestion, "显示确认")
  If f = 6 Then
    Text1 = Year(Date)
    Text2 = Month(Date)
    Text3 = Day(Date)
    Text4 = Time
    Text5 = WeekdayName(Weekday(Date))
  Else
    End
  End If
End Sub
```

☎知识要点分析

(1) 函数 MsgBox 显示一个消息确认对话框,对话框显示的标题、内容以及命令按钮的形式由函数的参数控制。

(2) 若函数 MsgBox 的返回值为 6 则表示在程序运行时,用户单击了"是"按钮,因此下面的代码便是显示时间面板的内容;否则结束程序的运行。

5.3.5 密码校验程序

📖案例描述

编写一个用户名和密码的简单校验程序。假定正确的用户名为"abc",密码为"123456",密码输入时在屏幕上不显示输入的字符,而以"*"代替。程序运行时,当输入的用户名和密码都正确时,效果如图 5-11 所示;当输入的用户名或密码错误时,效果如图 5-12 所示,当用户单击"重试"按钮时,清空用户名和密码文本框,并将光标定位在用户名文本框中,等待用户重新输入用户名和密码;当用户单击"取消"按钮时,效果如图 5-13 所示,结束程序。保存工程窗体为 VB05-05.vbp 和 VB05-05.frm。

💻最终效果

本案例的最终效果如图 5-11~图 5-13 所示。

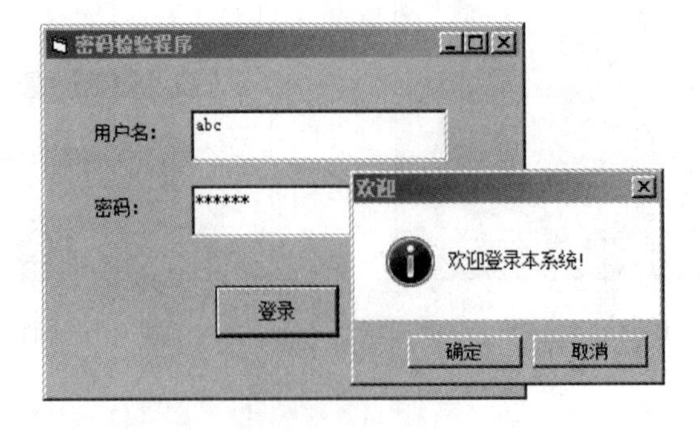

图 5-11　用户名和密码均正确的效果

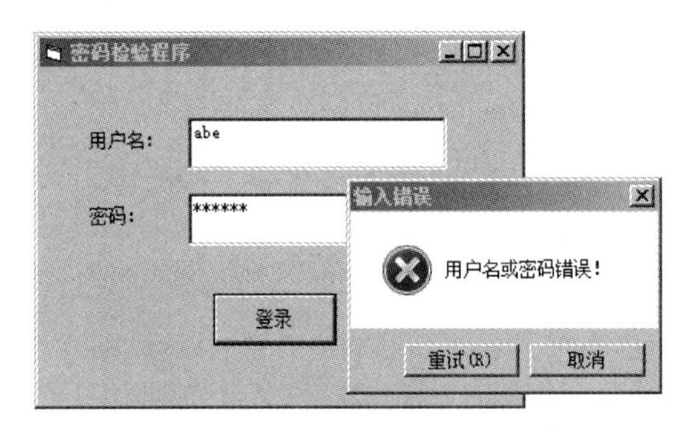

图 5-12　用户名或密码错误的效果

图 5-13　放弃登录效果

✍案例实现

(1) 新建工程和窗体，在窗体上添加控件，并设置窗体和各个控件的相应属性，效果如图 5-11 所示。

(2) 编写如下程序代码：

```
Private Sub Command1_Click()
Dim x As Integer
If Text1 = "abc" And Text2 = "123456" Then
    MsgBox "欢迎登录本系统!", 1 + 64, "欢迎"
Else
    x = MsgBox("用户名或密码错误!", 5 + 16, "输入错误")
    If x = 4 Then
      Text1 = ""
      Text2 = ""
      Text1.SetFocus
    Else
      MsgBox "暂时不重试了", 48, "放弃登录"
      End
    End If
End If
End Sub
```

☎知识要点分析

(1) MsgBox 用作语句和用作函数在语法上是有区别的，用作语句只是弹出一个消息框，而用作函数时就有函数的返回值了，一般该返回值决定后面程序的编写。

(2) 本例中用到了IF分支语句的嵌套，实现很多种情况的选择。

5.4 本章课外实验

5.4.1 字符串截取

在窗体上添加两个标签(Label1、Label2)、两个文本框(Text1、Text2)、三个单选钮(Option1、Option2和Option3)。编写适当的代码，在Text1中输入“内蒙古财经大学”，单击单选钮可以进行字符串的截取，截取的结果显示在Text2中，效果如图5-14所示。保存工程和窗体为KSVB05-01.vbp和KSVB05-01.frm。

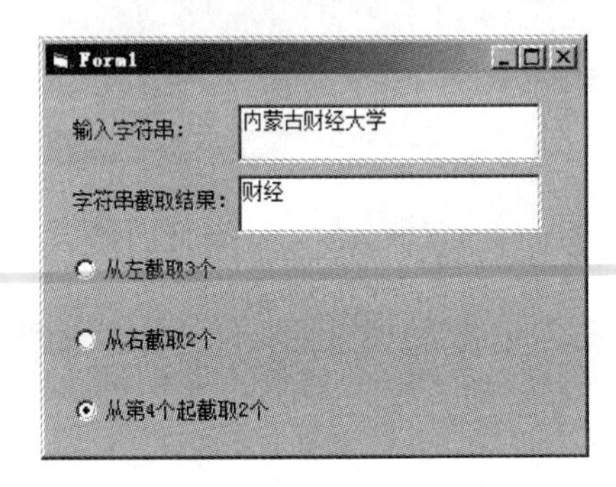

图5-14 字符串截取效果

5.4.2 成绩等级判断

在窗体上添加两个标签(Label1、Label2)、两个文本框(Text1、Text2)、一个命令按钮。编写适当的代码，使程序运行时单击命令按钮，弹出“输入”对话框，输入成绩，要求输入的成绩是0～100之间的数，并根据输入的成绩判断等级，否则显示消息框，提示“输入错误，请重新输入！”，如图5-15所示，单击“重试”按钮，重新输入成绩，单击“取消”按钮结束程序的运行。将输入的分数显示在Text1中，并在Text2中显示判断出的等级，最终效果如图5-16所示。保存工程和窗体为KSVB05-02.vbp和KSVB05-02.frm。

图5-15 错误提示效果

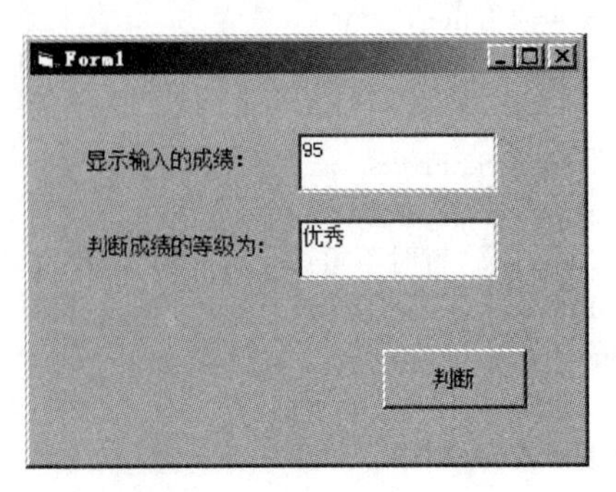

图5-16 成绩判断结果

第 6 章 Visual Basic 数组与过程

本章说明

本章主要介绍数组的概念、声明、赋值及具体应用，介绍 Visual Basic 中的 Sub 过程与 Function 自定义函数概念，建立与调用的形式与格式要求，参数传递的形式与功能，以及主程序与 Sub 过程以及 Function 自定义函数调用、返回等具体的应用。

本章主要内容

- Visual Basic 数组
- Visual Basic 过程使用

本章拟解决的问题

(1) 数组变量与简单变量区别是什么?
(2) 为什么要在程序中引入数组这种数据结构?
(3) 数组在实际程序中如何应用? 其优点是什么?
(4) Sub 过程的概念与功能是什么?
(5) 如何在程序中应用 Sub 过程?
(6) 如何调用 Sub 过程?
(7) 应用 Sub 过程的程序较传统结构的程序有哪些好处?
(8) Sub 过程与 Function 自定义函数有什么不同?
(9) Sub 过程与 Function 自定义函数的调用方式有什么不同?
(10) 何为形参、实参? 各自位于程序的哪部分?
(11) VB 中参数传递的形式与执行过程?
(12) 参数传递在 Sub 过程与 Function 自定义函数中有何作用?
(13) 按值传递与按地址传递格式有什么不同?
(14) 使用数组数据结构常与哪种程序结构配合使用?

6.1 Visual Basic 数组

6.1.1 数组的概念

数组是一类特殊的变量,较适合处理大量的和比较复杂的数据。同时数组变量能够反映出变量元素之间的位置关系,例如一个班级学生的学号、姓名、成绩等,可以使用数组变量的行下标分别表示不同的学生,使用列下标表示对应学生的学号、姓名和成绩,这样就可以根据其数组元素行下标区别学生、列下标区别同一个学生的学号、姓名和成绩。比使用简单变量更加容易引用于处理大量的、复杂的数据。

数组是一组同类变量的集合,如果用 a 表示一个数组变量,则 $a(0)$、$a(1)$、$a(2)$…分别用来表示数组的不同元素,这些具有同一变量名、不同下标的下标变量集合就称为数组。

说明:

(1) 数组名是数组变量的名称,它的命名和普通变量相同,符合 Visual Basic 的标识符规则。但需要注意,数组名不是一个单个变量,它代表一组变量。

(2) 数组元素就是数组名代表的那一组变量,一般具有相同的名称和数据类型,用下标进行标识。数组的下标表示数组元素在数组中的位置,下标必须放在数组名之后的圆括号中。

(3) 下标的个数决定数组的维数,有一个下标为一维数组,有两个或多个下标,称其为二维数组或多维数组。当有多个下标时,下标之间用半角逗号隔开。

(4) 数组也遵循变量的先声明后使用的原则,声明数组就是要说明数组名、数组元素的数据类型、数组的维数以及每一维的上下界。上界指的是可使用下标的最大值,下界指的是可使用下标的最小值。

6.1.2 数组的声明

声明语句格式为：

Dim 数组名(下标[,…]) As 类型名称

功能：声明数组名，数组的维数、数组中可使用的数组元素的个数、数据类型。

数组定义格式及含义如表 6-1 所示。

表 6-1 数组定义格式及含义

定义格式	含义
Dim *a*(3) As Integer	一维数组 *a*，从 *a*(0)到 *a*(3)有 4 个整型元素
Dim *b*(1 To 3) As Single	一维数组 *b*，从 *b*(1)到 *b*(3)有三个单精度型元素
Dim *c*(2, 3) As String	二维数组 *c*，从 *c*(0,0)到 *c*(2,3)有 12 个字符型元素
Dim *d*(2, −1 To 2) As Long	二维数组 *d*，从 *d*(0,−1)到 *d*(2,2)有 12 个长整型元素
Dim *e*(2 To 4)	一维数组 *e*，变体数据类型，从 *e*(2)到 *e*(4)有三个元素
Dim *f*(2.5) As Integer	一维数组 *f*，从 *f*(0)到 *f*(2)有三个整型元素

说明：

(1) 下标的格式为[下界 To 上界]，如果省略了下界，系统默认 0；或者在代码编辑窗口，单击对象下拉列表框选择“通用”，在声明段输入“Option Base 0|1”语句来确定数组下标默认的下界为 0 或为 1，这样声明后，本模块中用到的所有数组省略下界都取该默认下界。

(2) 上下界必须是数值表达式，范围为 Long 数据类型内的整数值，若上下界为小数时，系统自动取整。

(3) 数组中的所有元素具有相同的数据类型，但当数组被声明为变体型 Variant 时，数组中的元素可以有不同的数据类型。

6.1.3 数组的应用

数组的基本操作实质上是对数组元素进行的操作，包括对数组的赋值、引用、运算、输出和清除等。

1. 数组元素的赋值和输出

给数组元素赋值有三种方法：用赋值语句分别为每个数组元素赋值、Array 函数赋值和用循环赋值。数组元素值的输出可以直接用 Print 语句单个输出，更方便快捷的方法是用 For 循环输出。

方法 1：用赋值语句为单个元素赋值。

如果数组中元素的个数较少，可以用赋值语句像普通变量一样分别赋值。输出值也可像普通变量一样用 Print 语句输出。

例如：执行下列的赋值语句分别为数组元素赋值。

```
Private Sub Command1_Click()
Dim x(3) As Integer
x(0) = 10: x(1) = 20: x(2) = 30: x(3) = 40
Print x(0); x(1); x(2); x(3)
End Sub
```

这种方法为数组元素赋值的前提是数组元素的个数很少,否则将非常烦琐,而且很容易出错。

方法2:用Array函数为一维数组元素赋值。

用Array函数只能为一维数组的所有元素赋值。其格式为:

数组变量名= Array(数组元素值)

说明:

(1) 数组变量必须声明为Variant型,而且不指定下标。

(2) Array函数的参数是数组元素的值,每个值之间用半角逗号隔开。

(3) 赋值后数组下标的下界取默认值0或者Option Base语句指定的默认值,上界由赋值数据的个数来决定。

(4) 用LBound和UBound函数可以测试数组变量下标的上下界。

LBound和UBound函数的语法为:

LBound|UBound(数组名[,维数])

返回某一维下标的下界或上界,如果省略维数,默认第一维。

例如:通过Array函数为一维数组x赋值。

```
Private Sub Command1_Click()
Dim x
x = Array(10, 20, 30, 40, 50, 60, 70, 80)
Print LBound(x), UBound(x)
End Sub
```

程序运行后的结果为0和7,表示数组x下标的下界为0、上界为7,共8个元素。

方法3:用For循环为数组元素赋值并输出。

当数组元素比较多,且赋值为有规律的数据、随机数或者键盘输入的数据时,这种方法是首选。由于For循环的循环变量具有按照步长自增或自减的特点,因此用它来动态地表示数组元素的下标,可以非常方便快捷地为数组元素赋值和输出。

2. 数组的清除

数组声明后,在其生存周期内,将长期占用相应的存储空间,直到程序运行结束,因此已经没用的数组如果不及时删除会造成存储空间的浪费。可使用Erase语句释放不需要的动态数组占用的存储空间。

语句格式:

Erase <数组名1,数组名2,…>

功能:对静态数组重新设置初始值,清除数组元素的值,释放动态数组的存储空间使其成为一个空数组。用 Dim 语句定义的数组就是动态数组，这里只讨论动态数组。

例如：Erase a,b,c

如果 *a*、*b*、*c* 是用 Dim 定义的动态数组，这条语句的功能就是释放 *a*、*b*、*c* 三个数组的内存空间。

6.2 Visual Basic 过程使用

在 Visual Basic 中过程分为两大类：Sub 过程和 Function 过程。把 Sub…End Sub 定义的过程称为子程序，把由 Function…End Function 定义的过程称为自定义函数。

6.2.1 Sub 过程的建立与调用

1. 建立格式

```
|Private| |Public| |Static|Sub 过程名(形参列表)
…[Exit Sub]
End Sub
```

2. 要点说明

(1) Sub 过程以 Sub 开头、End Sub 结束，之间是语句块，称为“过程体”或“子程序体”。格式中各参量的含义如下。

① Private：使用时表示只有本模块中的其他过程才可以调用该 Sub 过程。

② Public：使用时表示所有模块的所有其他过程可调用该 Sub 过程。

③ Static：指定过程中的局部变量在内存中的默认存储方式。如果使用了 Static，则在每次调用过程时，局部变量的值保持不变；如果省略了 Static，则在每次调用过程时，局部变量被初始化为 0 或空字符串。

④ 过程名：长度不超过 255 个字符的变量名。在 Sub 过程和 Function 过程中，变量名不能相同。

⑤ 形参列表：表示调用时传递给 Sub 过程的参数变量列表，多个列表之间用逗号隔开。

⑥ Exit Sub：在过程体中用于退出 Sub 过程。

Sub 过程可定义在窗体模块或标准模块中。

(2) 每个 Sub 过程必须有一个 End Sub 子句标识 Sub 过程的结束。当程序执行到 End Sub 时，将退出该过程，并立即返回到调用语句下面的语句。

(3) Sub 过程不能嵌套定义，可以嵌套调用。不能用 GoTo 语句进入或转出一个 Sub 过程，只能通过调用执行 Sub 过程。

3. 程序调用

Sub 过程可以通过下面两种方式调用。

(1) 使用 Call 语句调用。

CALL ＜过程名＞(实参列表)

注意：参数列表中的括号不能省略。

(2) 过程名作为一个语句。

＜过程名＞实参列表

注意：参数列表中不能加括号。

6.2.2 Function 过程

1. 建立格式

```
|Private| |Public| |Static|Function 函数名(形参列表)
…[Exit Function]
End Function
```

2. 要点说明

(1) Function 过程以 Function 开头、End Function 结束，之间是语句块，即函数体。格式中各参量的含义如下。

① Private、Public、Static、形参列表等项含义与 Sub 过程相同。

② Exit Function：从 Function 过程中退出。

(2) 调用 Function 过程要返回一个值，格式为“过程名＝表达式”，因此可以像内部函数一样在程序中使用。

3. 程序调用

直接在表达式中调用。

```
变量名＝函数名(实参列表)
    Print 函数名(实参列表)
```

6.2.3 参数传递

在调用一个过程时，必须把实际参数传送给过程中的形式参数。在参数传递时，实参和形参可以同名，也可以不同名，但在传递过程中，参数的类型、个数、顺序要保证一一对应，否则程序会出错。

在 Visual Basic 中，形参与实参的传递方式有两种，即值传递和地址传递。

1. 按值传递

Sub|Function＜过程名＞(Byval＜参数 1＞,Byval＜参数 2＞…)

说明：定义过程时用 Byval 关键字指出参数是按值传递的，即形参值在 Sub 过程或 Function 过程中的改变不会影响到主程序中实参的值。

2. 按地址传递

Sub|Function<过程名>(<参数 1>,<参数 2>...)

说明：按地址传递是在按值传递的基础上省略了 Byval，是指将实参的地址传给形参，这样实参和形参共用相同的地址，即共享同一段内存，在被调过程中改变形参的值，则相应实参的值也被改变。

6.3 本章教学案例

6.3.1 For 循环为一维数组赋值

案例描述

在窗体上添加一个命令按钮，将标题改为“赋值并输出”，用单层 For 循环把循环变量的值赋给一维数组 $x(10)$ 并在窗体上输出，最后将窗体保存为 VB06-01.frm，工程文件名为 VB06-01.vbp。

最终效果

本案例的最终效果如图 6-1 所示。

图 6-1 一维数组赋值

案例实现

(1) 添加一个命令按钮，将 Caption 属性改为“赋值并输出”。

(2) 打开代码窗口，在 Command1_Click()中编写如下代码：

```
Private Sub Command1_Click()
Dim x(10) As Integer, i As Integer
For i = 0 To 9
    x(i) = i
Next i
For i = 0 To 9
    Print x(i);
Next i
End Sub
```

☎知识要点分析

(1) x(i) = i 把循环变量的值赋给数组元素。

(2) Print x(i);输出数组元素的值。

6.3.2 等级汇总

📖案例描述

在窗体上添加一个框架(Frame1)、4 个标签(Label1、Label2、Label3 和 Label4)、4 个文本框(Text1、Text2、Text3 和 Text4),设置文本框的文本对齐方式为居中对齐,再添加一个命令按钮 Command1。用 Array 函数给数组赋值,输入 20 个学生的成绩,统计不同等级的学生人数(90 分以上为优秀,80~90 分为良好,60~70 分为及格,60 分以下为不及格),最后将窗体保存为 VB06-02.frm,工程文件名为 VB06-02.vbp。

🖳最终效果

本案例的最终效果如图 6-2 所示。

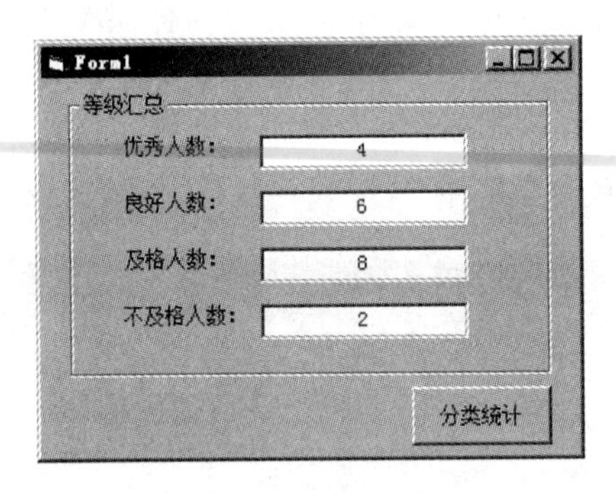

图 6-2 统计结果

✍案例实现

(1) 在窗体上添加一个框架(Frame1)、4 个标签(Label1、Label2、Label3 和 Label4)、4 个文本框(Text1、Text2、Text3 和 Text4)、一个命令按钮 Command1,并按照效果图设置各控件的属性。

(2) 程序代码如下:

```
Option Base 1
Private Sub Command1_Click()
Dim n
Dim i As Integer
Dim n1, n2, n3, n4
n = Array(98, 85, 65, 88, 90, 75, 80, 82, 70, 68, 73, 60, 92, 77, 86, 55, 79, 87, 50, 95)
For i = 1 To UBound(n)
 Select Case n(i)
    Case Is >= 90
      n1 = n1 + 1
    Case Is >= 80
      n2 = n2 + 1
    Case Is >= 60
```

```
        n3 = n3 + 1
      Case Else
        n4 = n4 + 1
    End Select
  Next i
  Text1 = n1
  Text2 = n2
  Text3 = n3
  Text4 = n4
  End Sub
```

☎知识要点分析

(1) 要使用 Array 函数为一维数组 *n* 赋值,其数组变量必须声明为 Variant 型,而且不指定下标。*n*1, *n*2, *n*3, *n*4 未定义数据类型,隐含其数据类型为变体型。

(2) 由于在程序的开始处采用 Option Base 1 说明了数组下标从 1 开始,因此,程序中循环从 1 开始。

(3) 循环语句中 UBound(*n*)函数将自动计算数组的数据元素个数,确定循环的次数,避免了人为计数的麻烦,每次循环依次判断每个学生成绩的分类。

(4) 由于要将学生成绩分成 4 类,因此,采用多情况分支语句 Select Case…End Select 进行判断分类比较简单直观,并将每类统计结果分别放入 *n*1, *n*2, *n*3, *n*4 四个变量。

6.3.3 数组求最大最小值

🕮案例描述

在窗体上添加 3 个标签(Label1、Label2 和 Label3)、3 个文本框(Text1、Text2 和 Text3)、两个命令按钮(Command1 和 Command2)。程序运行后单击"计算"按钮,弹出 Inputbox 对话框输入 10 个数给数组元素赋值,并将赋的值在文本框 Text1 中输出,计算出最大值和最小值在文本框 Text2 和 Text3 输出。单击"退出"按钮结束程序运行,最后将窗体保存为 VB06-03.frm,工程文件名为 VB06-03.vbp。

🖳最终效果

本案例的最终效果如图 6-3 所示。

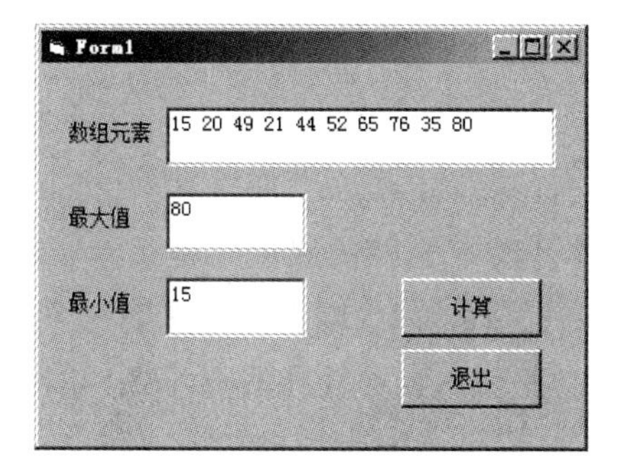

图 6-3 计算结果

✍案例实现

(1) 在窗体上添加3个标签(Label1、Label2和Label3)、3个文本框(Text1、Text2和Text3)、两个命令按钮(Command1和Command2),并按照效果图设置各控件的属性。

(2) 程序代码如下:

```
Option Base 1
Private Sub Command1_Click()
Dim x(10) As Integer, max As Integer, min As Integer
For i = 1 To 10
    x(i) = Val(InputBox("为数组元素赋值"))
    Text1 = Text1 & x(i) & " "
Next i
max = x(1)
min = x(1)
For i = 2 To 10
    If max < x(i) Then max = x(i)
    If min > x(i) Then min = x(i)
Next i
Text2 = max
Text3 = min
End Sub
Private Sub Command2_Click()
End
End Sub
```


☎知识要点分析

找最大值和最小值的方法如下:

(1) 首先假设最大值max和最小值min都是数组的第一个元素。

(2) 然后用最大值和最小值依次和数组的其他9个元素进行比较。

(3) 如果比最大值大,那么把较大者重新赋值给max。

(4) 如果比最小值小,则重新把较小者赋值给min。

6.3.4 数组按直线法排序

📖案例描述

在窗体上添加两个标签(Label1、Label2)、两个文本框(Text1、Text2)、一个命令按钮(Command1),并按照效果图设置各控件的属性。程序运行后单击"产生数组并排序输出"命令按钮,产生10个1~100范围内的随机整数为数组元素赋值,并将赋的值在文本框Text1中输出,将这10个数据按直接排序法降序排列,并在文本框Text2中输出,最后将窗体保存为VB06-04.frm,工程文件名为VB06-04.vbp。

🖵最终效果

本案例的最终效果如图6-4所示。

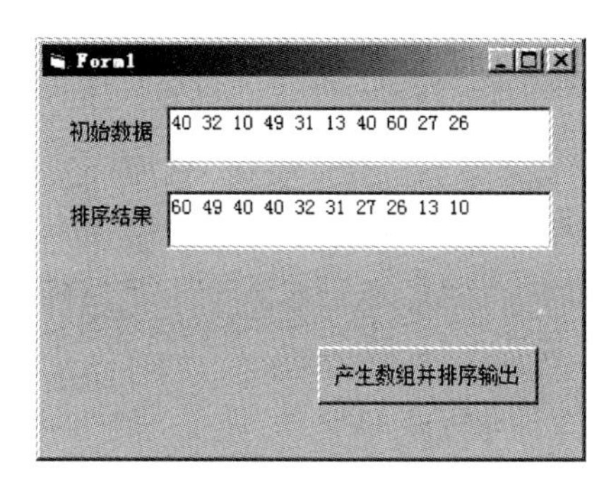

图 6-4　排序结果

✍案例实现

(1) 在窗体上添加两个标签(Label1、Label2)、两个文本框(Text1、Text2)、一个命令按钮(Command1),并按照效果图设置各控件的属性。

(2) 程序代码如下：

```
Private Sub Command1_Click()
Dim x(1 To 10) As Integer
For i = 1 To 10
    Randomize
    x(i) = Int(Rnd * 99) + 1
    Text1 = Text1 & x(i) & " "
Next i
For i = 1 To 9
    For j = i + 1 To 10
        If x(i) < x(j) Then
            m = x(i)
            x(i) = x(j)
            x(j) = m
        End If
    Next j
Next i
For i = 1 To 10
    Text2 = Text2 & x(i) & " "
Next i
End Sub
```

☎知识要点分析

排序的算法有多种,其中简单排序有两种方法：

(1) 直接排序法：将数组中的 $x(1)$依次与 $x(2)$、$x(3)$、$x(4)$…$x(10)$比较,如果 $x(1)$小于与它比较的数组元素,则将它们交换值,使得 $x(1)$中存放较大者；再将 $x(2)$依次与 $x(3)$ ～$x(10)$比较,根据比较的结果进行必要的交换,使得 $x(2)$存放次大者；以此类推,直到将前 9 个数分别比较并交换后,整个数组就完成了降序排列。

(2) 冒泡排序法：对数组中两两相邻的元素比较大小,将值较大的元素放在前面(降序),值较小的元素放在后面。一趟比较完成后,最小的数成为数组中的最后一个元素,其他数像气泡一样上浮一个位置,重复这个过程直到没有数据需要交换为止。

6.3.5 For 循环为二维数组赋值

案例描述

在窗体上添加一个命令按钮，将标题改为“赋值并输出”，用二重 For 循环嵌套给二维数组元素赋值，数组元素所赋的值通过随机函数产生二位随机整数，最后将窗体保存为 VB06-05.frm，工程文件名为 VB06-05.vbp。

最终效果

本案例的最终效果如图 6-5 所示。

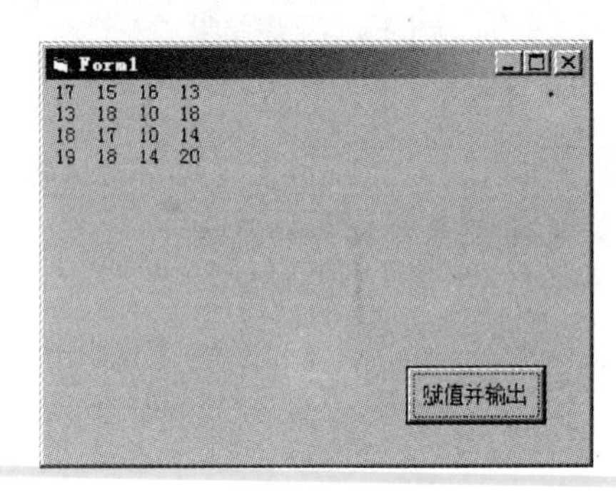

图 6-5 二维数组赋值

案例实现

(1) 添加一个命令按钮，将 Caption 属性改为“赋值并输出”。

(2) 打开代码窗口，在 Command1_Click() 中编写如下代码：

```
Private Sub Command1_Click()
Dim x(3, 3) As Integer
For i = 0 To 3
    For j = 0 To 3
        x(i, j) = Int((Rnd * 11) + 10)
    Next j
Next i
For i = 0 To 3
    For j = 0 To 3
        Print x(i, j);
    Next j
    Print
Next i
End Sub
```

知识要点分析

(1) Print x(i, j);输出数组元素。

(2) x(i, j) = Int((Rnd * 11) + 10)为 x 数组赋 10～20 之间的随机整数值。

6.3.6 二维数组主对角线

案例描述

随机生成一个 5 行 5 列的二维矩阵，用一个二维数组来存放，每个数组元素的值是一位随机正整数。

窗体上添加两个标签(Label1 和 Label2)、一个图片框 Picture1、一个文本框 Text1 和一个命令按钮 Command1，并将命令按钮的标题改为“输出并显示”，程序运行后单击“输出并显示”按钮，二维矩阵显示在图片框中，并将二维矩阵主对角线上的元素显示在 Text1 文本框中，最后将窗体保存为 VB06-06.frm，工程文件名为 VB06-06.vbp。

最终效果

本案例的最终效果如图 6-6 所示。

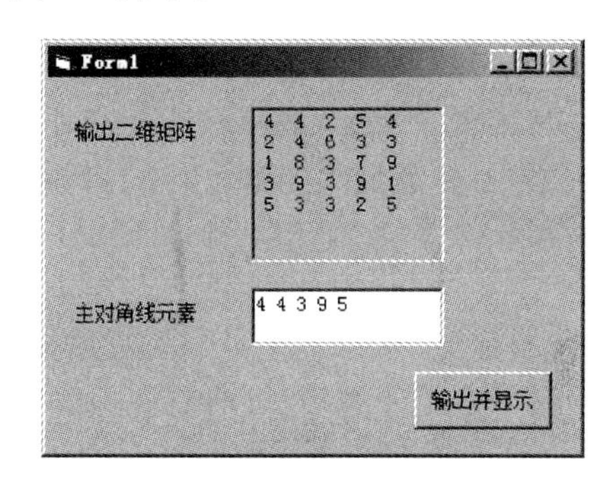

图 6-6　二维矩阵及主对角线输出结果

案例实现

(1) 在窗体上添加两个标签(Label1 和 Label2)、一个图片框 Picture1、一个文本框 Text1 和 1 个命令按钮 Command1，并将命令按钮的 Caption 属性改为“输出并显示”。

(2) 打开代码窗口，在 Command1_Click()中编写如下代码：

```
Private Sub Command1_Click()
Dim x(1 To 5, 1 To 5) As Integer
Dim i As Integer, j As Integer
For i = 1 To 5
    For j = 1 To 5
        Randomize
        x(i, j) = Int(Rnd * 9) + 1
        Picture1.Print x(i, j);
    Next j
    Picture1.Print
Next i
For i = 1 To 5
    For j = 1 To 5
        If i = j Then
            Text1 = Text1 & x(i, j) & " "
        End If
    Next j
Next i
End Sub
```

知识要点分析

(1) 5 行 5 列的矩阵，用二维数组来处理非常方便，矩阵中的每个数据对应二维数组的一个元素。二维数组元素的赋值需要 For…Next 循环嵌套来完成。

(2) 每个数组元素的值可以通过随机数函数来生成。用表达式 Int(Rnd * 9) + 1

生成一位整数。

(3) 通过 i = j 判断是否是主对角线元素，通过语句 Text1 = Text1 & x(i, j) & " " 将主对角线元素显示在文本框中。

6.3.7 二维矩阵中查找最大数所在行列

案例描述

在窗体上添加 4 个标签(Label1、Label2、Label3 和 Label4)、4 个文本框(Text1、Text2、Text3 和 Text4)、1 个命令按钮，随机产生一个 5 行 5 列的一位整数的二维矩阵。编写适当的代码，程序运行时单击命令按钮，在 Text1 中显示矩阵内容，在 Text2 中显示矩阵中的最大元素值，在 Text3 中显示最大元素所在的行，在 Text4 中显示最大元素所在的列，最后将窗体保存为 VB06-07. frm，工程文件名为 VB06-07. vbp。

最终效果

本案例的最终效果如图 6-7 所示。

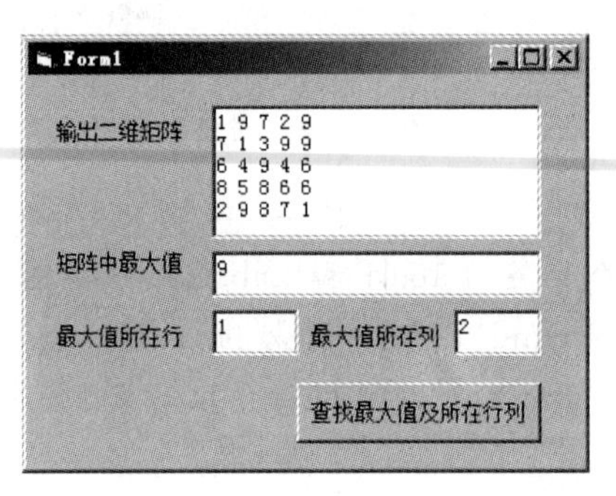

图 6-7　最大值所在行列统计

案例实现

(1) 在窗体上添加 4 个标签(Label1、Label2、Label3 和 Label4)、4 个文本框(Text1、Text2、Text3 和 Text4)、一个命令按钮 Command1，并按照效果图设置各控件的属性。

(2) 打开代码窗口，在 Command1_Click()中编写如下代码：

```
Private Sub Command1_Click()
Dim L As Integer, C As Integer
Dim x(1 To 5, 1 To 5) As Integer, MAX As Integer
Dim i As Integer, j As Integer
For i = 1 To 5
    For j = 1 To 5
        Randomize
        x(i, j) = Int(Rnd * 9) + 1
        Text1 = Text1 & x(i, j) & " "
    Next j
    Text1 = Text1 & vbCrLf
Next i
MAX = x(1, 1)
For i = 1 To 5
    For j = 1 To 5
```

```
        If MAX < x(i, j) Then
            MAX = x(i, j)
            C = i
            L = j
        End If
    Next j
Next i
Text2 = MAX
Text3 = C
Text4 = L
End Sub
```

☎知识要点分析

(1) Text1 = Text1 & x(i, j) & " "在文本框中显示二维矩阵。

(2) Text1 = Text1 & vbCrLf 的作用是在文本框中一行结束后换行。

(3) If MAX < x(i, j) Then 判断是否为最大数。

6.3.8 Sub 过程调用

案例描述

在窗体上添加一个标签(Label1)、一个文本框(Text1)、两个命令按钮(Command1 和 Command2),并按照效果图设置各控件的属性。编写适当的代码,程序运行时单击"面积"或"周长"命令按钮,可弹出输入对话框接收用户输入的半径,通过 Sub 过程调用,计算圆的面积和周长,将计算结果在 Text1 中显示,最后将窗体保存为 VB06-08.frm,工程文件名为 VB06-08.vbp。

最终效果

本案例的最终效果如图 6-8 和图 6-9 所示。

图 6-8 输入对话框

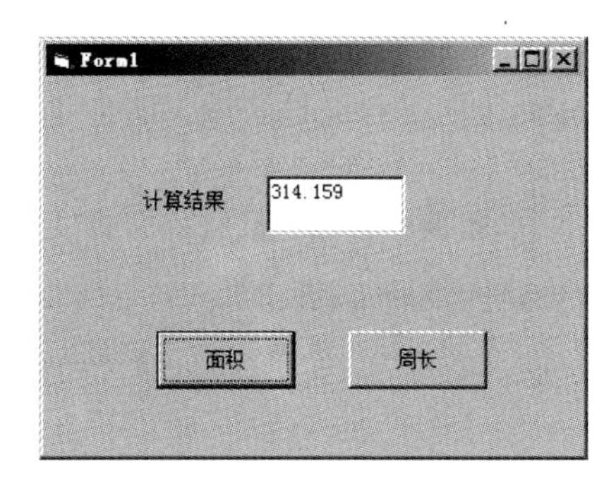

图 6-9 面积计算结果

✍案例实现

(1) 在窗体上添加一个标签(Label1)、一个文本框(Text1)、两个命令按钮(Command1 和 Command2),并按照效果图设置各控件的属性。

(2) 程序代码如下:

```
Private Sub Command1_Click()
Dim r As Double
r = InputBox("请输入半径", "提示")
Call mj(r)
End Sub

Private Sub Command2_Click()
Dim r As Double
r = InputBox("请输入半径", "提示")
zc r
End Sub
Public Sub zc(K As Double)
T = 2 * 3.14159 * K
Form1.Text1.Text = T
End Sub

Public Sub mj(K As Double)
s = 3.14159 * K ^ 2
Form1.Text1.Text = s
End Sub
```


☎知识要点分析

Sub 程序调用的两种格式如下:

(1) Call mj(r)调用时括号不能省略。

(2) zc r 调用时括号省略。

6.3.9 Function 过程调用

📖案例描述

在窗体上添加一个标签(Label1)、一个文本框(Text1)、两个命令按钮(Command1 和 Command2),并按照效果图设置各控件的属性。编写适当的代码,程序运行时单击“面积”或“周长”命令按钮,可弹出输入对话框接收用户输入的半径,通过 Function 过程调用,计算圆的面积和周长,将面积计算结果在 Text1 中显示,周长计算结果在窗体上显示,最后将窗体保存为 VB06-09.frm,工程文件名为 VB06-09.vbp。

💻最终效果

本案例的最终效果如图 6-10 和图 6-11 所示。

图 6-10　输入对话框

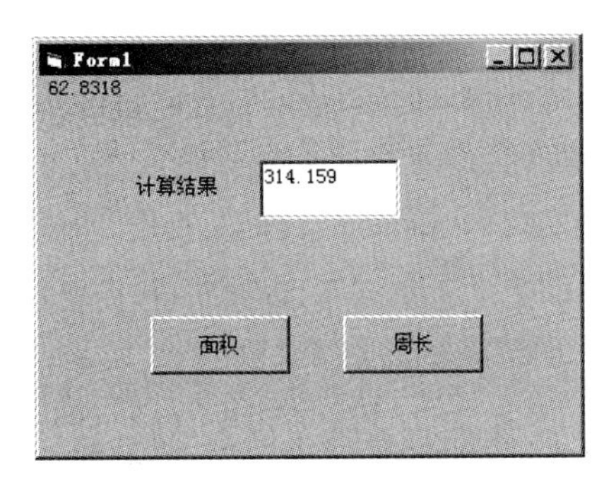

图 6-11　面积和周长计算结果

✍案例实现

(1) 在窗体上添加一个标签(Label1)、一个文本框(Text1)、两个命令按钮(Command1 和 Command2),并按照效果图设置各控件的属性。

(2) 程序代码如下:

```
Private Sub Command1_Click()
Dim r As Double
r = InputBox("请输入半径", "提示")
S = mj(r)
Text1.Text = S
'也可通过这种形式调用: Text1.Text = mj(r)
End Sub

Private Sub Command2_Click()
Dim r As Double
r = InputBox("请输入半径", "提示")
Print zc(r)
End Sub
Public Function zc(K As Double)
T = 2 * 3.14159 * K
zc = T
End Function

Public Function mj(K As Double)
S = 3.14159 * K ^ 2
mj = S
End Function
```

☎知识要点分析

(1) S = mj(r)调用时括号不能省略。

(2) 调用 Function 过程要返回一个值,格式为:函数名=值或表达式,例如,mj=S。

6.3.10 参数传递

📖案例描述

在窗体上添加两个标签(Label1 和 Label2)、两个文本框(Text1 和 Text2)、两个命令按钮(Command1 和 Command2),并按照效果图设置各控件的属性。编写适当的代码,通过按值传递和按地址传递调用过程,将传递后 A、B 的值分别显示在文本框中,最后将窗体保存为 VB06-10. frm,工程文件名为 VB06-10. vbp。

最终效果

本案例的最终效果如图 6-12 所示。

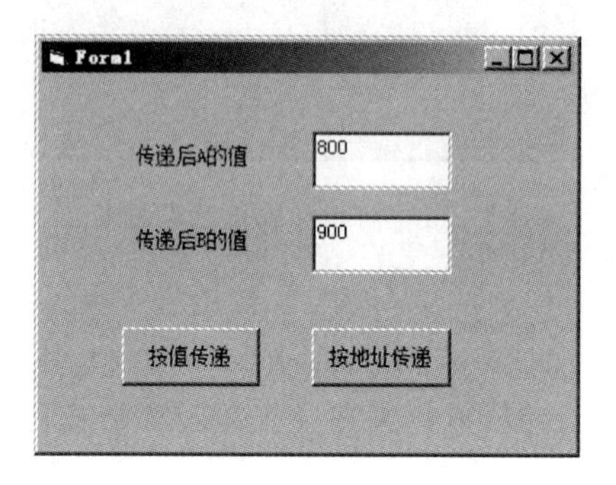

图 6-12　按地址传递结果

案例实现

(1) 在窗体上添加两个标签(Label1 和 Label2)、两个文本框(Text1 和 Text2)、两个命令按钮(Command1 和 Command2),并按照效果图设置各控件的属性。

(2) 程序代码如下:

```
Private Sub Command1_Click()
Dim A As Integer
A = 100
B = 200
Call abc1(A, B)
Text1.Text = A
Text2.Text = B
End Sub

Private Sub Command2_Click()
Dim A As Integer, B As Integer
A = 100
B = 200
abc2 A, B
Text1.Text = A
Text2.Text = B
End Sub

Public Sub abc1(ByVal x As Integer, ByVal y)
x = 800
y = 900
End Sub

Public Sub abc2(x As Integer, y As Integer)
x = 800
y = 900
End Sub
```

☎知识要点分析

在 Visual Basic 中，形参与实参的传递方式有两种，即值传递和地址传递。

(1) 按值传递：传递后 A 和 B 的值不会发生变化。

(2) 按地址传递：传递后 A 和 B 的值会发生变化。

第一个过程 Public Sub abc1(ByVal x As Integer, ByVal y)是按值传递，故将主程序A、B 变量的值 100、200 传给过程体中的变量 X、Y，在过程体内变量 X、Y 重新赋值 800、900，返回主程序 A、B 仍保持原来的 100、200，因此，最后输出的是 100、200。

第二个过程 Public Sub abc2(x As Integer, y As Integer)，由于未说明按值传递，因此，是按地址传递。进入过程后，变量 A 与 X 指向同一存储地址，变量 B 与 Y 指向同一地址，当在过程体内将变量 X、Y 的值重新赋值 800、900 时，主程序中的变量 A、B 的值也随之变为 800、900，所以最后显示的是 800、900。

由于两段程序采用的实参与形参传递方式不同，因此，相同的程序最后输出的结果却不同，应根据实际需要选择不同的参数传递形式。

在第一个程序中，只说明了变量 A，未说明变量 B，因此，在第一个过程中的形参说明中变量 Y 也未说明具体类型，其目的是保持类型一致，一一对应。

第一个程序采用了 Call abc1(A, B)调用语句，第二个程序中采用了 abc2 A, B 的调用格式，其功能相同，但格式不同，要注意区别。

6.3.11 显示 10～100 的所有素数

🕮案例描述

在窗体上添加一个文本框(Text1)、一个命令按钮(Command1)，并按照效果图设置各控件的属性。编写适当的代码，程序运行时单击“显示所有素数”命令按钮，即可将10～100 之间的所有素数显示在文本框中，最后将窗体保存为 VB06-11.frm，工程文件名为 VB06-11.vbp。

其中，判断素数的程序通过自定义函数 ss 实现，若是素数则自定义函数 ss(i)返回True，否则返回 False。

所谓素数也称为质数，是指只能被 1 或该数本身整除的数，否则为非素数。例如 7 是素数，而 9 是非素数。

🖳最终效果

本案例的最终效果如图 6-13 所示。

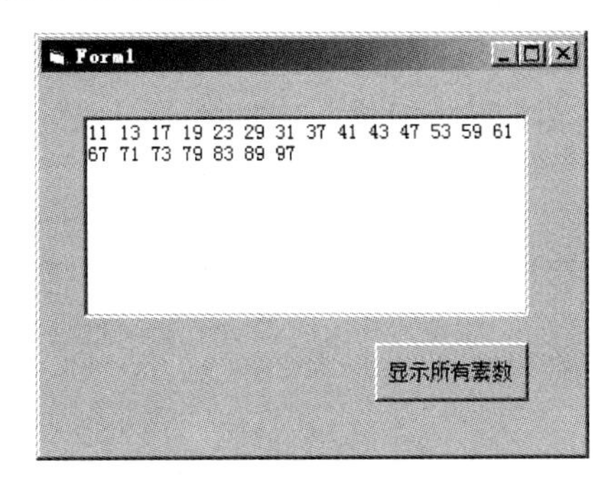

图 6-13　素数显示结果

✍案例实现

(1) 在窗体上添加一个文本框(Text1)、一个命令按钮(Command1),并按照效果图设置各控件的属性。

(2) 程序代码如下:

```
Private Sub Command1_Click()
Dim i As Integer
For i = 10 To 100
    If ss(i) = True Then
        Text1.Text = Text1.Text & i & " "
    End If
Next
End Sub
Public Function ss(n As Integer)
Dim bj As Boolean
bj = True
For i = 2 To n - 1
    If n Mod i = 0 Then
        bj = False
        Exit For
    End If
Next
ss = bj
End Function
```


☎知识要点分析

(1) 在自定义函数程序结构中,通过简单变量 i 控制循环从 10～100,每循环一次,调用自定义函数 ss(i),判断 i 是否是素数,若返回 True 则在文本框中输出 i 的值,否则继续循环直到循环变量变为 100。

(2) 在调用自定义函数时,采用按地址传递方式,将实参 i 传递给形参 n,在自定义函数中引用了一个逻辑型变量 bj,若 n 能够被 $2\sim n-1$ 中的任何一个数整除,则为 bj 赋值 False,退出自定义函数并返回主程序;否则,若 n 不能被 $2\sim n-1$ 中的所有数整除,则为 bj 赋值 True 并返回主程序。

(3) 自定义函数程序结构的好处在于在需要其功能的地方直接调用函数即可,结构灵活、简洁、高效,是一种很好的程序结构。

(4) 由于查找到的素数在文本框中一行显示不下,因此,应将文本框的 MultiLine 属性设置为 True;否则只能在文本框中看到一行结果。

6.4 本章课外实验

6.4.1 随机函数排序

在窗体上添加两个标签(Label1、Label2)、两个文本框(Text1、Text2)、一个命令按钮(Command1),并按照图 6-14 设置各控件的属性。程序运行后单击“产生数组并排序输出”命令按钮，产生 10 个 1～100 范围内的随机整数为数组元素赋值，并将赋的值在文本框 Text1 中输出，将这 10 个数据按冒泡法降序排列，并在文本框 Text2 中输出，最后将窗体保存为 KSVB06-01. frm，工程文件名为 KSVB06-01. vbp。

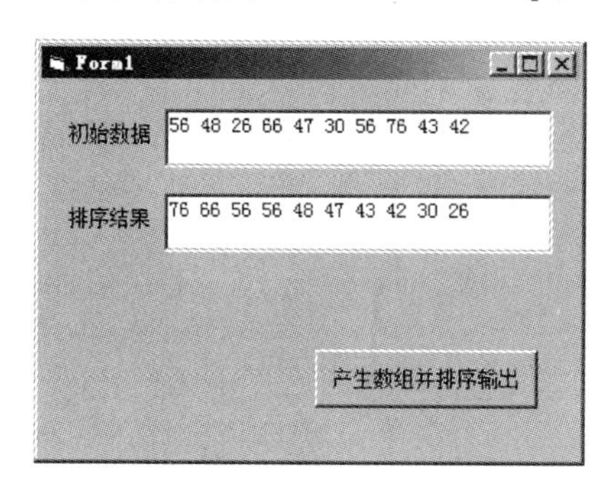

图 6-14　排序结果

6.4.2　二维矩阵次对角线之和

随机生成一个 5 行 5 列的二维矩阵，用一个二维数组来存放，每个数组元素的值是一位随机正整数。

在窗体上添加两个标签(Label1 和 Label2)、一个图片框(Picture1)、一个文本框(Text1)和一个命令按钮(Command1)，并按照图 6-15 设置各控件的属性。程序运行后单击“输出并计算”按钮，二维矩阵显示在图片框中，并将二维矩阵次对角线上的元素求和，将求和结果显示在 Text1 文本框中，最后将窗体保存为 KSVB06-02. frm，工程文件名为 KSVB06-02. vbp。

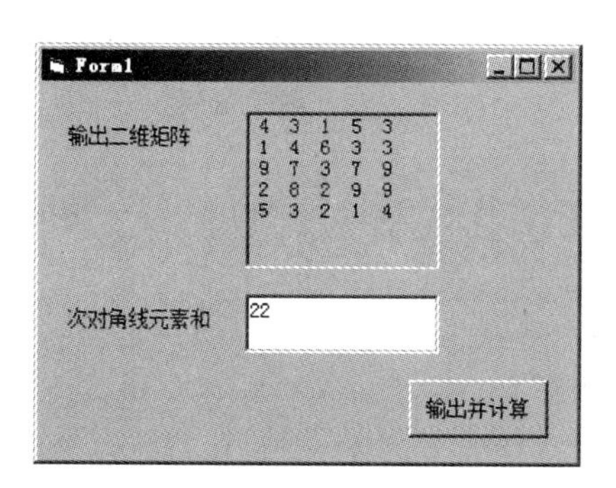

图 6-15　二维矩阵次对角线元素和

6.4.3　随机数与一维数组

在窗体上添加两个标签(Label1 和 Label2)、两个文本框(Text1 和 Text2)、一个命令按钮(Command1)，并按照图 6-16 设置各控件的属性。编写适当的代码，程序运行时单击命令按钮，随机产生 10 个两位整数的一维数组，将一维数组的内容在 Text1 中显示，并将该数组中能被 3 或 5 整除的数组元素在 Text2 中显示，其中，是否能够被 3 或 5 整除采用自定义函数判断，最后将窗体保存为 KSVB06-03. frm，工程文件名为 KSVB06-03. vbp。

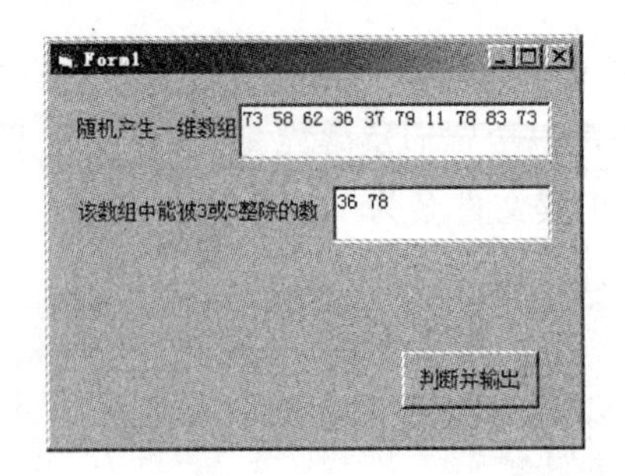

图 6-16　判断结果

6.4.4　输出由"*"组成的三角形

如图 6-17 所示,在窗体上输出一个由用户指定符号组成的直角三角形。在主程序中由用户输入组成三角形的字符与行数,通过定义过程实现输出直角三角形。

在窗体上添加一个命令按钮,并将其标题改为"输出三角形"。程序运行后单击"输出三角形"按钮,三角形直接显示在窗体中,最后将窗体保存为 KSVB06-04. frm,工程文件名为 KSVB06-04. vbp。

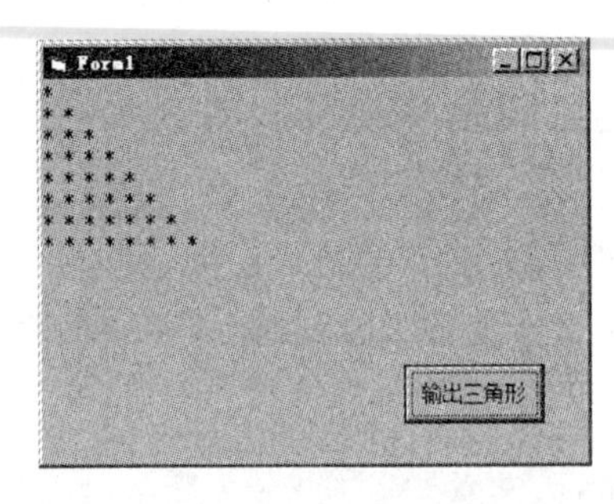

图 6-17　图形效果

6.4.5　计算 1!+2!+3!+…+10!

在窗体上添加一个标签(Label1)、一个文本框(Text1)、一个命令按钮(Command1),并按照图 6-18 设置各控件的属性。编写适当的代码,程序运行时单击命令按钮,求 1!+2!+3!+…+10!,最后将窗体保存为 KSVB06-05. frm,工程文件名为 KSVB06-05. vbp。

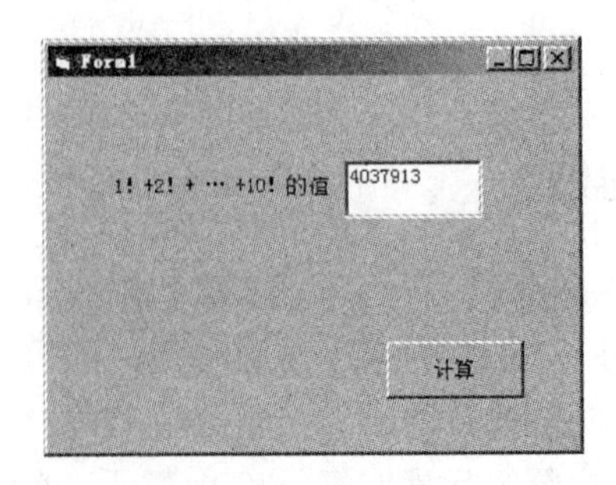

图 6-18　计算结果

第7章 文件读写

本章说明

程序设计时，可以将数据存储在变量或数组中，但这样的数据并不能长期保存，在退出应用程序时，变量和数组会释放所占用的存储空间。若要长期保存数据，需要将其存储在文件或数据库中。本章着重介绍数据文件的读写访问技术。

本章主要内容

- 文件概述
- 顺序文件
- 随机文件
- 文件函数和文件系统控件

本章拟解决的问题

(1) 什么是文件?
(2) 文件中存储什么内容?
(3) 顺序文件和随机文件有什么区别?
(4) 如何读写顺序文件?
(5) 如何读写随机文件?
(6) 顺序文件和随机文件的读写方式有何区别?
(7) 如何在顺序文件中查找数据?
(8) 如何在随机文件中查找数据?
(9) 如何使用文件系统控件查找指定路径下的文件?
(10) 如何利用通用对话框打开、保存文件?
(11) 如何利用通用对话框设置颜色、字体等?

7.1 文件概述

文件是存储在外存储器上的用文件名标识的数据的集合。操作系统是以文件为单位对数据进行管理的,文件名是文件处理的依据。要读写文件,首先需要确定该文件是否存在。

7.1.1 基本概念

文件中的数据是以特定的方式存储的,这种特定的方式称为文件的结构。只有按照文件结构去存取数据,才能有效地对文件进行访问。以下是几个关于文件的概念:

1. 字符

字符是数据的最小单位。单一数字、字母、标点符号或其他特殊符号都是字符,一个汉字占两个字符位。

2. 域或字段

域是指由几个字符组成的一项数据,如学生信息可以包括学号、姓名、性别域等。

3. 记录

记录由一组相关的域组成,如一个学生信息可以构成一条记录,包括学号、姓名、性别域等,如图 7-1 所示。

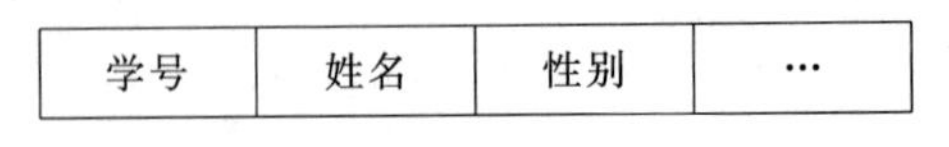

学号	姓名	性别	…

图 7-1　学生信息记录

4. 文件

文件由一条或多条记录组成。例如一个班级的每位学生是一条记录，所有学生的数据记录构成一个文件。

7.1.2 文件分类

在计算机系统中，按访问模式对文件进行分类，可以分为顺序文件、随机文件和二进制文件。

1. 顺序文件

顺序文件对文件的访问是按顺序进行的，对文件进行读和写操作时都是按从头到尾的顺序进行的。顺序文件的优点是结构简单、访问方便；缺点是必须按顺序对文件进行访问，查找效率低，不能同时进行读、写操作。

2. 随机文件

随机文件是由相同长度的记录集合组成的，适用于读写有固定长度记录结构的文本文件或二进制文件。

3. 二进制文件

二进制文件由一系列字节所组成，没有固定的格式，允许程序直接访问各个字节数据，也允许程序按所需的任何方式组织和访问数据。

7.1.3 文件读/写

在 Visual Basic 中，处理数据文件的基本步骤为：首先打开文件，其次进行读写操作，最后关闭文件。

1. 打开文件

系统为每个打开的文件在内存中开辟一块专用的存储区域，称为文件缓冲区。每一个文件缓冲区单独编号，称为文件号。文件号就代表文件，因此必须唯一。

2. 读写操作

文件的操作主要有两类，一类是读操作，将数据从文件（存储在外存中）读入到变量（内存）中供程序使用；另一类是写操作，将数据从变量（内存）写入文件（存放到外存）。

3. 关闭文件

不论对文件进行何种操作，操作结束之后一定要关闭文件，以防止数据丢失。

7.2 顺序文件

顺序文件即文本文件，其中的记录按顺序排列，读取时必须按顺序逐个进行。顺序文件无法灵活地存取和增减数据，适合存储不经常修改的数据。

7.2.1 打开文件

在操作文件之前，必须打开文件，同时告知操作系统对文件是进行读操作还是写操作，在 Visual Basic 中用 Open 语句打开文件，其格式为：

Open 文件名[for 打开方式] As [#]文件号

(1) 打开方式包括 3 种情况。

① Output：把数据写入文件，若"文件名"文件不存在则创建该文件，否则覆盖原文件。

② Append：追加数据到文件末尾，若"文件名"文件不存在则创建该文件。

③ Input：从文件中读取数据，"文件名"文件若不存在，则会出错。

(2) 文件号为 1～512 的整数，文件号必须唯一。

例如要打开 C:\下的 Test.txt 文件，并从中读数据到内存，指定文件号为 1，语句为：

```
Open "C:\ Test.txt" for Input As 1    '指定文件号为 1,打开方式为 Input
```

不论对顺序文件进行读操作还是写操作，打开文件都是使用 Open 语句，利用打开方式区分是何种操作。

7.2.2 写文件

将数据写入顺序文件使用的是 Write #或 Print #语句：

1. Print #语句

语句格式为：

Print #文件号,[表达式列表]

说明：

(1) 表达式列表由一个或多个数值或字符串表达式组成；

(2) 多个表达式之间可用分号或逗号隔开；

(3) 如果没有表达式列表则插入一个空行；

(4) 写入文件的表达式值用空格或制表位分隔，也可以没有分隔符号。

例如：

```
a=100
Print #1,a,"高军",#2013/8/10#
```

写入文件的一行数据为：100　　高军　　2013/8/10。

2. Write #语句

语句格式为：

Write #文件号,[表达式列表]

说明：

(1) 表达式列表间可用分号或逗号隔开,如果没有表达式列表则插入一个空行;

(2) 写入文件的表达式值间用逗号分隔并以紧凑格式存放数据,并在字符串或日期等类型值两端加上双引号或"#"等类型分隔符。

例如：

```
a=100
Print #1,a,"高军",#2013/8/10#
```

写入文件的一行数据为：100,"高军",#2013-08-10#。

(3) 顺序文件是文本文件,因此各种类型的数据写入文件时都被自动转换成字符串。

7.2.3 读文件

读文件使用的是 Input# 和 Line input# 语句,但为了防止出现读文件尾等异常也常结合 EOF()等函数使用。

1. Input#语句

语句格式为：

Input #文件号,变量列表

说明：

(1) 该命令从文件中读取数据并赋值给指定类型的变量。

(2) 当需要按写入文件时的数据类型从文件中读取数据时,使用该命令形式。

(3) 为了能够用 Input #将文件中的数据正确地读出,要求在写入文件时使用 Write #语句,不能使用 Print #语句,因为 Write #语句能够将各个数据项正确地区分开。

例如,写入文件时使用"Write #1, 130101, "高军", 79",将"130101, "高军", 79"字符行写入文件中,使用 Input #读出该行数据时语句为：

```
Dim SNo As Long, SName As String, Sscore As Single
Input #1, SNo, SName, Sscore
```

需要注意的是,读出时变量的数据类型需要与写入时保持一致。

2. Line input#语句

语句格式为：

Line input #文件号,字符串变量名

说明：

(1) 可以从文件中按行读出数据，赋值给指定的字符串变量。

(2) 可以读出除了数据行中的回车符和换行符之外的所有字符。

7.2.4 关闭文件

对文件的读写操作完成后，必须将文件关闭，以免出现数据丢失。关闭文件语句格式如下：

```
Close [[[#]文件号][,[#]文件号]…]
```

说明：

(1) Close #1,#2 语句的作用是关闭 1 号和 2 号文件。

(2) 如果省略了文件号，是关闭当前所有打开的文件。

7.3 随机文件

随机文件是由若干长度相同的记录组成的，每条记录由记录号标识。存取文件时不必考虑记录的先后顺序和位置，可以根据需要访问任意一个记录。访问随机文件的基本步骤如下。

(1) 定义记录类型及变量。

(2) 打开随机文件。

(3) 读写随机文件中的记录。

(4) 关闭随机文件。

7.3.1 定义记录类型

通过 Type…End Type 定义记录类型，例如要定义一个学生的成绩记录：

```
Type StuType
    Sno As String * 4           '学号长度为 4
    Sname  As String * 10       '姓名长度为 10
    Sscore  As Single           '成绩长度为 4
End Type
```

说明：

(1) 其中学号、姓名、成绩相当于数据库表中的字段，一般在窗体模块的通用部分或在标准模块中进行定义。

(2) 如果要存取该类型的数据，需要定义相应的变量，例如：

```
Dim Stu As StuType
```

7.3.2 打开和关闭文件

使用 Open 语句打开随机文件，格式如下：

Open 文件名[for Random] As [#]文件号[len=记录长度]

说明:

(1) 可以使用 Random 方式打开随机文件,它是默认的访问类型。随机文件打开后,可以同时进行读和写操作。在打开时要指明记录长度,若不指明,默认值为 128 字节。

(2) 随机文件的关闭与顺序文件一样,使用 Close 语句。

7.3.3 写文件

打开随机文件后,可以进行写文件操作。语句格式为:

Put [#]文件号,[记录号],变量名

说明:

使用 Put #语句将变量的内容写入文件中指定的记录号位置处,进行记录的添加或替换。

7.3.4 读文件

打开随机文件后,可以将文件数据读出到变量中,所使用的变量类型必须与建立文件时所用的数据类型一致,语句格式为:

Get [#]文件号,[记录号],变量名

7.4 文件函数和文件系统控件

除了能够使用基本的 Open #或 Write#等语句打开并读写文件外,还需要掌握一些常用的文件函数和文件系统控件,使文件操作更简单、更直观。

7.4.1 文件函数

文件读写操作过程中经常使用一些函数,下面介绍 4 个常用的文件函数。

1. EOF(文件号)函数

EOF 函数判断是否到达文件尾,若到达文件尾,返回值为 True,否则返回值为 False。使用该函数可以避免试图读文件尾时产生的异常。

2. LOC(文件号)函数

在随机文件中返回当前记录的记录号。

3. LOF(文件号)函数

该函数返回文件的字节数,即文件的大小。在随机文件中,用文件的大小除以单个记录的大小,可以得到文件的记录总个数。

4. App.Path

App是一个对象,指应用程序本身,Path是路径。App.Path是指应用程序所在的路径。程序设计时,如果希望打开或创建应用程序所在目录下的文件,可以使用App.Path。例如:

```
Open App.Path & "\f1.txt" For Output As #1 '打开应用程序所在目录下的 f1.txt 文件
```

7.4.2 文件系统控件

在Visual Basic中,文件系统控件(图7-2)使用户能在应用程序中检索可用的磁盘文件。用户可以使用由CommonDialog控件提供的通用对话框,或者使用DriveListBox(驱动器列表框)、DirListBox(目录列表框)和FileListBox(文件列表框)这三种特殊控件的组合,对文件进行访问。

图7-2 文件系统控件

1. 驱动器列表框

驱动器列表框是下拉式列表框,在缺省时显示当前驱动器。当该控件获得焦点时,可选择任何有效的驱动器标识符,代码中通过Drive1.Drive获取驱动器。

2. 目录列表框

目录列表框主要是返回选中驱动器的目录所在的路径,代码中通过Dir1.Path获取路径。

3. 文件列表框

文件列表框主要是返回选中路径下的文件,主要有下列用法。

(1) 返回文件列表的路径通过File1.Path实现。

(2) 返回文件列表中选中的文件通过File1.Filename实现。

(3) 刷新文件列表的方法通过File1.Refresh实现。

(4) 设置文件是否可以多重选择通过File1.Multiselect实现。

(5) 设置文件的类型通过File1.Pattern实现。

4. 通用对话框

通用对话框CommonDialog控件提供一组标准的操作对话框,可以显示“打开”、“另存为”、“颜色”、“字体”、“打印”等常用对话框,在运行时不可见。

(1) 通用对话框的添加。

在工具箱上单击鼠标右键,在快捷菜单中选择“部件”命令会打开“部件”对话框。在对话框中选择 Microsoft Common Dialog Control 6.0 控件，如图 7-3 所示，单击"确定"按钮之后会在工具箱中出现"通用对话框"按钮 。

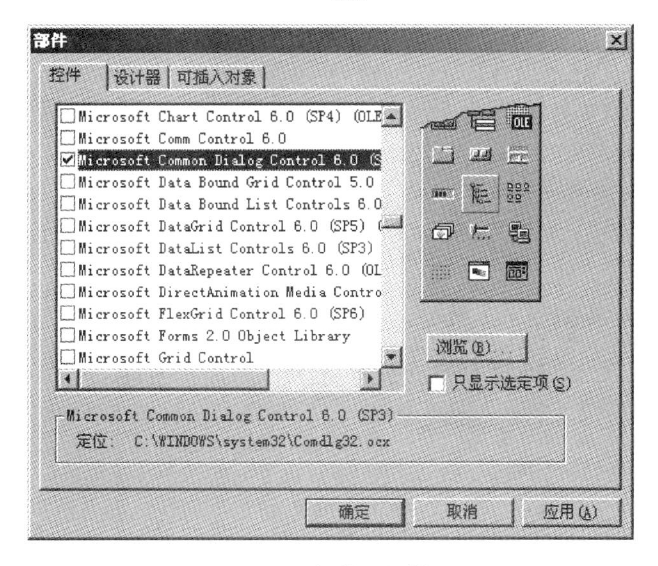

图 7-3 "部件"对话框

(2) 通用对话框的 Action 属性值。

通用对话框主要通过属性 Action 的取值来设置打开对话框的类型，Action 属性取值及含义如表 7-1 所示。

表 7-1 Action 值及含义

Action 值	控件方法	含义
1	Showopen	打开
2	Showsave	保存
3	Showcolor	颜色
4	Showfont	字体
5	Showprinter	打印

(3) 通用对话框的基本属性及含义如表 7-2 所示。

表 7-2 通用对话框的基本属性及含义

属性	含义
Dialogtitle	对话框标题
Filename	设置对话框中的文件名初值，也可返回用户选中的文件
Initdir	设置默认路径
Filter	设置文件类型
Filterindex	设置显示文件类型的缺省类型

7.5 本章教学案例

7.5.1 写顺序文件

案例描述

将1～100中的偶数写入到f1.txt文件中，并比较Print #语句与Write #语句的区别，最后将窗体保存为VB07-01.frm，工程文件名为VB07-01.vbp。

最终效果

本案例的最终效果如图7-4所示。

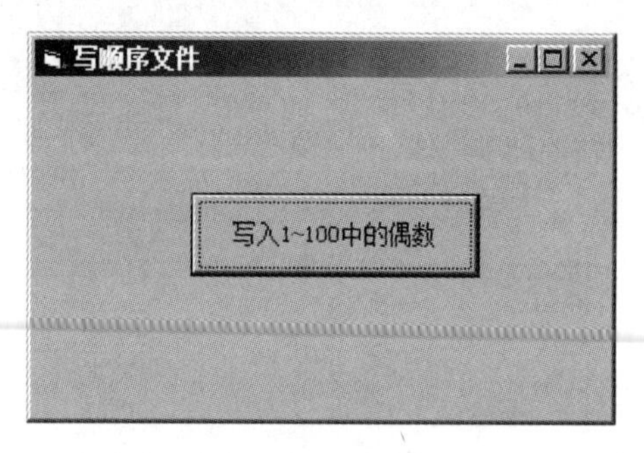

图7-4 写顺序文件

案例实现

(1) 界面设计如图7-4所示。

(2) 程序代码如下：

```
Private Sub Command1_Click()
Open App.Path & "\f1.txt" For Output As #1
For i = 1 To 100
  If i Mod 2 = 0 Then
    'Print #1, i                    '换行写入文件
    'Write #1, i                    '换行写入文件与 Print #1, i 没有本质的区别
    'Print #1, i;                   '不换行写入文件,数据间用空格分隔
    Write #1, i;                    '不换行写入文件,数据间用逗号分隔
  End If
Next
Close #1
End Sub
```

知识要点分析

(1) 程序首先使用Open语句打开f1.txt文件，设置文件号为1。

(2) 在Open语句中使用了App.Path & "\f1.txt"，将f1.txt创建在当前应用程序所在的目录下。

(3) For循环查找1～100中的偶数，将其写进文件中。

(4) Print #语句和Write #语句以逗号或分号结尾，数据不换行写入文件中，文件中数据用逗号或空格分隔；否则是换行写入文件中。

(5) 文件写操作完成后，用 Close 语句关闭文件。

7.5.2 追加顺序文件

案例描述

将 1～100 中的奇数追加到存储在当前应用程序目录下的 f1.txt 文件中，最后将窗体保存为 VB07-02.frm，工程文件名为 VB07-02.vbp。

最终效果

本案例的最终效果如图 7-5 所示。

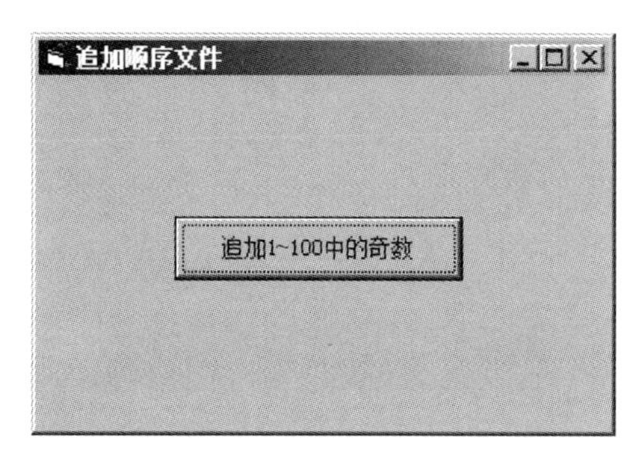

图 7-5 追加顺序文件

案例实现

(1) 界面设计如图 7-5 所示。

(2) 程序代码如下：

```
Private Sub Command1_Click()
Open App.Path & "\f1.txt" For Append As #1
For i = 1 To 100
    If i Mod 2 <> 0 Then
    Write #1, i;
    End If
Next
Close #1
End Sub
```

知识要点分析

(1) 向当前目录下的 f1.txt 文件中追加数据，首先要将文件打开。

(2) 由于是追加数据，因此 Open 语句的打开方式是 Append 方式。

7.5.3 读顺序文件并做奇偶统计

案例描述

从 f2.txt 中读取数据，求出其中的奇数个数、偶数个数、奇数和、偶数和，最后将窗体保存为 VB07-03.frm，工程文件名为 VB07-03.vbp。f2.txt 文件中的数据如图 7-6 所示。

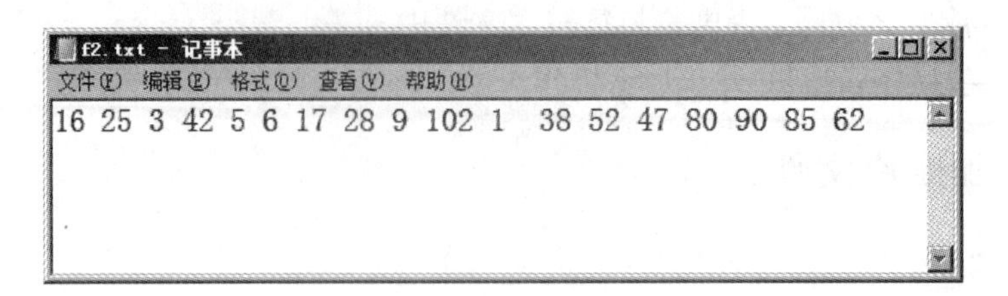

图 7-6　f2.txt 文件

最终效果

本案例的最终效果如图 7-7 所示。

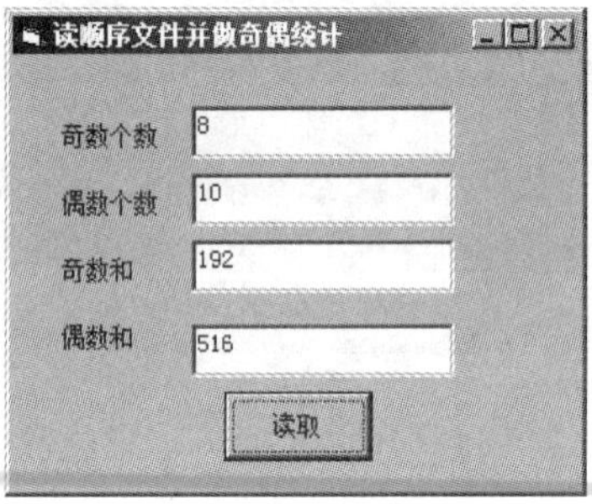

图 7-7　读顺序文件并做奇偶统计

案例实现

(1) 界面设计如图 7-7 所示。

(2) 程序代码如下：

```
Private Sub Command1_Click()
Dim n As Integer, cnt1 As Integer, cnt2 As Integer, s1 As Integer, s2 As Integer
Open App.Path & "\f2.txt" For Input As #2
Do While Not EOF(2)
    Input #2, n
    If n Mod 2 = 0 Then
        cnt2 = cnt2 + 1          '偶数个数统计
        s2 = s2 + n              '偶数和统计
    Else
        cnt1 = cnt1 + 1
        s1 = s1 + n
    End If
Loop
Text1.Text = cnt1
Text2.Text = cnt2
Text3.Text = s1
Text4.Text = s2
Close #2
End Sub
```

知识要点分析

(1) 利用 Do While 循环，使用 Input #语句顺序读出 f2.txt 中的数据，每读出一个做一次奇偶判断。

(2) EOF()函数初始为False,直到读到了文件尾,取值为真,循环结束。

7.5.4 写顺序文件并求素数

案例描述

将2～100中的素数写入文本框和顺序文件f3.txt中,判断一个数是否是素数,用自定义函数实现,最后将窗体保存为VB07-04.frm,工程文件名为VB07-04.vbp。

最终效果

本案例的最终效果如图7-8所示。

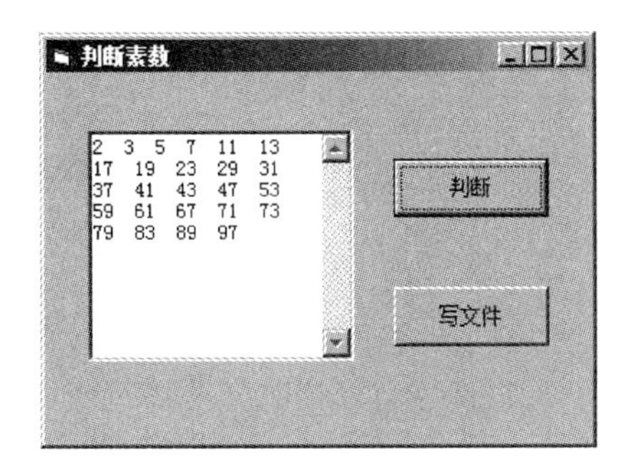

图7-8 判断素数

案例实现

(1) 界面设计如图7-8所示。

(2) 程序代码如下:

```
Public Function ss(n As Integer) As Boolean  '判断素数函数
Dim i As Integer, flag As Boolean
flag = True
For i = 2 To Sqr(n)
  If n Mod i = 0 Then
    flag = False
    Exit For
  End If
Next
ss = flag
End Function

Private Sub Command1_Click()                 '求素数
Dim i As Integer
For i = 2 To 100
  If ss(i) Then
    Text1.Text = Text1.Text & i & " "
  End If
Next
End Sub

Private Sub Command2_Click()       '写文件
```

```
Open App.Path & "\f3.txt" For Output As #2
Write #2, Text1.Text
Close #2
End Sub
```

☎知识要点分析

(1) 自定义函数 ss 用于判断一个数是否是素数,如果函数值为 True,说明参数 n 是素数。

(2) Command1 命令按钮单击事件在 2～100 的循环中调用 ss 函数判断当前数是否是素数,如果是素数,将其写入文本框。

(3) Command2 命令按钮单击事件将文本框显示的素数写入 f3.txt 文件。

7.5.5 读顺序文件数据并求主对角线和

📖案例描述

从顺序文件 f4.txt 中读取 5 行 5 列的二维矩阵显示在文本框 Text1 中,计算该矩阵的主对角线上的元素之和,显示在文本框 Text2 中,最后将窗体保存为 VB07-05.frm,工程文件名为 VB07-05.vbp。

最终效果

本案例的最终效果如图 7-9 所示。

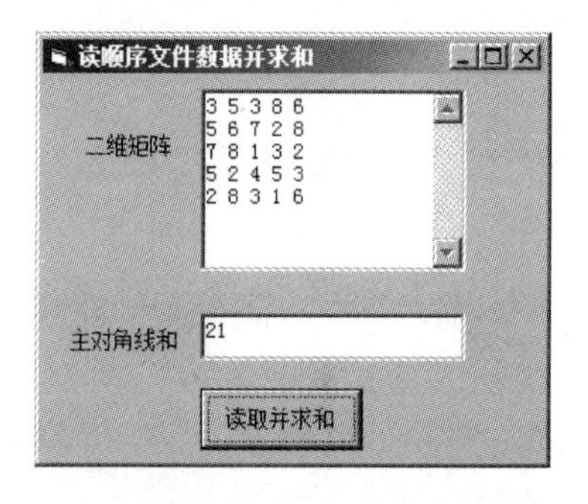

图 7-9 读顺序文件数据并求主对角线和

✍案例实现

(1) 界面设计如图 7-9 所示。

(2) 程序代码如下:

```
Private Sub Command1_Click()
Dim a(5, 5) As Integer, i As Integer, j As Integer, s As Integer
Open App.Path & "\f4.txt" For Input As #1
For i = 1 To 5
    For j = 1 To 5
      Input #1, a(i, j)
      Text1.Text = Text1.Text & a(i, j) & " "
      If i = j Then
        s = s + a(i, j)
      End If
    Next
```

```
    Text1.Text = Text1.Text & vbCrLf
Next
Text2.Text = s
Close #1
End Sub
```

☎知识要点分析

(1) f4.txt 文件中存储了 5 行 5 列的数据,因此创建一个 5 行 5 列的二维数组读取并存放文件数据。

(2) 利用 For i 和 j 的二重循环遍历读取文件中的 5 行 5 列数据,每读进一个数据赋值给数组 $a(i,j)$分量,同时写入文本框 Text1 中,并根据 i 和 j 的取值判断其是否是主对角线上的元素,如果是则累加求和。

(3) 得到对角线元素和 s 后,将其写入文本框 Text2 中。

7.5.6 顺序文件内容读取方式比较

🕮案例描述

从 f5.txt 文本文件中读取文件内容,显示在文本框中,最后将窗体保存为 VB07-06.frm,工程文件名为 VB07-06.vbp。

🖵最终效果

本案例的最终效果如图 7-10 所示。

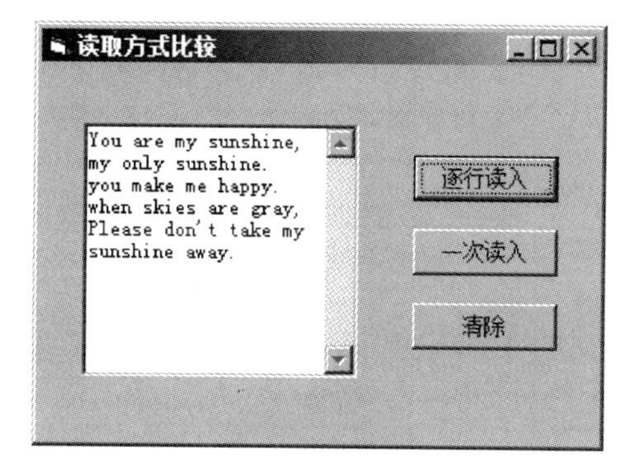

图 7-10 顺序文件内容读取方式比较

✍案例实现

(1) 界面设计如图 7-10 所示。

(2) 程序代码如下:

```
Private Sub Command1_Click()        '逐行读入
Open App.Path & "\f5.txt" For Input As #1
Dim k As String
Do While Not EOF(1)
    Line Input #1, k                '一次读取一行
    Text1.Text = Text1.Text & k & vbCrLf
Loop
Close #1
```

```
End Sub

Private Sub Command2_Click()        '一次读入
Open App.Path & "\f5.txt" For Input As #1
Dim k As String
k = Input(LOF(1), #1)               '读取函数,一次读入
Text1.Text = k
Close #1
End Sub

Private Sub Command3_Click()        '清空文本框
Text1.Text = ""
End Sub
```

☎知识要点分析

(1) LOF()函数返回当前打开文件的字节长度,Input(LOF(1))函数返回当前打开文件的所有内容,包括逗号、回车符、换行符、引号和前导空格等。

(2) Line Input #语句不能读出回车换行符,因此在将读出内容写入文本框时需要加上回车换行符号。

7.5.7 学生成绩录入

📖案例描述

将如表 7-3 所示的 5 名学生的成绩录入到顺序文件 SGrade.txt 中,最后将窗体保存为 VB07-07.frm,工程文件名为 VB07-07.vbp。

表 7-3 学生成绩

学　号	姓　名	成　绩
130101	张宇	68.5
130102	王丽	80
130103	张平	98
130104	马林	57
130105	张乐乐	87

💻最终效果

本案例的最终效果如图 7-11 所示。

图 7-11 学生成绩录入

✍案例实现

(1) 界面设计如图 7-11 所示。

(2) 程序代码如下：

```
Private Sub Command1_Click()       '录入成绩
Dim Sno As String, Sname As String, Sscore As Single
Open App.Path & "\SGrade.txt" For Append As #1
Write #1, Text1.Text, Text2.Text, Val(Text3.Text)
Close #1
End Sub

Private Sub Command2_Click()       '清空文本框
Text1.Text = ""
Text2.Text = ""
Text3.Text = ""
End Sub

Private Sub Command3_Click()       '退出程序
End
End Sub
```

☎知识要点分析

(1) 单击 Command1 按钮一次录入一个学生成绩，因此在 Command1 的 Click 事件中首先要打开文件，由于学生成绩是追加进 SGrade.txt 文件中的，因此打开方式应选择 Append 追加方式，输入一条记录之后，及时将文件关闭。

(2) Write #语句录入时会保留数据类型，因此需要将 Text3.Text 中的成绩利用 Val()函数转换为数值型。

7.5.8 读写随机文件

📖案例描述

创建应用程序 VB07-08.vbp，编程实现将如表 7-3 所示的前三名学生的成绩录入到随机文件 RandomGrade.txt 中。

💻最终效果

本案例的最终效果如图 7-12 所示。

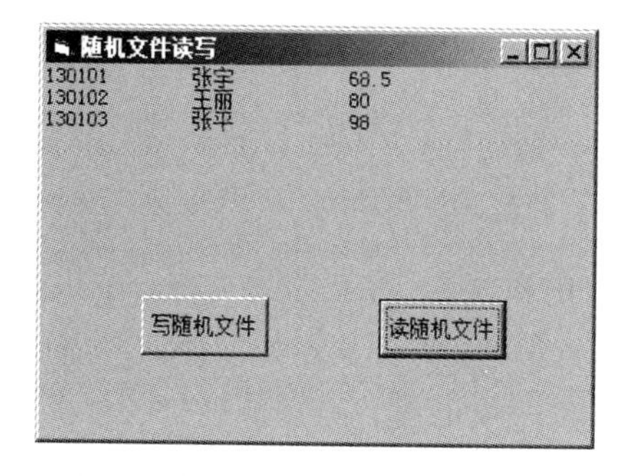

图 7-12 随机文件读写

✍案例实现

(1) 界面设计如图 7-12 所示。

(2) 程序代码如下:

在窗体的通用段定义记录类型。

```
Private Type Stu                        '定义记录类型
    Sno As String * 6                   '学号长度为 6
    Sname As String * 10                '姓名长度为 10
    Sscore As Single                    '成绩长度为 4
End Type

Private Sub Command1_Click()            '写随机文件
Dim a As Stu, b As Stu, c As Stu
Open App.Path & "\RandomGrade.txt" For Random As #1 Len = 20
a.Sno = "130101"
a.Sname = "张宇"
a.Sscore = 68.5
Put #1, 1, a
b.Sno = "130102"
b.Sname = "王丽"
b.Sscore = 80
Put #1, 2, b
c.Sno = "130103"
c.Sname = "张平"
c.Sscore = 98
Put #1, 3, c
Close #1
End Sub

Private Sub Command2_Click()            '读随机文件
Dim d As Stu
Open App.Path & "\RandomGrade.txt" For Random As #1 Len = Len(d)
n = LOF(1) / Len(d)
For i = 1 To n
    Get #1, i, d
    Print d.Sno, d.Sname, d.Sscore
Next
Close #1
End Sub
```

☎知识要点分析

(1) 使用 Open 语句打开随机文件,打开方式为 Random 方式,在打开时指定记录长度为定义时的 20 字节。

(2) 写随机文件时,一次写一条记录。

(3) 读随机文件时需要知道文件中的记录个数,由于随机文件中记录定长,因此用 LOF(1)函数获取随机文件的总字节长度除以单个记录长度,即为记录个数。

7.5.9 随机文件查找

案例描述

在随机文件 RandomGrade.txt 中按记录号查找记录，记录号由输入对话框输入，最后将窗体保存为 VB07-09.frm，工程文件名为 VB07-09.vbp。

最终效果

记录号由输入对话框输入，如图 7-13 所示。

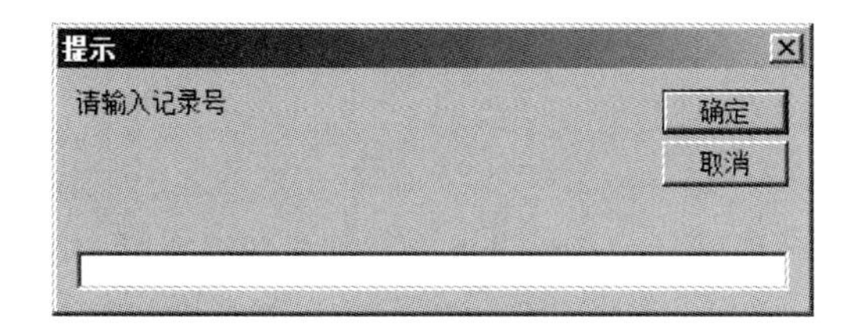

图 7-13 记录号输入对话框

在输入对话框中输入"2"后，找到第 2 条记录显示在窗体文本框中，如图 7-14 所示。如果输入的记录号不存在，显示错误提示框，如图 7-15 所示。

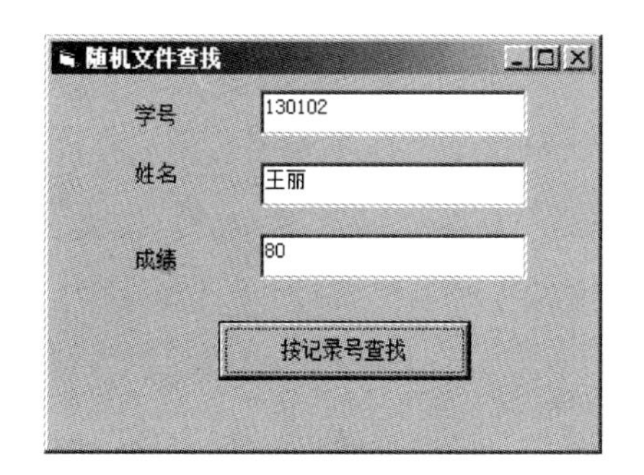

图 7-14 查找指定记录

图 7-15 记录号错误提示框

案例实现

(1) 界面设计如图 7-14 所示。

(2) 程序代码如下：

在窗体的通用段定义记录类型。

```
Private Type Stu                    '定义记录类型
    Sno As String * 6               '学号长度为 6
    Sname As String * 10            '姓名长度为 10
    Sscore As Single                '成绩长度为 4
End Type

Private Sub Command1_Click()         '查找随机文件
Dim a As stu, recno As Integer
Open App.Path & "\ RandomGrade.txt" For Random As #1 Len = Len(a)
n = LOF(1) / Len(a)                 '文件的记录总数
```

```
recno = InputBox("请输入记录号", "提示")
If recno = 0 Or recno > n Then
    MsgBox "记录号输入错误!", 0, "错误提示"
Else
    Get #1, recno, a
    Text1.Text = a.Sno
    Text2.Text = a.Sname
    Text3.Text = a.Sscore
End If
Close #1
End Sub
```

☎知识要点分析

(1) LOF(1)/Len(a)得到总的记录个数,用以判断输入的记录号是否超过该上限。

(2) Get #语句可以在随机文件中按指定记录号查找记录,因此需要在查找之前使用If语句判断记录号是否有效。

(3) 找到记录之后,将其分量值显示在界面文本框中。

7.5.10 文件系统控件应用

🕮案例描述

利用文件系统控件在指定路径下查找文件,最后将窗体保存为VB07-10.frm,工程文件名为VB07-10.vbp。

🖳最终效果

本案例的最终效果如图7-16所示。

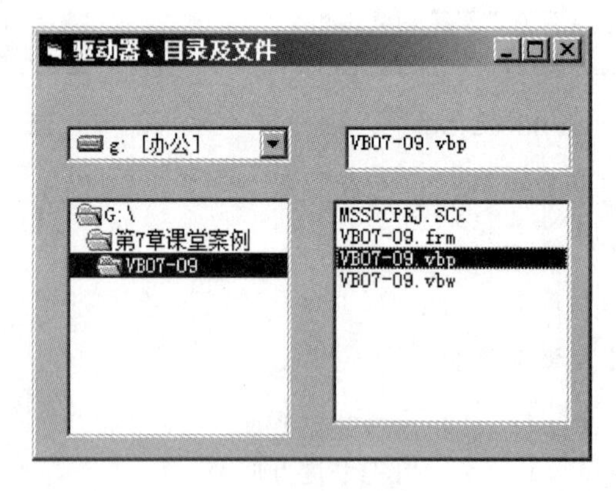

图7-16 查找文件

✍案例实现

(1) 界面设计如图7-16所示。

(2) 程序代码如下:

```
Private Sub Drive1_Change()          '驱动器列表框带动目录列表框
Dir1.Path = Drive1.Drive
End Sub
```

```
Private Sub Dir1_Change()          '目录列表框带动文件列表框
File1.Path = Dir1.Path
End Sub

Private Sub File1_Click()          '选中的文件名在文本框中显示
Text1.Text = File1.FileName
End Sub
```

☎知识要点分析

(1) Drive1_Change()事件中,Drive1.Drive 获取选中的驱动器,将其作为 Dir1 目录列表框的驱动器。

(2) Dir1_Change()事件中,Dir1.Path 得到当前选定的路径,将其作为 File1 文件列表框的路径。

(3) File1_Click()事件中,File1.FileName 为 File1 列表框中选定文件的文件名,并将其显示在文本框 Text1 中。

7.5.11 打开与保存对话框

📖案例描述

利用通用对话框显示“打开”对话框,打开磁盘上的某个文件并在文本框中显示文件内容,可以在文本框中对其进行编辑和修改,并利用“保存”对话框保存修改后的内容,最后将窗体保存为 VB07-11.frm,工程文件名为 VB07-11.vbp。

最终效果

本案例的最终效果如图 7-17 所示。

图 7-17 打开和保存文件

单击“打开”按钮,弹出“打开”对话框,如图 7-18 所示。

在“打开”对话框中找到要打开的文件,单击“打开”按钮后,将内容显示在文本框中,可以在文本框中进行编辑和修改,之后单击“保存”按钮,弹出“另存为”对话框,保存文件,如图 7-19 所示。

图 7-18 “打开”对话框

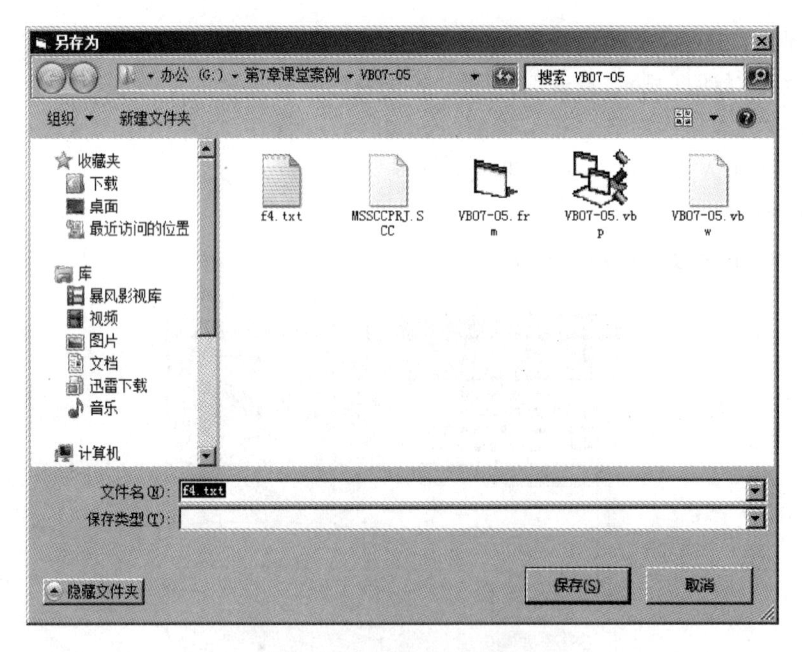

图 7-19 “另存为”对话框

✍案例实现

(1) 界面设计如图 7-17 所示。

(2) 程序代码如下：

```
Private Sub Command1_Click()         '打开
'CommonDialog1.Action = 1
CommonDialog1.ShowOpen               '与 CommonDialog1.Action = 1 等价
```

```
Open CommonDialog1.FileName For Input As #1
Do While Not EOF(1)
    Line Input #1, A
    Text1.Text = Text1.Text & A & vbCrLf
Loop
Close #1
End Sub

Private Sub Command2_Click()        '保存
CommonDialog1.Action = 2
'CommonDialog1.ShowSave '与 CommonDialog1.Action = 2 等价
Open CommonDialog1.FileName For Output As #1
Print #1, Text1.Text
Close #1
End Sub
```

☎知识要点分析

(1) Command1_Click()事件中，CommonDialog1.ShowOpen 将 CommonDialog1 设置为“打开”对话框，在对话框中检索并选中要打开的文件。

(2) CommonDialog1.FileName 即为选中的文件名，利用 Open 语句打开文件，打开方式为 Input 方式。

(3) 文件打开后，利用循环结合语句 Line Input #1 一次读出文件中的一行，并显示在文本框中。文件全部读完后，可以在文本框中对文件内容进行编辑。

(4) Command2_Click()事件中，CommonDialog1.Action = 2 为打开“另存为”对话框，将文本框中的内容保存在文件中，也需要经过打开文件、写入文件和关闭文件的过程。

7.5.12 颜色和字体设置

🕮案例描述

编程实现单击“背景颜色”按钮弹出“颜色”对话框，设置窗体背景颜色；单击“标签字体”按钮弹出“字体”对话框，设置窗体上标签的字体，最后将窗体保存为 VB07-12.frm，工程文件名为 VB07-12.vbp。

🖳最终效果

本案例的最终效果如图 7-20 所示。

图 7-20 颜色和字体设置

✍**案例实现**

(1) 界面设计如图 7-20 所示。

(2) 程序代码如下:

```
Private Sub Command1_Click()        '设置窗体背景颜色
'CommonDialog1.Action = 3
CommonDialog1.ShowColor             '与 CommonDialog1.Action = 4 等价
Form1.BackColor = CommonDialog1.Color
End Sub

Private Sub Command2_Click()        '设置标签字体
'CommonDialog1.Action = 4
CommonDialog1.ShowFont '与 CommonDialog1.Action = 4 等价
Label1.FontName = CommonDialog1.FontName
Label1.FontSize = CommonDialog1.FontSize
End Sub
```

☎**知识要点分析**

(1) Command1_Click()单击事件中利用 CommonDialog1. ShowColor 打开"颜色"对话框,选择颜色后,将 Form1 的 BackColor 设置为 CommonDialog1. Color,即为"颜色"对话框中选择的颜色。

(2) Command2_Click()单击事件中利用 CommonDialog1. ShowFont 打开"字体"对话框,字体设置时需要注意的是所有字体、字号、字型属性都是单独设置的。

(3) Command2 单击事件中设置了字体和字号,要求运行时弹出"字体"对话框后,这两项必须选择,否则会出错。

7.6 本章课外实验

7.6.1 写顺序文件数据并做整除判断

将 1～100 中被 3 和 7 同时整除的数存放到文本框中,通过自定义过程把文本框中的数据存入到 Kf1. txt 中,最后将窗体保存为 KSVB07-01. frm,工程文件名为 KSVB07-01 . vbp,最终效果如图 7-21 所示。

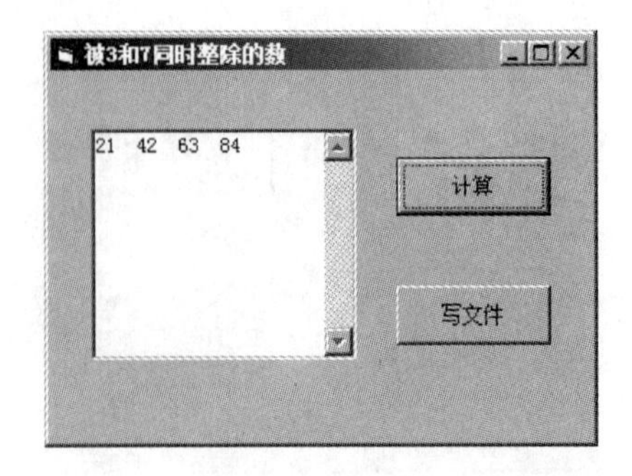

图 7-21 写顺序文件数据并做整除判断

7.6.2 读顺序文件数据并求副对角线之和

从 Kf2.txt 中读取 5 行 5 列的二维矩阵显示在文本框 Text1 中，计算该矩阵的副对角线上的元素之和，显示在文本框 Text2 中，最后将窗体保存为 KSVB07-02.frm，工程文件名为 KSVB07-02.vbp，最终效果如图 7-22 所示。

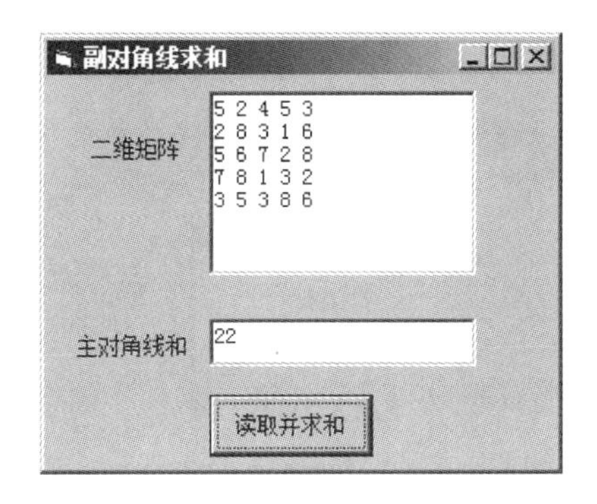

图 7-22　读顺序文件数据并求副对角线之和

7.6.3 读顺序文件数据并找出每一行的最小值

从 Kf3.txt 中读取 5 行 5 列的二维矩阵显示在文本框 Text1 中，找出每一行的最小值，显示在文本框 Text2 中，最后将窗体保存为 KSVB07-03.frm，工程文件名为 KSVB07-03.vbp，最终效果如图 7-23 所示。

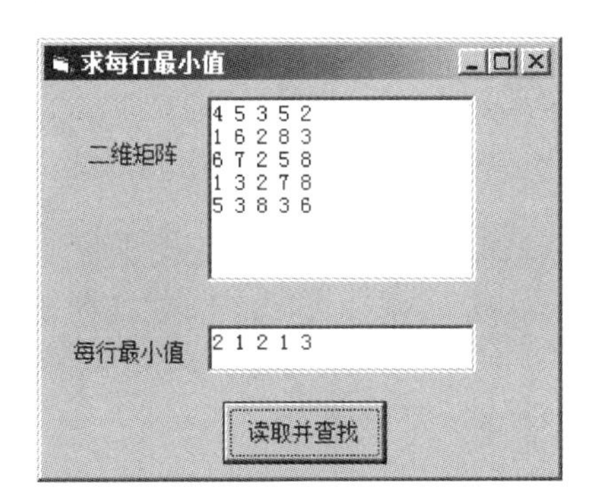

图 7-23　求每行最小值

7.6.4 顺序文件中查找数据

从 7.5.7 所建立的 SGrade.txt 中查找指定学号的学生成绩信息并在文本框中显示出来，学生学号由输入框输入，SGrade.txt 中存储了 5 名学生的学号、姓名和成绩，如表 7-3 所示，最后将窗体保存为 KSVB07-04.frm，工程文件名为 KSVB07-04.vbp，最终效果如图 7-24 所示。

如果不存在指定学号的记录，显示如图 7-25 所示的“错误提示”对话框。

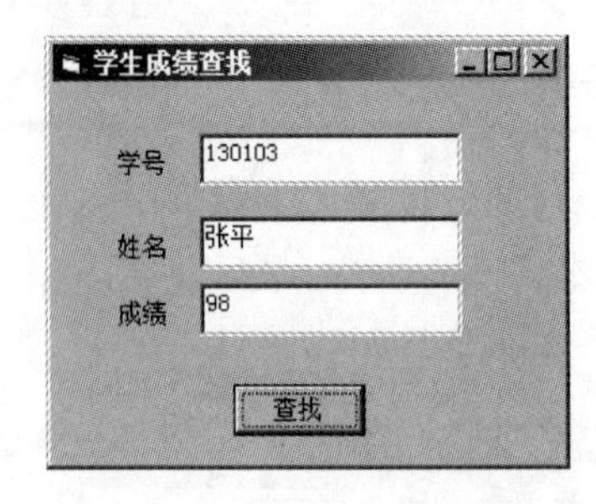

图 7-24　在顺序文件中查找数据

图 7-25　“错误提示”对话框

第8章　Access概述

本章说明

Microsoft Access 2010 是微软公司推出的基于 Windows 的桌面关系数据库管理系统(Relational Database Management System,RDBMS),是 Office 系列应用软件之一。它提供了表、查询、窗体、报表等多种用来建立数据库系统的对象;提供了多种向导、生成器、模板,把数据存储、数据查询、界面设计、报表生成等操作规范化;为建立功能完善的数据库应用系统提供了方便,也使得普通用户不必编写代码,就可以完成大部分数据管理任务。

本章主要内容

- Access 2010 简介
- Access 2010 数据类型
- 数据库设计基础

📖 本章拟解决的问题

（1）了解、熟悉 Access 2010。

（2）简单介绍数据库设计基础。

（3）了解 Access 2010 数据库中的几种常用的数据类型。

（4）如何指定主键？

（5）了解表间的三种关系。

8.1 Access 2010 简介

8.1.1 Access 2010 的主要特点

（1）完善地管理各种数据库对象，具有强大的数据组织、用户管理、安全检查等功能。

（2）强大的数据处理功能，在一个工作组级别的网络环境中，使用 Access 开发的多用户数据库管理系统具有传统的 XBASE 数据库系统所无法实现的客户服务器（Client/Server）结构和相应的数据库安全机制，同时 Access 具备许多先进的大型数据库管理系统所具备的特征，如事务处理、出错回滚能力等。

（3）可以方便地生成各种数据对象，利用存储的数据建立窗体和报表，可视性好。

（4）作为 Office 套件的一部分，可以与 Office 集成，实现无缝连接。

（5）能够利用 Web 检索和发布数据，实现与 Internet 的连接。

8.1.2 Access 2010 的新特色

（1）使用 Office Fluent 用户界面更快地获得更好的结果。Access 2010 通过其 Office Fluent 用户界面、新的导航窗格和选项卡式窗口视图为用户提供全新的体验。即使用户没有数据库经验，也可以开始跟踪信息并创建报表。

（2）使用预制的解决方案快速入门。为了方便用户使用，程序中已经建立了一些表单和报表，用户可以轻松地自定义这些表单和报表以满足其业务需求。

（3）针对同一信息创建具有不同视图的多个报表。在 Access 2010 中创建报表真正能体验到“所见即所得”。用户可以根据实时可视反馈修改报表，并可以针对不同观众保存不同的视图。

（4）可以迅速创建表，而无须担心数据库的复杂性。借助自动数据类型检测，在 Access 2010 中创建表就像处理 Excel 表格一样容易，甚至可以将整个 Excel 表格粘贴到 Access 2010 中，以便利用数据库的强大功能开始跟踪信息。

（5）使用全新字段类型，实现更丰富的方案。Access 2010 支持附件和多值字段等新的字段类型，可以将任何文档、图像或电子表格附加到应用程序中的任何记录中。使用多值字段，可以在每一个单元格中选择多个值。

（6）直接通过源收集和更新信息。通过 Access 2010，用户可以使用 Microsoft Office InfoPath 2010 或 HTML 创建表单来为数据库收集数据，然后用户可通过电子邮件向队友发送此表单，并使用队友的回复填充和更新 Access 表，而无须重新输入任何信息。

(7) 使用 Windows SharePoint Services 和 Access 2010 与工作组中的其他成员共享 Access 信息。借助这两种应用程序的强大功能,工作组成员可以直接通过 Web 界面访问和编辑数据以及查看实时报表。

(8) 使用 Access 2010 的富客户端功能跟踪 Windows SharePoint Services 表。可将 Access 2010 用作富客户端界面,通过 Windows SharePoint Services 列表分析和创建报表。甚至还可以使列表脱机,然后在重新连接到网络时对所有更改进行同步处理,从而让用户可以随时轻松处理数据。

(9) 将数据移动到 Windows SharePoint Services,增强可管理性。将数据移动到 Windows SharePoint Services,使数据更透明。用户可以定期备份服务器上的数据、恢复垃圾箱中的数据、跟踪修订历史记录以及设置访问权限,从而可以更好地管理信息。

(10) 访问和使用多个源中的信息。通过 Access 2010,可以将其他 Access 数据库、Excel 电子表格、Windows SharePoint Services 网站、ODBC 数据源、Microsoft SQL Server 数据库和其他数据源中的表链接到用户数据库。然后可以使用这些链接的表轻松地创建报表,从而根据更全面的信息来做出决策。

8.1.3 Access 数据库对象

Access 2010 是一种关系型数据库管理系统,它的数据库由一系列表组成,表又由一系列行和列组成,每一行是一个记录,每一列是一个字段,每个字段有一个在表中唯一的字段名,表和表之间可以通过关联或连接建立联系,以便进行信息的综合查询。Access 2010 数据库以文件形式保存,文件的扩展名是.accdb,早期 Access 格式创建的数据库的文件扩展名为.mdb。

Access 2010 数据库由 6 种对象组成,它们是表、查询、窗体、报表、宏和模块,分别用于实现对数据的保存、检索、显示和更新。

1. 表(Table)

表即关系,是基于关系数据模型的数据集合,是数据库的基本对象,是创建其他 5 种对象的基础。表由记录组成,记录由字段组成,表用来存储数据库的数据,故又称数据表。

2. 查询(Query)

查询是数据库中应用最多的对象,最常用的功能是从表中检索特定的数据,查询结果不仅有多种去向而且还可以用作窗体或报表的记录源,某些查询还是“可更新的”,即利用查询可以更新数据源。查询还可以对表中的数据进行汇总等操作。查询分为选择查询和动作查询两种。使用选择查询可从指定的表中获取满足给定条件的记录,使用动作查询可以生成一个新表或者对指定表的记录进行更新、添加或删除操作。查询有两种基本类型:选择查询和动作查询。选择查询仅用来检索数据;动作查询用来创建新表,向现有表中添加、更新或删除数据。

3. 窗体(Form)

窗体对象用于建立基于 Access 数据库的应用程序界面,为用户提供浏览、输入及更改数据的窗口,窗体也称表单。

4. 报表(Report)

报表的功能是将数据库中的数据分类汇总,然后打印出来,以便分析。表对象允许用户不用编程,仅通过可视化的直观操作就可以设计报表打印格式。报表可用来汇总和显示表中的数据。报表可在任何时候运行,而且将始终反映数据库中的当前数据。通常将报表的格式设置为适合打印的格式,但是报表也可以在屏幕进行查看、导出到其他程序或者以电子邮件的形式发送。

5. 宏(Macro)

宏是用来自动执行任务的一个操作或一组操作,在 Access 2010 中,宏可以包含在宏对象中,也可以嵌入在窗体、报表或控件的事件属性中,嵌入的宏成为所嵌入对象或控件的一部分。

宏对象是一个或多个宏操作的集合,其中的每一个宏操作执行特定的单一功能。用户可以将这些宏操作组织起来形成宏对象,以执行特定的任务。宏对象在导航窗格中的"宏"下可见,嵌入的宏则不可见。

6. 模块(Module)

与宏一样,模块是可用于向数据库中添加功能的对象,但模块定义的操作比宏更精细和复杂,用户可以根据自己的需要用宏语言(Visual Basic for Application,VBA)编写模块。

模块是声明、语句和过程的集合,可分为类模块和标准模块,类模块可附加到窗体或报表中,而且通常包含一些特定于所附加到的窗体或报表的过程。标准模块包括与任何其他对象无关的常规过程。在导航窗格的"模块"下列出了标准模块,但没有列出类模块。

Access 提供的上述 6 种对象分工极为明确,从功能和彼此间的关系角度考虑,这 6 种对象可以分为三个层次:第一层次是表和查询,它们是数据库的基本对象,用于在数据库中存储数据和查询数据;第二层次是窗体和报表,它们是直接面向用户的对象,用于数据的输入输出和应用系统的驱动控制;第三层次是宏和模块,它们是代码类型的对象,用于通过组织宏操作或编写程序来完成复杂的数据库管理工作并使得数据库管理工作自动化。

8.2 Access 2010 数据类型

8.2.1 Access 2010 常用的数据类型

Access 数据库主要提供了 9 种数据类型,如表 8-1 所示。

表 8-1 数据类型

数据类型	作用特点	字段举例
文本	用于文本或文本与数字的组合，最多存储255个字符	姓名，地址，电话号码，零件编号或邮编
备注	用于长文本和数字，最多存储65 536个字符	注释，说明
数字	用于要进行计算的数据，根据“字段大小”属性定义具体的数字类型	年龄，学分，成绩
日期/时间	用于日期和时间	出生日期，入学日期，登录时间
货币	用于存储货币值，并且计算期间禁止四舍五入，存储8个字节	学费
自动编号	在表添加记录时自动插入的唯一顺序号(每次递增1)或随机编号	Id
是/否	用于只可能是两个值中的一个，不允许为Null值	
OLE对象	用于使用OLE协议在其他程序中创建的OLE对象，最多存储1GB	照片
超链接	用于超链接	个人主页

8.2.2 Access支持的图像文件格式

无须在计算机上安装其他软件，Access本身就支持以下图形文件格式。
(1) Windows位图(.bmp文件)；
(2) 行程长度编码位图(.rle文件)；
(3) 设备独立位图(.dib文件)；
(4) 图形交换格式(.gif文件)；
(5) 联合图像专家组(.jpe、.jpeg和.jpg文件)；
(6) 可交换文件格式(.exif文件)；
(7) 可移植网络图形(.png文件)；
(8) 标记图像文件格式(.tif和.tiff文件)；
(9) 图标(.ico和.icon文件)；
(10) Windows图元文件(.wmf文件)；
(11) 增强型图元文件(.emf文件)。

8.3 数据库设计基础

8.3.1 确定数据库的用途

确定数据库的用途包括分析和确定数据库的用途、预期使用方式及使用者，可以简单地分为一段或多段描述性内容，包括各种用户将在何时及以何种方式使用数据库，目的是为了获得一个良好的任务说明，作为整个设计过程的参考。任务说明可以帮助用户在进行决策时将重点集中在目标上。

例如，高校学生成绩管理数据库的用途，简单地讲，是为了保存学生的成绩，以方便各类人员的查询，但细化后可以发现该数据库有三类用户，每类用户都有他们对数据库的不同需求：教师在每门课结课之后需要录入所教授课程的成绩，并对成绩进行分析，生成学生成绩报表；学生可随时查看自己各门课程的成绩，并对所修学分进行统计；学籍管理人员负责整个数据库的维护，在学生入校时录入学生信息、班级信息，在每个学期的开始录入课程信息、教师信息，并能随时对班级的开课情况、学生的修课情况、教师的教课情况进行修改、查询以及汇总等。

8.3.2 查找和组织所需的信息

从现有的信息着手，收集一切与数据库有关的纸质表单，并列出上面所显示的每一种信息，如果没有任何现成的纸质表单，则需要根据用户的描述临时绘制一个。同时，考虑将来可能创建的报表和邮件以及希望数据库进行回答的问题，也有助于确定将来数据库中可能需要的各个项。

在进行信息提取时，要做到详尽，尽量列出所有可能想到的项，并且将每条信息分为最小的有用单元。如果还有其他人使用该数据库，也应向他们征求意见，不要一开始就试图追求完美，在后续步骤中会对收集到的信息列表进行优化。

例如，对高校学生成绩的管理过程中，可以收集到学生登记表，上面记录着每个学生的信息，包括学生的学号、姓氏、名字、民族、籍贯、年龄、出生日期、入学日期、所在院系、所在班级、家庭住址等，这些项都有可能成为表中的一个字段。

8.3.3 将信息划分到表中

要将信息划分到表中，就必须明确主要实体或主题。

首次检查待管理的项目的初步列表时，可能非常想将所有的项目都放入一个表中。例如，将高校学生成绩管理收集上来的全部信息组织成如表8-2所示的表。但这样的做法未必是好的选择。

表8-2 学生全部信息表

学号	姓名	性别	班级	班级名称	课程编号	课程名	学分	成绩
200307108	王涛	男	03071	03电商1班	423403	计算机基础	3	91
200307108	王涛	男	03071	03电商1班	566305	企业策划	2	87
200412103	张和平	男	04121	04国贸1班	566305	企业策划	2	79.5
200506101	李娜	女	05061	05法学1班	233351	大学语文	2	67
200506102	张利民	男	05061	05法学1班	566305	企业策划	2	82

在表8-2中，每行同时记录了有关学生、班级、课程及其成绩方面的信息。由于一个学生可能同时选修多门课程，因此在表中该学生的信息就不得不多次重复，这样就形成了数据冗余，不但浪费了磁盘空间，而且也为后续的操作带来不便，增加了数据维护的开销。例如，当需要修改有关学生的信息时，不得不在多条记录上进行重复的修改，而且一旦忘记修改某条记录，就会产生信息不一致的错误。又如，某门课只有一个学生选修，由于记

录中既包含有关学生的事实，也包含有关课程的事实，因此删除该学生的信息势必会导致唯一的课程信息丢失。

为了解决上述矛盾和问题，将表 8-2 进行拆分不失为一种好的解决方案，即将表 8-2 拆分成两个表，“学生”表存储学生信息，“课程”表存储课程信息，然后将“学生”表链接到“课程”表上。由于在“学生”表中学生信息仅被记录一次，所以修改学生信息也只需要一次，删除了某个学生信息，也仅限于“学生”表中记录的删除，而不会影响到课程信息。

在选择了用表来表示的主题后，该表中的列就应仅存储有关该主题的事实。例如，“课程”表应仅存储有关课程的事实，由于学生的姓名是有关学生的事实，而不是有关课程的事实，因此“姓名”应仅属于“学生”表。

同理，班级信息和成绩信息也应从 8-2 表中分离出来，成为单独的实体。这样，高校学生成绩管理数据库中就存在 4 个主题，需要建立 4 张表来保存对应的信息。

8.3.4 将信息项转换为列

要确定表中的列，就必须明确在表中需要记录主题的哪些信息。例如，对于“学生”表，需要记录每位学生的学号、姓名、年龄、性别、民族、家庭地址、联系方式等，它们都有可能成为学生表中的列。

在为每个表确定了初始的列后，可以对列进行进一步优化。优化有以下两个基本原则。

1. 不要包含已计算的数据

尽量不要在表中设定用来存储计算结果的列。在希望查看相应结果时，可以让 Access 去执行计算。例如，在“学生”表中如果设定了“出生日期”列，就没有必要再设定“年龄”列，年龄完全可以用出生日期计算出来。

2. 将信息按照其最小的逻辑单元进行存储

在确定列时，应该充分考虑用户的检索需要。例如，在“学生”表中，可将“学生姓名”分为“姓氏”和“名字”两个列，以便于用户单独地对姓氏和名字进行检索。类似地，“家庭地址”也可以设定为“地址”、“城市”、“省/直辖市/自治区”、“邮政编码”和“国家/地区”5 个独立的组成部分。是否分拆取决于用户的操作需要，可在充分咨询用户后进行决策。

8.3.5 指定主键

主键是一个字段或字段组合，利用主键可以唯一地标识一条记录。例如在“学生表”中，“学号”可以唯一确定一条记录，“学号”就可以用作主键。需要注意的是，一个表中只能有一个主键。利用主键字段可以将多个表中的数据关联起来，从而可以实现综合信息的查询。

由于要在表中唯一地标识一条记录，所以主键字段中不能有重复的值。例如，一般不使用姓名作为主键，因为同名同姓的人实在是太多了。另外，主键字段也不允许为空值。

如果某条记录的某个字段值可以在一个特定的时间段内未分配或未知，则该字段不能作为主键的组成部分。

主键字段应该由那些其值始终不会更改的字段来充当。因为在一个多表的数据库中，一个表的主键可能会被其他表所引用。主键一旦发生更改，则必须将此更改应用到其他任何引用该主键的位置上。使用不会更改的主键可降低出现主键与其他引用该键的表不同步的几率。

如果尚未确定可能成为好的主键的一个或一组列，则不妨考虑使用具有“自动编号”数据类型的字段。使用“自动编号”数据类型时，Access 将自动给该字段分配一个值，这样的标识符不包含描述它所表示的行的事实信息，非常适合作为主键使用，因为它们不会更改。而那些包含有关某一行的事实数据的主键则很有可能会改变。

在某些情况下，可能需要使用字段组合作为表的主键。例如，在“成绩表”中，可以使用“学号”和“课程号”这个字段组合作为主键，来唯一地标识其中的记录。由字段组合充当的主键称为复合键。

8.3.6 创建表关系

在关系数据库中，同属于一个数据库的表之间不是彼此孤立的，应通过一种有意义的方式再次将各个表中的信息组织到一起，形成综合查询。这就是创建表关系。

表和表之间的关系有一对一关系、一对多关系和多对多关系三种。由于一对一关系可以看作是特殊的一对多关系，所以在此仅以高校学生成绩管理数据库为例，介绍后两种关系的建立。

1. 创建一对多关系

在高校学生成绩管理数据库中，一个班级可能有多名学生，而一名学生只能从属于一个班级，因此班级表和学生表之间应该是一种一对多的关系，班级表为这种关系的“一”方，学生表为这种关系的“多”方。

为了在数据库设计中表示一对多关系，应将关系“一”方的主键作为附加的一列或多列，添加到关系“多”方的表中。例如在本例中，可将“班级”表中的“班级编号”列添加到“学生”表中，这样就可以使用“学生”表中的班级编号来查找每个学生所在的班级名称。“班级编号”是班级表的主键，同时它也是“学生”表中的外键。通过建立主键和外键的配对提供了连接相关表的基础。

2. 创建多对多关系

在学校里，一个学生可以选修多门课程（意味着有多门课程的成绩），一门课程也可以为多个学生所选修。因此在高校学生成绩管理数据库中，对于“学生”表的每条记录，都可能与“课程”表的多条记录相对应；反之，对于“课程”表的每条记录，都可能与“学生”表的多条记录相对应，因而“学生”表与“课程”表之间是一种多对多的关系。

如果仍然采用建立一对多关系的方法，将“课程”表中的“课程编号”列添加到“学生”表中，则需要为每个学生添加多条记录，以反映其所修的每门课程的信息（包括成绩信息）。这些记录中有关学生的信息内容完全相同，从而产生可能导致数据不准确的低效设计。

解决这个问题的方案是：创建第三个表(通常称为联接表)，利用该表将多对多关系分解为两个一对多关系。将这两个表的主键都插入到第三个表中，用第三个表去记录关系的每个匹配项或实例。这就是“成绩”表。

“成绩”表中包含“学号”(学生表的主键)和“课程编号”(课程表的主键)，其主键就由这两个字段构成的字段组合来充当。在学生成绩数据库中，“学生”表和“课程”表并不直接彼此关联，它们是通过“成绩”表间接关联的。“学生”表和“课程”表之间的多对多关系是通过使用两个一对多关系在数据库中得到表示的：“学生”表和“成绩”表具有一对多关系，每个学生可以具有多个行项目，而每个行项目仅与一个学生相关；“课程”表和“成绩”表具有一对多关系。每个课程有多个与之关联的行项目，而每个行项目仅引用一个课程。通过“成绩”表，可以确定特定学生中的所有课程成绩，也可以确定特定课程的所有学生成绩。

8.3.7 优化设计

在确定表、字段和关系后，数据库设计就可以进入测试阶段。在创建表并使用示例数据填充表以后，可以通过创建查询、添加新记录等操作，来发现数据库设计中潜在的问题。以下是要检查的事项。

(1) 是否有遗漏的信息项。是则判断该信息是否属于现有的某一个表，如果是有关其他主题的信息，则可能需要新建一个表，并添加相关的信息。

(2) 是否存在可通过现有字段计算得到的不必要的列(例如可以通过出生日期计算出的年龄)。是则进行计算通常会更好，并能够避免创建新列。

(3) 是否在某个表中重复输入相同的信息。是则可能需要将这个表拆分为两个具有一对多关系的表。

(4) 是否存在这样的表：具有很多字段，但记录数量有限，且各个记录中有很多空字段。是则重新考虑对该表的设计，使其包含更少的字段和更多的记录。

(5) 每个信息项是否已拆分为最小的有用单元。如果需要对某个信息项进行报告、排序、搜索或计算，则将该项放入其单独的列中。

(6) 每一列是否包含有关所属表的主题的事实。如果某一列不满足此条件，则该列属于其他表。

(7) 表之间的所有关系是否已经都由公共字段或第三个表加以表示。一对一和一对多关系要求使用公共列，而多对多关系要求使用第三个表来表示。

8.4 本章教学案例

案例描述

在 Windows 7 环境下安装 Access 2010。

案例实现

(1) 插入 Microsoft Office 2010 安装盘开始安装，如图 8-1 所示。

(2) 选择“自定义”可以只安装 Office 2010 中的 Access 2010 组件，如图 8-2 所示。

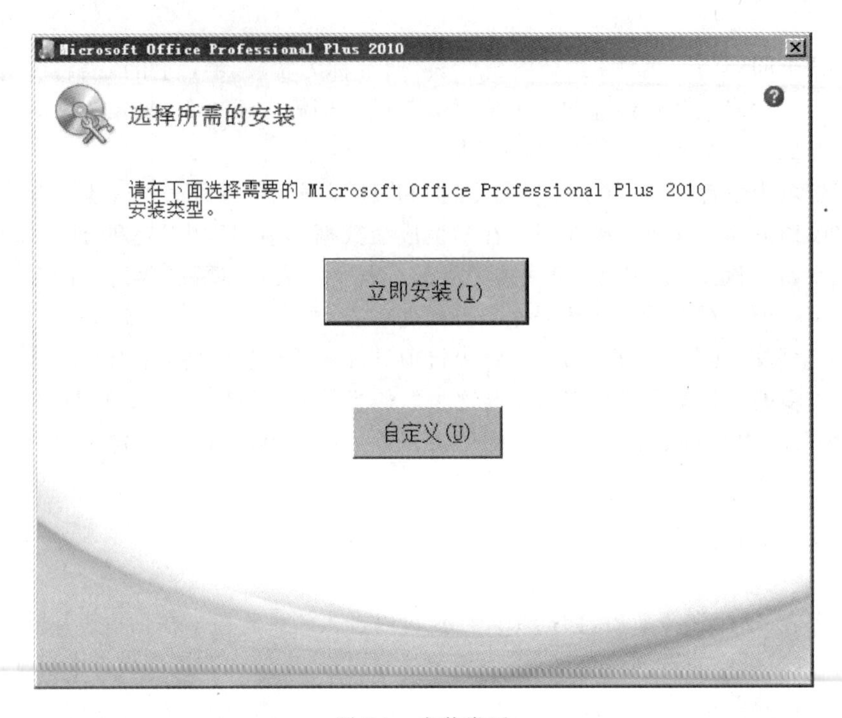

图 8-1 安装类型

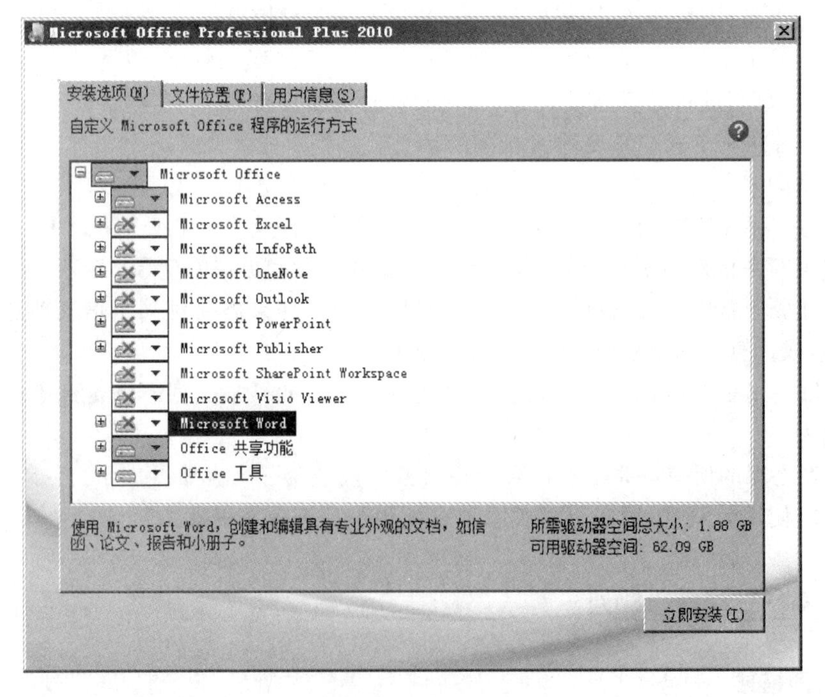

图 8-2 安装选项

(3) 打开“文件位置”选项卡，可以设置安装路径，如图 8-3 所示。

(4) 单击图 8-3 中的“立即安装”按钮，当出现如图 8-4 所示的界面时，完成 Access 2010 的安装。

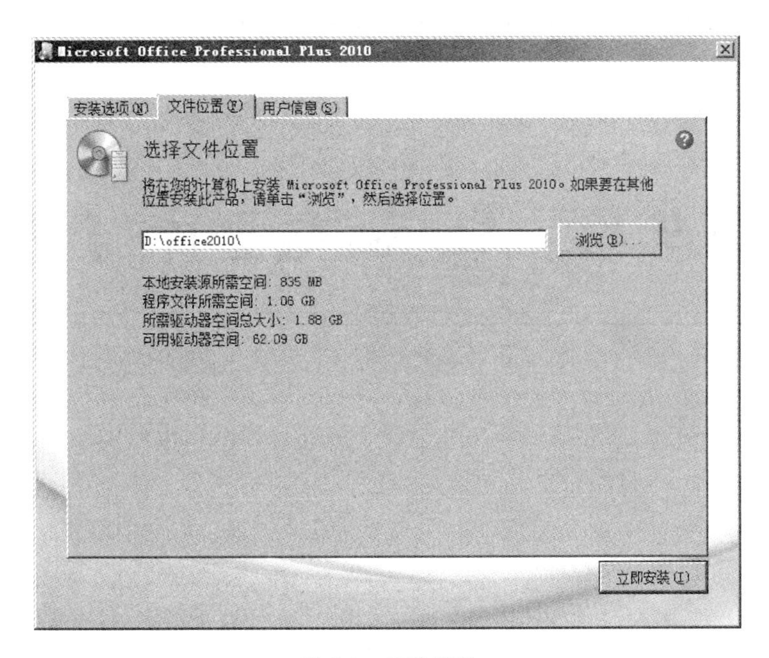

图 8-3　安装路径

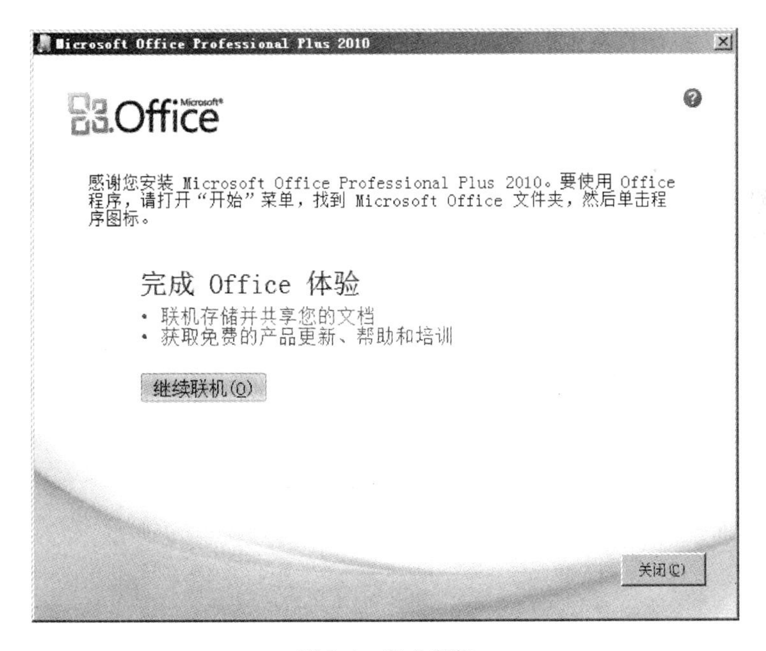

图 8-4　完成安装

☎**知识要点分析**

（1）Microsoft Office 2010 包括 Word 2010、Excel 2010、PowerPoint 2010 等常用软件，其中 Access 2010 是 Microsoft Office 2010 组件中的一个常用软件。

（2）本案例中的难点是如何选择只安装 Microsoft Office 2010 组件中的 Access 2010 软件。

第9章　Access数据库与表

本章说明

使用数据库技术来解决大量数据的管理任务必须先建立数据库。数据库在计算机里表现为由数据库管理系统建立、使用、控制的一个或若干个文件。Access 2010 的数据库就是计算机中扩展名为.accdb 的文件。创建 Access 数据库就是利用 Access 2010 软件建立.accdb 的文件。建立了数据库后，再建立数据库中的表。

本章主要内容

- 创建数据库和表
- 数据表的基本操作

📖 本章拟解决的问题

(1) 如何利用 Access 2010 建立数据库?
(2) 如何利用 Access 2010 建立表结构?
(3) 如何添加表数据?
(4) 如何建立表间关系?
(5) 如何修改表结构以及数据?
(6) 如何对表进行排序和筛选?

9.1 创建数据库和表

9.1.1 利用模板创建 Access 数据库

Access 提供了一些数据库模板方便初学者创建数据库。利用这些模板初学者可以迅速有效地建立数据库,但是模板是有限的,不可能解决所有数据库管理问题。微软公司网站上也提供了一些数据库模板,供初学者使用。

以"罗斯文"模板为例,创建一个名为"新-罗斯文"的 Access 数据库。创建数据库步骤如下。

(1) 启动 Access 2010,在"可用模板"下方,选择"样本模板",如图 9-1 所示。

图 9-1 样本模板

(2) 选择"样本模板"中的"罗斯文"模板,在右侧文件名文本框中输入新文件名"新-罗斯文",然后选择存储路径,再单击"创建"按钮,即可生成新数据库"新-罗斯文",如图 9-2 所示。

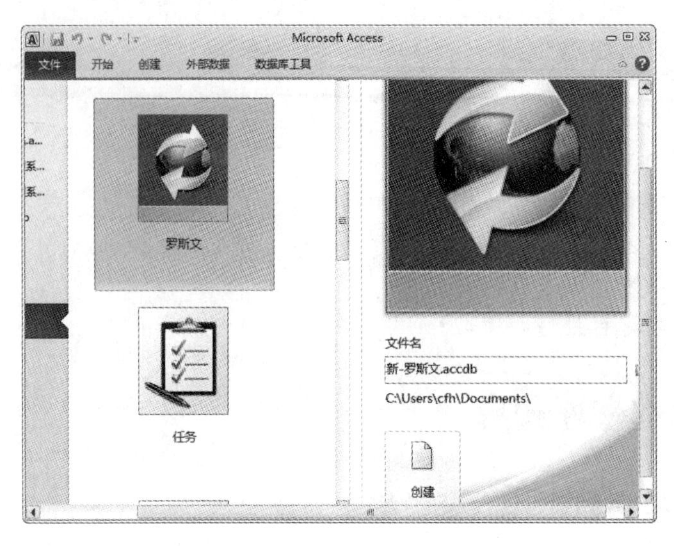

图 9-2 “新-罗斯文”数据库窗口

9.1.2 创建空 Access 数据库

创建空 Access 数据库是为了针对现实生活中数据管理任务进一步创建各种数据库对象，包括表、查询、窗体、报表、模块等，这样数据库就成为了一个大容器。

启动 Access 2010，创建一个名为“高校学生成绩管理系统”的空 Access 数据库。创建空数据库的步骤如下。

启动 Access，选择“空数据库”模板，在右侧文件名文本框中输入数据库文件名“高校学生成绩管理系统”，然后选择存储路径，再单击“创建”按钮，即可生成空数据库文件“高校学生成绩管理系统.accdb”，如图 9-3 所示。

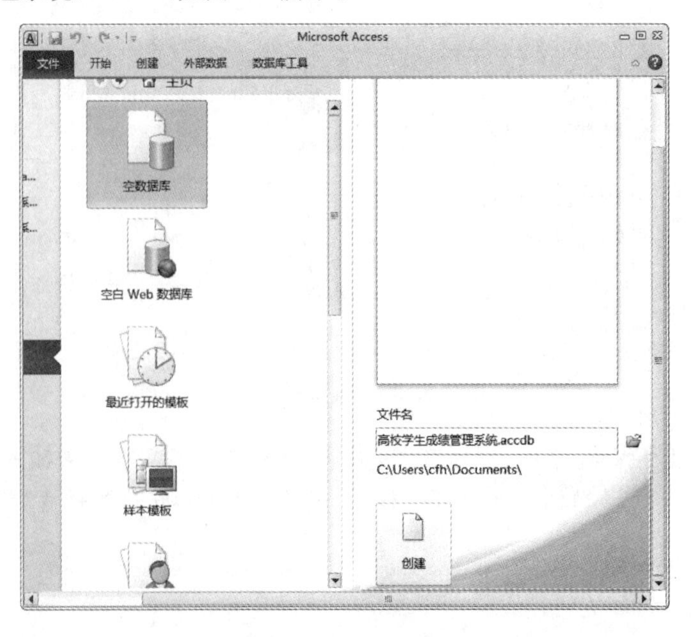

图 9-3 新建空数据库

这一步中应选择数据库文件的存储位置，以及定义数据库文件名。在位置选择上应考虑到数据库可能的大小、病毒影响等因素，尽量放在安全、可靠的位置。名称定义应考虑数据库内容等因素，尽量不使用默认名称如 Database1 等。

9.1.3 创建数据表

表是存储数据的数据库对象，是数据库的基础。

表的结构是扁平的二维形式，每列称为一个字段，每行称为一个记录。定义表就要定义表中的每个字段的字段名称、类型和字段属性。暂定“高校学生成绩管理系统”数据库有 4 张表，即“学生”表、“课程”表、“成绩”表和“班级”表。表 9-1～表 9-4 分别是“学生”表，“课程”表，“成绩”表和“班级”表的结构。

表 9-1 “学生”表

字段名	数据类型	字段大小
学号	文本	9
姓名	文本	20
性别	文本	1
年龄	数字	整型
民族	文本	2
班级代码	文本	5

表 9-2 “课程”表

字段名	数据类型	字段大小
课程号	文本	6
课程名	文本	40
课程类别	文本	2
学分	数字	整型

表 9-3 “成绩”表

字段名	数据类型	字段大小
学号	文本	9
课程号	文本	6
成绩	数字	整型

表 9-4 “班级”表

字段名	数据类型	字段大小
班级代码	文本	5
班级名称	文本	20

这一节中，利用表设计器把这 4 张表建立在“高校学生成绩管理系统”数据库中。

利用表设计器建表，只需选择“创建”选项卡“表”组中的“表设计”，即可打开表设计器，如图 9-4 所示。

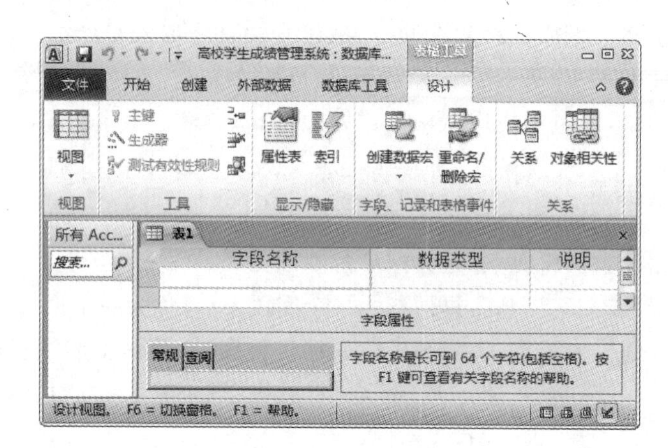

图 9-4　表设计器

1. 字段名定义

表由若干列组成，每列称为一个字段。每个字段都必须有字段名称。定义字段名称时应考虑如下原则。

(1) 好记。字段名称代表了一个列的语义，也就是一个列要表达的含义。简短有意义的词语是一个较好的选择，而 A、B、C、列 1、列 2 等没有意义就不是好的选择。

(2) 好用。太长的字段名、无意义字段名在使用数据库编程时容易发生错误，因此选择英语单词、汉语拼音是较好的选择。

2. 字段类型选择

表的每个列都有一个确定的数据类型，数据类型确定了一个字段能够存储什么样的数据、存储空间的大小、能够进行的运算和字段的用法。在第 8 章中已经介绍 Access 数据库的 9 种数据类型。

在表 9-1～表 9-4 中分别罗列了学生表、课程表、成绩表和班级表的字段名和数据类型。选择数据类型要根据现实情况满足字段计算的需要。例如，“学号”字段选择了“文本”类型而不是“数字”类型，原因是“学号”数据是不需要进行计算的。

3. 字段属性

设置字段属性是为了对字段进行进一步的改进，以确保数据的完整性和安全性并提高数据库的使用性能。常用的字段属性有字段大小、格式、输入掩码、有效性规则、有效性文本等。但不是所有字段上都有这些字段属性，字段属性与字段的类型相关。下面介绍字段属性的用法和应用范围。

(1) 字段大小

可以应用在文本、数字、自动编号类型的字段上，设置这些数据类型字段存储数据的最大字符数。

对于文本类型字段，可以输入 1～255 的值，也就是该字段最大存储的字符数。例如“姓名”字段，数据类型为文本，字段大小设置为 20，则表示该字段最多可以存储 20 个汉字。

对于数字类型字段，可以选择下列选项之一：

① 字节——用于范围在0～255的整数，存储为一个字节。

② 整型——用于范围在－32 768～＋32 767的整数，存储为两个字节。

③ 长整型——用于范围在－2 147 483 648～＋2 147 483 647之间的整数，存储为4个字节。

④ 单精度型——用于范围在3.4×1038～＋3.4×1038之间且最多具有7个有效位数的浮点数值，存储为4个字节。

⑤ 双精度型——用于范围在－1.797×10 308～＋1.797×10 308之间且最多具有15个有效位数的浮点数值，存储为8个字节。

⑥ 同步复制ID——用于存储同步复制所需的全局唯一标识符，存储为16个字节。

⑦ 小数——可以指定小数位数的精确数值，可以存储－1028～＋1028的值，存储为12个字节。字段大小选择为小数后还需设定精度和数值范围两个属性。精度表示该字段小数点前后的数字个数，不包括小数点。数值范围表示小数点后的数字位数。例如分数字段，如果要求该字段能够存储最大100分、最小0分，同时小数点后保留两位的话，可以设置该字段为小数，同时设定该字段精度为5，数值范围为2。

(2) 格式

格式属性设置使字段值可按统一的格式显示。可以应用在各种数据类型的字段上，但在数字、日期时间、是否、货币类型的字段上应用最普遍。需要指出的是，格式属性不涉及数据的存储，只是规定字段的显示打印方式。

在数字类型字段上，可以选择下列选项之一：

① 常规数字——按输入时的样子显示数字。

② 货币——使用千位数分隔符显示数字。并且应用“控制面板”中“区域和语言选项”中的设置设定货币符号、负数金额、小数点及小数位数的区域要求。例如把1234.567显示为￥1 234.57。

③ 固定——至少显示一位数，应用“控制面板”中“区域和语言选项”中的设置设定货币符号、负数金额、小数点及小数位数的区域要求。

④ 标准——使用千位数分隔符显示数字，此格式不显示货币符号。例如，1234.567显示为1234.57。

⑤ 百分比——将数值乘以100并在得到的数字末尾追加一个百分号进行显示。例如，0.123显示为12.30％。

⑥ 科学记数——以标准科学记数显示值。例如，1234.567显示为1.23E03。

在日期类型字段上可以选择下列选项之一：

① 常规日期——使用“短日期”和“长时间”设置的组合显示值。

② 长日期——使用“控制面板”中“区域和语言选项”中的“长日期”设置显示值。

③ 短日期——使用“控制面板”中“区域和语言选项”中的“短日期”设置显示值。

④ 长时间——使用“控制面板”中“区域和语言选项”中的“时间”设置显示值。

⑤ 短时间——使用格式HH:MM显示值，其中HH为小时，MM为分钟。

在是否类型字段上可以选择下列选项之一：

① 真/假——将值显示为True或False。

② 是/否——将值显示为 Yes 或 No。

③ 开/关——将值显示为 On 或 Off。

对于货币类型字段、自动编号字段的格式属性与数字型字段格式属性相同。

(3) 输入掩码

输入掩码是为了规范数据库数据的准确输入。例如“学号”字段是文本类型，本章中该字段只能输入 9 位的数字。输入掩码和格式可以同时使用，但掩码用来控制输入，而格式用来控制显示方式。

输入掩码由三段控制字符组成，三段字符之间用分号分隔。第一段定义掩码字符串，由占位符和字面字符组成。第二段定义是否将掩码字符和所有显示数据一起存储到数据库中，如果希望同时存储掩码和数据，这一段写 0；如果只希望存储用户输入的数据，这一段写 1。第三部分定义用来指示需输入数据位置的占位符。默认情况下，Access 使用下划线“_”作为占位符。如果希望使用其他字符，在掩码的第三部分输入该字符，例如“*”。因此掩码中最重要的是编写第一段的掩码控制字符。Access 提供的掩码控制字符如表 9-5 所示。

表 9-5　Access 提供的掩码控制字符

掩码控制字符	说　明
0	数字(0～9，必选项，不允许使用加号和减号)
9	数字或空格(非必选项，不允许使用加号和减号)
#	数字或空格(非必选项，空白将转换为空格，允许使用加号和减号)
L	字母(A～Z，必选项)
?	字母(A～Z，可选项)
A	字母或数字(必选项)
a	字母或数字(可选项)
&	任一字符或空格(必选项)
C	任一字符或空格(可选项)
. , : ; - /	小数点占位符和千位、日期和时间分隔符(实际使用的字符取决于 Microsoft Windows 控制面板中指定的区域设置)
<	使其后所有的字符转换为小写
>	使其后所有的字符转换为大写
\	使其后的字符显示为原义字符，可用于将该表中的任何字符显示为原义字符(例如，\A 显示为 A)
密码	将“输入掩码”属性设置为“密码”，以创建密码项文本框。文本框中输入的任何字符都按字面字符保存，但显示为星号(*)

输入掩码的实例如表 9-6 所示。

表 9-6　输入掩码的实例

字段	输入掩码	可以输入的数据	掩码含义
学号	000000000;0;*	200601001	必须输入 9 位数字字符，不可省略
固定电话号码	(9999)-00000009;0;*	(0471)-4907975	区号部分使用控制符 9，因此区号是可选的

续表

字段	输入掩码	可以输入的数据	掩码含义
普通数字	#999;0;*	－20 2000	任何正数或负数，不超过4个字符，不带千位分隔符或小数位
书籍编号	ISBN 0-&&&&&&&&&-0;0;*	ISBN 1-55615-507-7	书号，其中包含文本、第一位和最后一位（这两位都是强制的）、第一位和最后一位之间字母和字符的任何组合
产品型号	＞LL00000-0000;0;*	DB51392-0493	强制字母和字符的组合，均采用大写形式。例如，使用这种类型的输入掩码可以帮助用户正确输入部件号或其他形式的清单

(4) 有效性规则、有效性文本

有效性规则是一个条件表达式，控制用户必须在该字段上输入满足允许条件的数据。使用输入掩码是强制用户以特定方式输入值。例如，日期型字段的输入掩码强制用户必须以掩码规定的方式输入日期，如2008-12-01。而有效性规则可以要求用户输入某个范围的日期。

有效型规则、掩码都是对数据完整性的控制。表9-7为有效性规则的实例。

表9-7　有效性规则的实例

有效性规则	含　义
＜＞0	输入非零值
＞＝0	值不得小于零
0 or ＞100	值等于0或者大于100
＜#01/01/2007#	输入2007年之前的日期
＞＝#01/01/2007# AND＜#01/01/2008#	必须输入2007年的日期
＜Date()	小于当前日期
LIKE "*@*.com" OR "*@*.net" OR "*@*.org"	输入有效的.com、.net或.org电子邮件地址
[要求日期]＜＝[订购日期]＋30	输入在订单日期之后的30天内的要求日期
[结束日期]＞＝[开始日期]	输入不早于开始日期的结束日期

有效型规则必须是一个条件表达式，关于条件表达式将在第10章中详细讲解。有效性文本是在用户输入数据不满足有效性规则时需提醒用户注意的文本。

(5) 其他属性

① 默认值属性可以用在各种类型的字段上，用于添加新记录时自动向字段分配值。

② 必填属性可以用在除自动编号类型之外的所有数据类型字段，选择“是”则要求该字段在每条记录中都必须有值。

③ 允许空字符串属性可以用在文本、备注、超链接类型的字段上，设定字段是否允许输入零长度字符串("")。

④ Unicode 压缩属性可以用在文本、备注、超链接类型的字段上，当存储了不到 4096 个字符时压缩字段中的数据(对文本字段而言始终为 True)。

⑤ 输入法模式属性可以用在文本、备注、日期/时间、超链接类型的字段上，控制当用户把屏幕焦点移到该字段上时是否打开输入法。例如姓名字段应该打开输入法，而年龄字段应该关闭输入法。

9.1.4 主键

主键是一个或一组字段，它的值能够唯一标识一个记录。原则上讲，每个表中都应有且仅有一个主键，为的是记录不重复。例如“学生”表，在几个字段中能够标识一个记录的字段是“学号”字段，因为每个学生的学号是一定不相同的，只要学号不同，那么一定是不同的学生。而在成绩表中，每个学生都会有多个成绩记录，因此“学号”不能做主键。同样，一门课程也有多个学生成绩，因此“课程号”字段也不能做主键。而“学号”+“课程号”的组合在不考虑补考的情况下，可以做主键，因为每个学生每门课程的成绩是唯一的。

9.1.5 建立表间关系

1. 关系简介

Access 利用表格存储数据，在高校学生成绩管理数据库中，建立了“学生”、“课程”、“成绩”和“班级”4 个表，但这 4 个表不应该是独立的。在“成绩”表中“学号”字段中的每个值代表了“学生”表中的一个学生，如图 9-5 所示。同样，在“成绩”表中“课程号”字段中的每个值代表了“课程”表中的一门课程。Access 使用表间关系来定义表之间的这种关系。

学号	姓名	性别	年龄	民族	班级代码
200304110	王斌	男	20	汉	03041
200305245	金丽	女	21	蒙古	03052
200307108	王涛	男	19	汉	03071
200406201	王峰	男	20	汉	04062
200412103	张和平	男	19	蒙古	04121
200503112	赵敏	女	18	汉	05043
200504321	张云鹏	男	18	回	05043
200506101	李娜	女	19	汉	05061
200506102	张利民	男	20	汉	05061
200506220	贾云	男	19	蒙古	05062

学号	课程号	成绩
200304110	233351	87.5
200304110	301432	67.5
200307108	423403	91
200307108	566305	87
200412103	566305	79.5
200506101	233351	67
200506102	566305	82
200506220	302445	88
200506220	566305	64.5
200506220	753204	59

图 9-5 “学生”表与“成绩”表之间关系示意

定义表之间的联系后，表间的数据就有了一定的关系。“学生”表中的一个记录在“成绩”表中有若干记录，通过“学号”字段值相等来对应。要使用这两个表中的记录，必须创建联接“学生”表和“成绩”表的查询。而查询的工作方式是将“学生”表主键字段中的值与“成绩”表的“学号”字段的值进行匹配，可以得到如图 9-6 所示的查询结果。

学生.学号	姓名	性别	年龄	民族	班级代码	成绩.学号	课程号	成绩
200506220	贾云	男	19	蒙古	05062	200506220	566305	64.5
200506220	贾云	男	19	蒙古	05062	200506220	302445	88
200506220	贾云	男	19	蒙古	05062	200506220	753204	59

图 9-6 基于关系的查询结果

2. 创建关系

关系类型有三种：一对一关系、一对多关系、多对多关系。

(1) 一对一关系

在一对一关系中，第一个表中的每条记录在第二个表中只有一个匹配记录，而第二个表中的每条记录在第一个表中只有一个匹配记录。这种关系并不常见，因为多数以此方式相关的信息都存储在一个表中。

(2) 一对多关系

在“高校学生成绩管理系统”数据库中，“学生”表的一个记录在“成绩”表中对应若干个记录，而“成绩”表中的一个记录在“学生”表中只能对应一个记录；“班级”表的一个记录在“学生”表中对应若干个记录，而“学生”表中的一个记录在“班级”表中只能对应一个记录。这样的关系是一对多关系，“一”端就是主键端，“多”的一端为外键端。

(3) 多对多关系

“学生”表和“课程”表之间的关系即为多对多关系。每个学生选修多门课程。另一方面，一门课程可能被多个学生选修。因此，对于“学生”表中的每条记录，都可能与“课程”表中的多条记录对应。此外，对于“课程”表中的每条记录，都可以与“学生”表中的多条记录对应。这种关系称为多对多关系。

Access不能直接表示多对多关系，必须创建第三个表，该表通常称为联接表，在“高校学生成绩管理系统”数据库中“成绩”表就是联接表，它将“学生”表与“课程”表的多对多关系划分为两个一对多关系。

参照完整性选项是确定在表间关系中是否实施参照完整性。参照完整性是指外键的值必须参照主键表中已有的值。“学生”表和“成绩”表的关系实施参照完整性后，那么成绩表的“学号”字段的值必须是学生表中“学号”字段中的一个值。

在对“成绩”表增加记录时，“学号”字段的值必须是来自“学生”表中“学号”字段的值。在“学生”表中删除一个记录或修改记录的“学号”字段的值时，需要考虑“成绩”表中是否已有记录参照了要删除学生记录的“学号”值。如果有记录参照了要删除或修改记录的“学号”值，那么Access将按照“实施参照完整性”选项的子选项“级联删除记录”、“级联更新记录”来操作。如果选择了“级联删除记录”，那么删除了一个学生记录，将删除“成绩”表中参照该记录“学号”的所有成绩记录。如果选择了“级联更新记录”，那么修改了一个学生记录的“学号”值，将修改“成绩”表中参照该记录“学号”的所有成绩记录的“学号”。

9.2 数据表的基本操作

表建立完成后，可对数据进行基本操作。这些操作包括对记录的更新操作、一般查找和筛选排序等。

9.2.1 增加、修改或删除记录

数据表最基本的功能就是数据的更新操作，数据表视图如图9-7所示。

(1) 单击字段选定器可以选择一列。

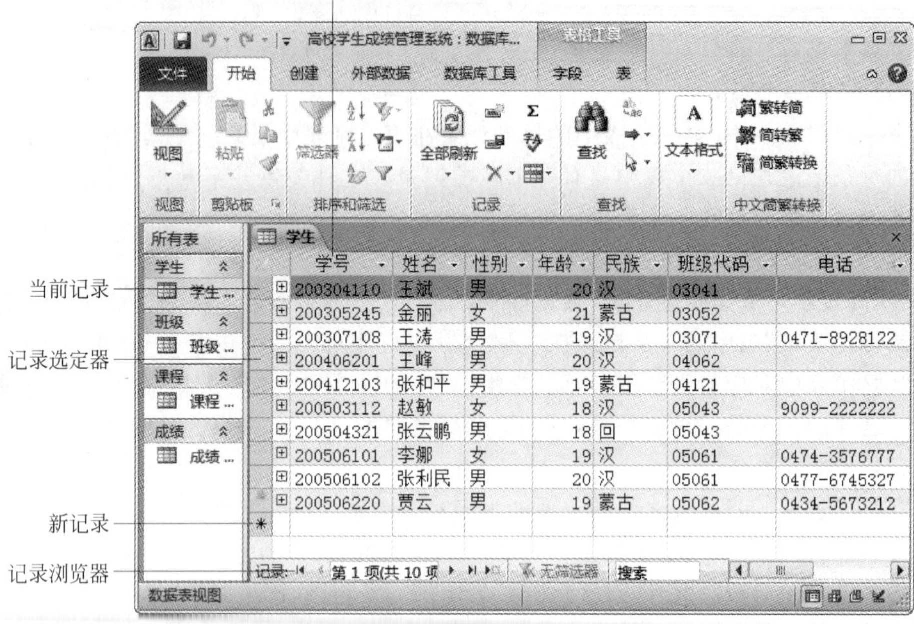

图 9-7　数据表视图

(2) 单击记录选定器可以选择一行。

(3) 在新记录中可以添加一个新记录，图标“ * ”表示新记录。

(4) 在选定的当前记录中可以修改记录值，用 Delete 键可以删除当前记录。

(5) 利用记录浏览器可以定位记录。

9.2.2　排序和筛选

1. 排序

通过字段选定器，选择排序字段，可以多选。也可以在右键菜单中选择排序选项。多字段排序时，按从左至右的顺序排列，即左边字段优先级高于右边的字段。

2. 筛选

通过筛选可以快速查找需要的记录。Access 有“按选定内容筛选”、“内容排除筛选”、“按窗体筛选”、“高级筛选”几种筛选。筛选并不改变数据，只是将满足筛选条件的记录显示。

(1) 按选定内容筛选及内容排除筛选

按选定内容筛选是在有选定内容的字段中，查找出相同值的记录。

(2) 按窗体筛选

选择“开始”→“排序和筛选”→“高级”→“按窗体筛选”命令，可以看到如图 9-8 所示的窗体筛选对话框。

在筛选条件里，按字段输入筛选条件，单击“应用筛选”按钮，可以进行筛选。

图 9-8 按窗体筛选

(3) 高级筛选

高级筛选类似于查询,第 10 章中将详细介绍。

9.3 本章教学案例

9.3.1 创建"高校学生成绩管理系统"数据库

案例描述

创建一个"高校学生成绩管理系统"数据库,该数据库中包括 4 张表:"学生"表、"课程"表、"班级"表和"成绩"表,表的结构如表 9-1～表 9-4 所示,并给每张表填入相应的数据。根据实际情况,给出 4 张表之间的正确关系。最后分别按选定内容筛选和窗体筛选两种方法,筛选出蒙古族的所有学生。

最终效果

本案例的最终效果如图 9-9 所示。

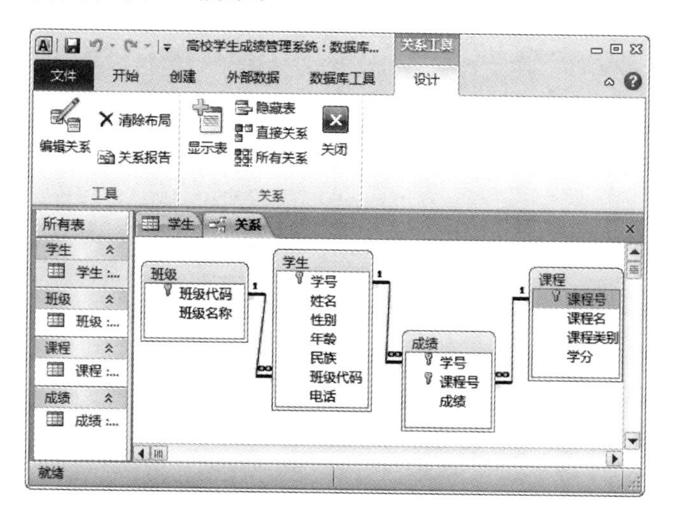

图 9-9 "高校学生成绩管理系统"最终效果图

案例实现

(1) 打开已经建好的空的"高校学生成绩管理系统",单击"创建"标签,选择"表设计",打开表设计器。按照表 9-1 所示的内容完成表结构的设置。指向"学号"字段,单击"设计"选项卡中的"主键"按钮,为学生表创建主键。最后保存表,命名为"学生",如图 9-10 所示。单击"设计"选项卡中的"视图"按钮,选择数据表视图,输入相应的数据,如图 9-11 所示。按照以上步骤,分别建立"班级"表、"课程"表和"成绩"表,其数据分别如图 9-12～图 9-14 所示。

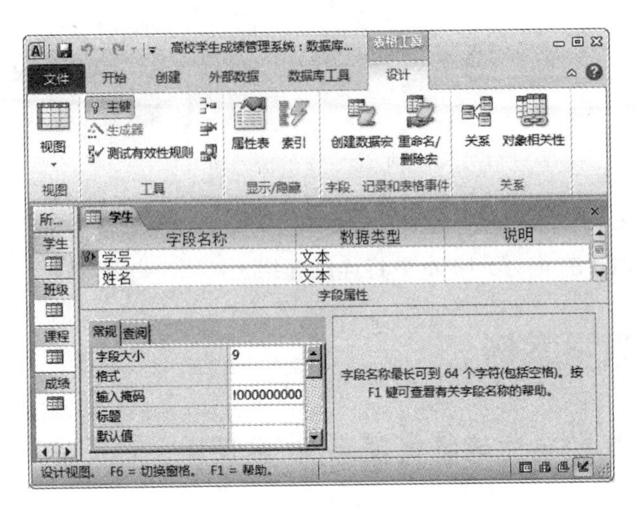

图 9-10 “学生”表结构

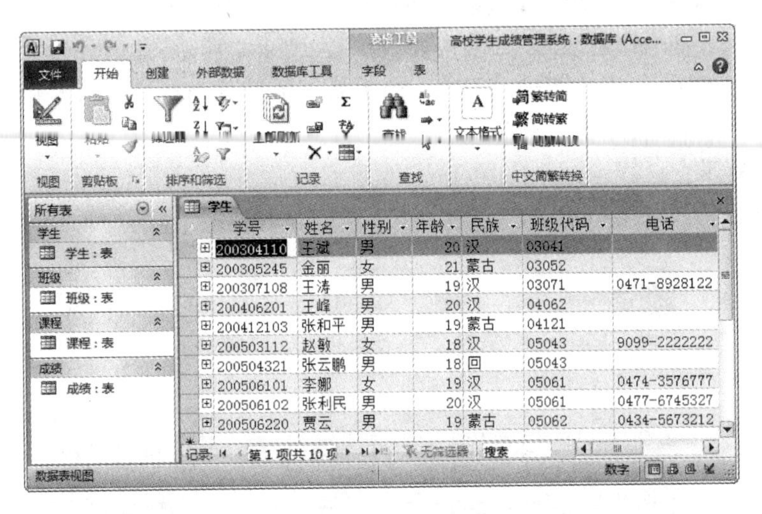

图 9-11 “学生”表数据

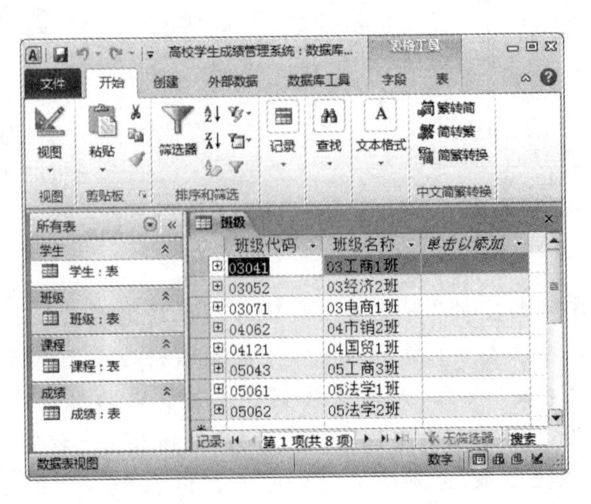

图 9-12 “班级”表数据

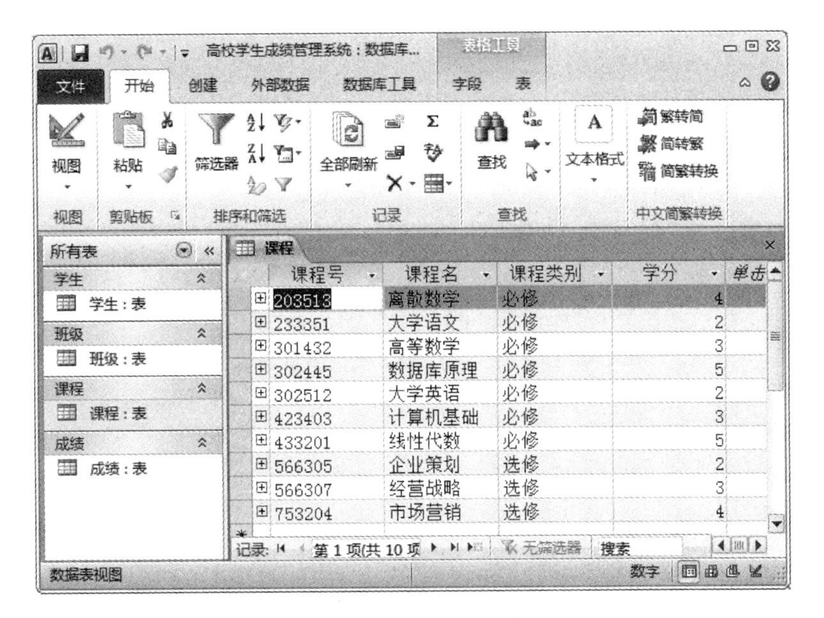

图 9-13 “课程”表数据

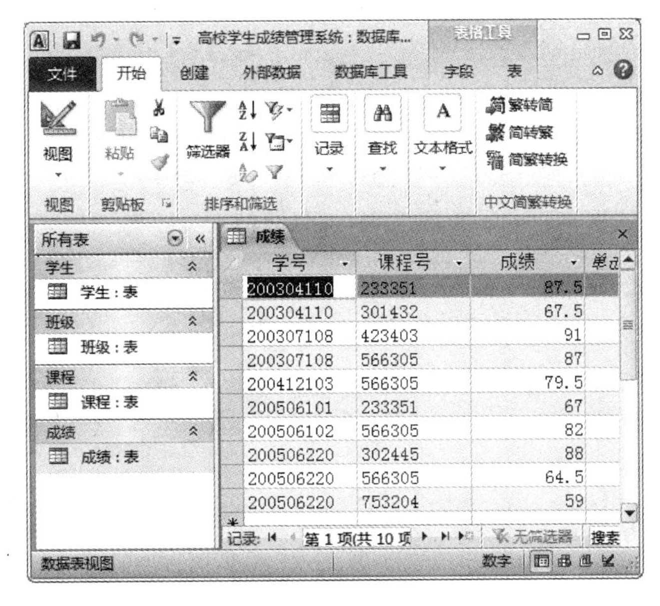

图 9-14 “成绩”表数据

(2) 建立表间关系：打开“数据库工具”选项卡，单击“关系”按钮，打开关系窗口。单击“显示表”按钮，添加 4 张表，分别对有关系的两张表建立各自的关系。外键指在本表中不是主键，在另外表中是主键的字段。例如“成绩”表的“学号”字段是外键，因为“学号”字段在“学生”表中是主键。同样“成绩”表的“课程号”字段也是外键。具体操作如下：用鼠标拖曳主键字段到外键字段上，显示“关系选项”对话框。选定选项后，关系创建完成。效果如图 9-9 所示。

(3) 按选定内容筛选：选择任意一个蒙古族学生，单击鼠标右键，在弹出的如图 9-15 所示的快捷菜单中选择“等于‘蒙古’”选项即可。

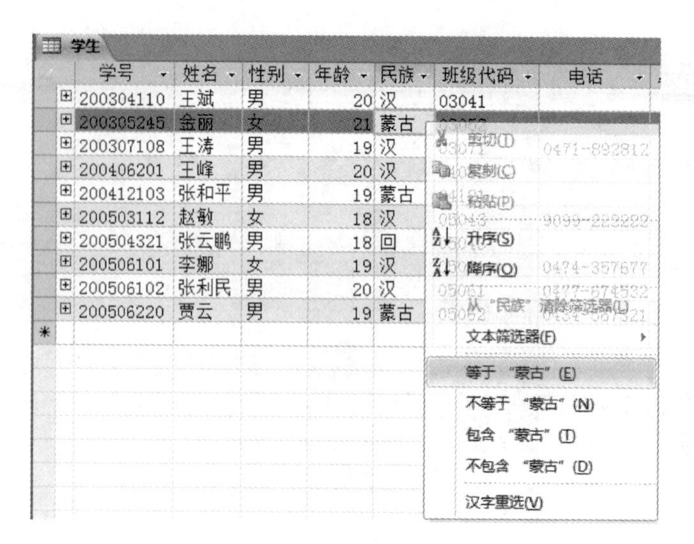

图 9-15　按选定内容筛选

(4) 按窗体筛选：在如图 9-8 所示的"窗体筛选"对话框中，按字段输入筛选条件，单击"切换筛选"按钮可以进行筛选，结果如图 9-16 所示。

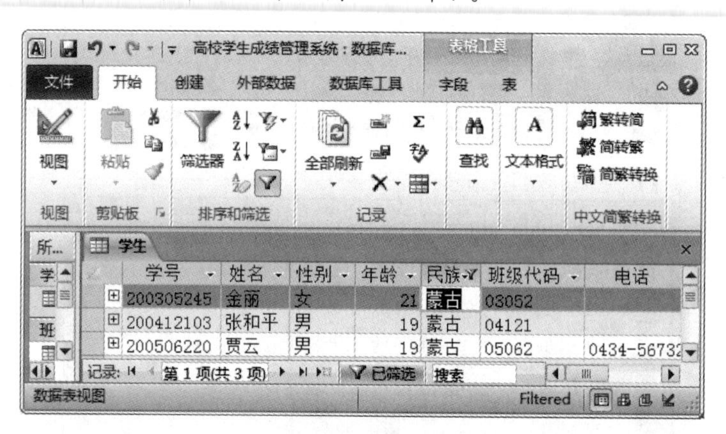

图 9-16　按窗体筛选

☎知识要点分析

(1) 本案例中的难点就是为每个表建立正确的主键。例如，"成绩"表的主键是"学号＋课程号"这样的联合主键，只有确定了主键，才能建立正确的表间关系，从而建立一个好的数据库。

(2) 筛选并不改变数据，只是将满足筛选条件的记录显示出来。

9.3.2　创建"高校教师排课系统"数据库

📖案例描述

创建一个"高校教师排课系统"数据库，该数据库中包括 3 张表："教师"表、"课程"表和"排课"表，表的结构如表 9-8～表 9-10 所示，并给每张表填入相应的数据。根据实际情况，给出 3 张表之间的正确关系。最后修改"课程"表中的"学分"字段，要求"学分"字段满足有效性规则：0～10之间的数字。如果违反有效性规则，则弹出错误信息："输入错误，重新输入!"。

表 9-8 "教师"表

字段名称	数据类型	字段长度	是否为空
教师号	文本	4	否
姓名	文本	20	是
性别	文本	2	是
出生日期	日期/时间		是
职称	文本	6	是
密码	文本	6	是
邮箱	文本	30	是

表 9-9 "课程"表

字段名称	数据类型	字段长度	是否为空
课程号	文本	3	否
课程名	文本	20	是
学分	数字	整型	是

表 9-10 "排课"表

字段名称	数据类型	字段长度	是否为空
课程号	文本	3	否
教师号	文本	4	否
学时	数字	整型	是

最终效果

本案例的最终效果如图 9-17 所示。

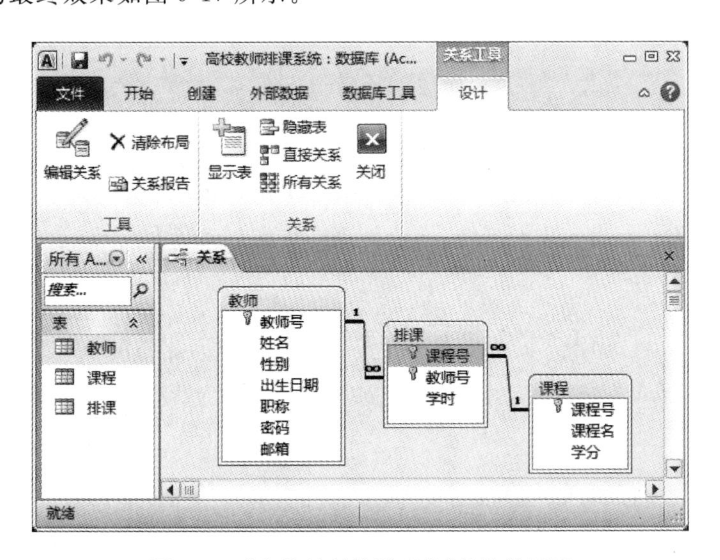

图 9-17 "高校教师排课系统"最终效果图

✍案例实现

(1) 打开已经建好的空的"高校教师排课系统",在"创建"选项卡中选择"表设计",打开表设计器,按照如表 9-8 所示的内容完成表结构的设置。指向"学号"字段,单击"设计"选项卡中的"主键"按钮,为"教师"表创建主键。最后保存表,命名为"教师",如图 9-18 所示。单击"设计"选项卡中的"视图"按钮,选择数据表视图,输入相应的数据,如图 9-19 所示。按照以上步骤,分别建立"课程"表和"排课"表,如图 9-20 和图 9-21 所示。

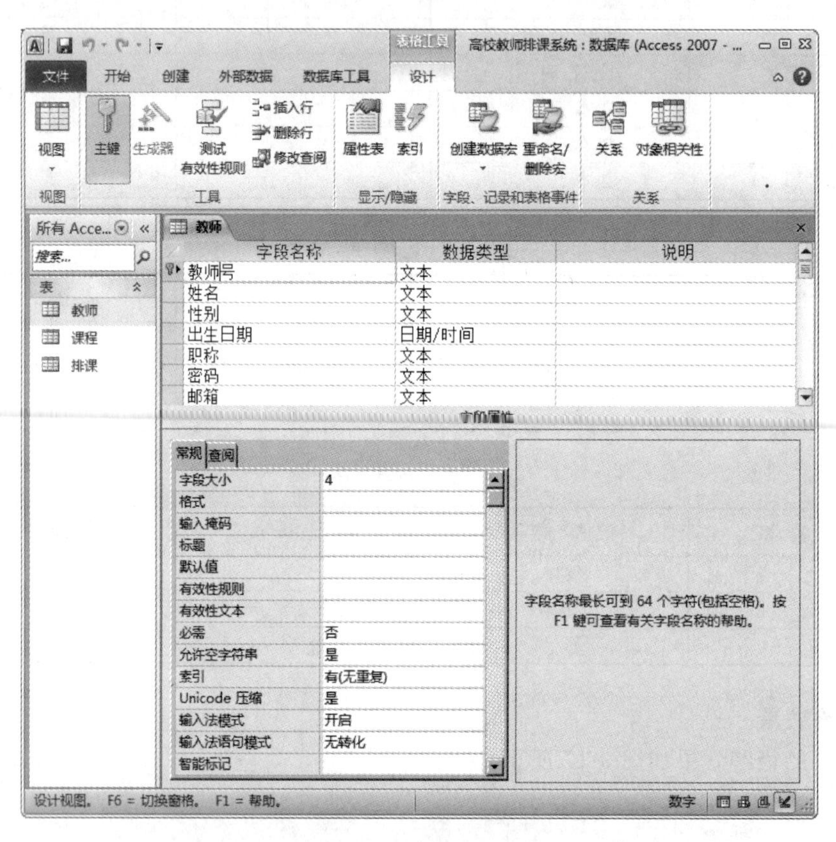

图 9-18 "教师"表结构

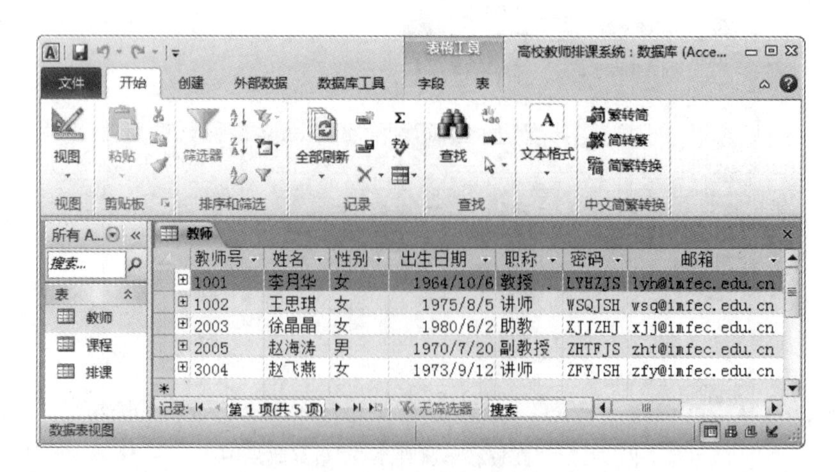

图 9-19 "教师"表数据

图 9-20 “课程”表数据

图 9-21 “排课”表数据

(2) 建立表间关系：打开“数据库工具”选项卡，单击“关系”按钮，打开关系窗口；单击“显示表”按钮，添加三张表，分别对有关系的两张表建立各自的关系。外键指在本表中不是主键，在另外表中是主键的字段。例如“排课”表的“教师号”字段是外键，因为“教师号”字段在“教师”表是主键。同样“排课”表的“课程号”字段也是外键。具体操作如下：鼠标拖曳主键字段到外键字段上，显示“关系选项”对话框。选定选项后，关系创建完成，如图 9-17 所示。

(3) 设置有效性规则：打开“课程”表设计视图，在设计视图的上部窗格中选中“学分”字段，然后在下部窗格中单击“有效性规则”行，输入“>=0 and <=10”，单击“有效性文本”行，输入“输入错误，重新输入！”，然后输入新记录可以对有效性规则进行验证，如图 9-22 所示。

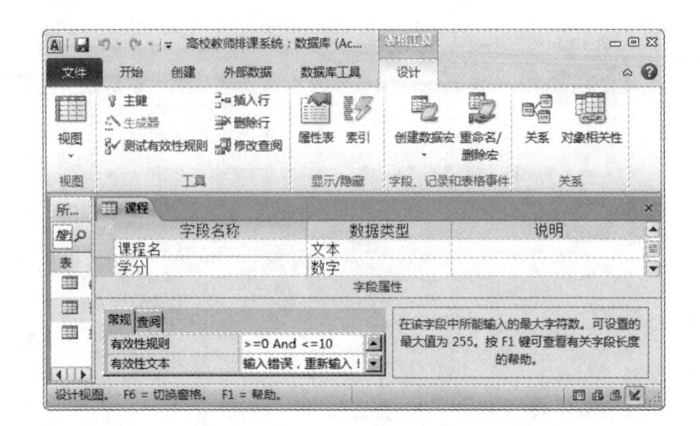

图 9-22　设置有效性规则

☎知识要点分析

（1）本案例中的难点就是为每个表建立正确的主键。例如，“排课”表的主键是“教师号”+“课程号”这样的联合主键，只有确定了主键，才能建立正确的表间关系，从而建立一个好的数据库。

（2）设置有效性规则的重点主要是能写出正确的条件表达式，控制用户必须在该字段上输入满足条件的数据。

9.4 本章课外实验

9.4.1 创建“图书资料管理”数据库

创建一个名为“图书资料管理”的数据库，建立“书籍”表、“借阅”表和“学生”表，表结构和数据分别如表 9-11～表 9-14 所示（其中“学生”表用“高校学生成绩管理系统”数据库中的“学生”表）。建立表间关系，录入部分数据。

表 9-11　“书籍”表结构

字段名	类型	长　　度
书籍编号	文本	6
书籍名称	文本	50
购入日期	日期时间	默认值为 2000-1-1
总册数	数字	整型，有效性规则为 0～100
出版社	文本	100
作者	文本	20

表 9-12　“借阅”表结构

字段名	类型	长　　度
书籍编号	文本	6
学号	文本	9，与书籍编号字段联合做主键
借书日期	日期时间	
还书日期	日期时间	

表 9-13 "书籍"表数据

书籍编号	书籍名称	购入日期	总册数	出版社	作者
100104	操作系统原理	2011/11/3	98	北京邮电大学出版社	王军
100101	数据库原理	2011/1/1	80	清华大学出版社	王明
100103	模拟电路	2009/8/12	78	清华大学出版社	杨敏
100102	大学语文	2006/4/3	43	内蒙古大学出版社	李宏

表 9-14 "借阅"表数据

书籍编号	学号	借书日期	还书日期
100101	200506220	2012/12/5	2013/4/12
100102	200304110	2012/5/9	2012/9/12
100102	200503112	2011/6/8	2012/1/4
100103	200304110	2013/3/7	2013/6/23

9.4.2 对"图书资料管理"数据库的数据表进行操作

打开"图书资料管理"数据库,完成以下操作:

(1) 在"书籍"表中插入一条新记录(记录内容自定);

(2) 在"书籍"表中按购入日期降序排列;

(3) 筛选出"清华大学出版社"的所有图书。

第 10 章 Access 数据库查询

本章说明

数据库是为更方便有效地管理信息而存在的，查询体现了数据库本应有的提供信息的作用。人们希望数据库可以随时提供所需要的数据信息，因此，对用户来说，数据查询是数据库最重要的功能。创建好数据库和表，并输入数据后，就可以在需要的时候对数据信息进行查询。查询主要是根据用户提供的限定条件进行的，其执行结果是返回一个能满足用户限定条件的结果集。结果集是来自数据库中的数据的表格排列，与 Access 表相同，结果集也包括行和列。能够掌握并灵活地使用数据查询技术，可以获得所需的数据库中的一切信息。

本章主要内容

- 交互式创建查询
- SQL 语句创建查询

📖 本章拟解决的问题

(1) 如何利用界面方式实现参数查询?
(2) 如何利用界面方式实现选择查询?
(3) 如何利用界面方式实现汇总查询?
(4) 如何利用界面方式实现操作查询?
(5) 如何利用界面方式实现交叉表查询?
(6) 如何实现 SQL 查询?

10.1 交互式创建查询

10.1.1 初识查询

在设计一个数据库时,为了节省存储空间,常常把数据分类,并分别存放在多个表中。尽管在数据表中可以进行许多操作,如浏览、排序、筛选和更新等,但很多时候还是需要检索(或查询)一个或多个表中符合条件的数据,将这些数据集合在一起,执行浏览、计算等操作。查询实际上就是将这些分散的数据再集中起来,即查询是依据一定的查询条件,对数据库中的数据信息进行查找,它与表一样都是数据库的对象。所创建的查询对象不是数据的集合,而是记录了查询操作的相关定义。执行查询可以得到一张动态数据记录集合,虽然这个记录集合在数据库中实际上并不存在,只是在运行查询时,Access 才从数据源表中提取数据创建它,但正是这个特性,使查询具有了灵活方便的数据操纵能力。

查询的基本作用如下。

(1) 通过查询浏览表中的数据,分析数据或修改数据。

(2) 利用查询可以使用户的注意力集中在自己感兴趣的数据上,而将当前不需要的数据排除在查询之外。

(3) 将经常处理的原始数据或统计计算定义为查询,可大大简化数据处理工作。用户不必每次都在原始数据上进行检索,从而提高了整个数据库的性能。

(4) 查询的结果集可以用于生成新的基本表,可以进行新的查询,还可以为窗体、报表以及数据访问页提供数据。由于查询是经过处理的数据集合,因而适合于作为数据源,通过窗体、报表或数据访问页提供给用户。

10.1.2 查询的类型

Access 2010 提供了多种查询方式,极大地方便了用户的查询工作。查询的类型包括以下 5 种。

(1) 选择查询。选择查询是从一张或多张相关表中筛选出所需的记录数据,也可以从已有的查询对象中进一步筛选所需的数据。可以使用选择查询对记录进行排序、计算等,但不会涉及更改表的操作。

(2) 参数查询。参数查询是在执行时显示对话框,把用户输入的信息作为查询条件来生成查询表。可以建立单个参数的查询,也可以建立多个参数的查询。

(3) 交叉表查询。交叉表查询是将源表中的数据分组，一组以行标题的形式显示在动态数据表的左侧，另一组以列标题的形式显示在动态数据表的上部，然后在行与列交叉处对源表中的数据进行统计，值显示在交叉点上。

(4) 操作查询。操作查询可以更改数据库的数据表，包括生成、更新、追加、删除表查询。这种查询适合于对数据表大批量的数据修改需要。

(5) SQL 查询。SQL(结构化查询语言)是关系型数据库的标准语言。在以交互式创建查询对象时，Access 会在后台自动形成相应的 SQL 语句。

在 Access 中将查询与数据表作为同类型的对象，因此，一个数据库中的数据表与查询的名称不能相同。

10.1.3 创建查询

可以使用查询向导，也可以在设计视图中由用户指定查询条件创建查询。可以对单表进行查询，也可以对多表进行查询。

1. 使用向导创建查询

创建查询的步骤如下。

(1) 打开“高校学生成绩管理系统”后，单击“创建”选项卡“查询”组中的“查询向导”按钮，出现如图 10-1 所示的“新建查询”对话框。

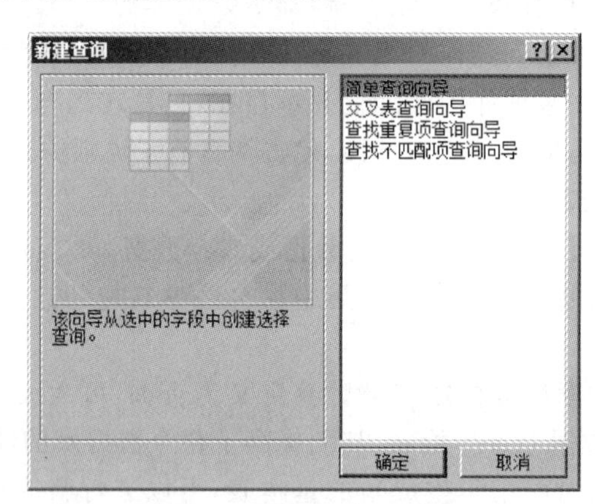

图 10-1 “新建查询”对话框

(2) 在打开的“新建查询”对话框中，选择“简单查询向导”，单击“确定”按钮，即可打开“简单查询向导”对话框，如图 10-2 所示。

(3) 在“表/查询”下拉列表框中选择要创建查询的表，如“表：学生”，然后在“可用字段”列表中双击要生成查询结果集的字段，如“学号”、“姓名”、“班级代码”，使这些字段显示在“选定字段”列表框中，如图 10-3 所示。

(4) 单击“下一步”按钮，在对话框中设置查询的名称，本例中输入“学生查询”，如图 10-4 所示。

(5) 单击“完成”按钮，生成的查询结果集如图 10-5 所示。

使用向导也可以非常方便地创建多表查询，方法类似于创建单表查询，只是在上述步骤中重复步骤(3)，选择相关表中的相关字段即可。

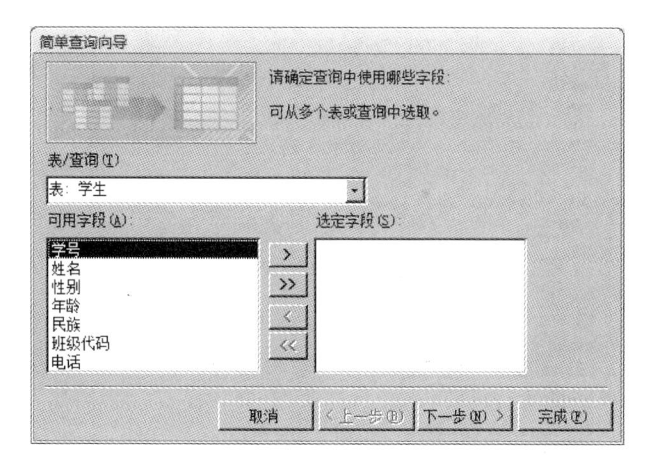

图 10-2 “简单查询向导”对话框 1

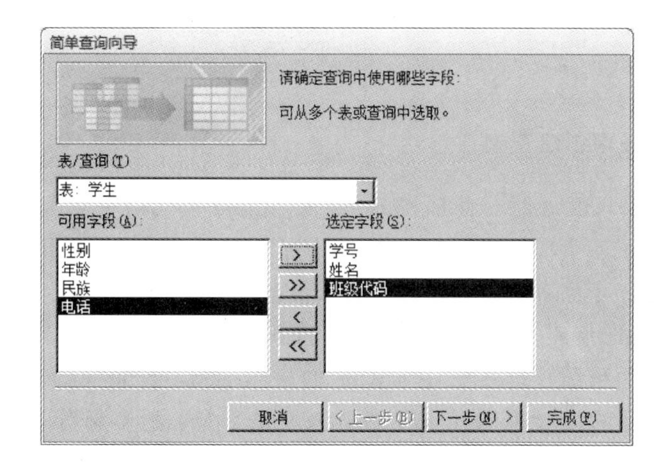

图 10-3 “简单查询向导”对话框 2

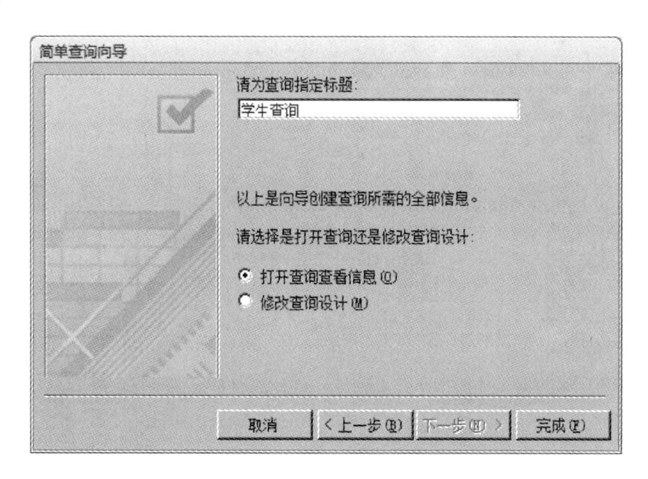

图 10-4 “简单查询向导”对话框 3

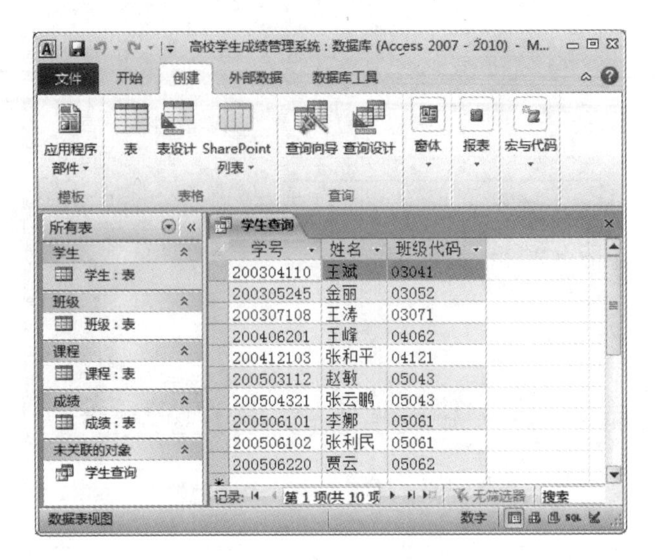

图 10-5 “学生查询”的查询结果

2. 在设计视图中创建查询

使用查询向导只能进行一些简单查询，或者进行某些特定查询，如查找重复项等。Access 2010 提供了一个功能更加强大的设计视图，通过设计视图不仅可以创建一个查询，而且还可以对一个已有的查询进行编辑和修改。

要使用设计视图创建查询，首先需要认识查询设计视图。

打开“高校学生成绩管理系统”后，单击“创建”选项卡“查询”组中的“查询设计”按钮，出现如图 10-6 所示的设计视图。该视图分为两个部分：上半部分是数据表/查询显示区，下半部分是查询设计区。数据表/查询显示区用来显示查询所使用的基本表或查询（可以是多个表/查询），查询设计区用来指定具体查询条件。

图 10-6 设计视图

查询设计区中网格的每一列都对应着查询结果集中的一个字段，网格的行标题表明字段的属性及要求，包括如下6项。

（1）字段：数据表或查询中所使用的字段名称。

（2）表：该字段所属的数据表或查询的名字。

（3）排序：确定是否按该字段排序以及按何种方式排序。

（4）显示：确定该字段是否在查询结果集中显示。

（5）条件：用来指定该字段的查询条件。

（6）或：用来提供多个查询条件。

10.1.4 设置查询条件

创建查询时，可以通过在“条件”单元格中输入条件表达式来限制结果集中的记录。如何正确地构建条件表达式，是在设计查询时必须解决的基本问题之一。

查询条件可以是运算符、常量、字段值、函数以及字段名和属性的任意组合，条件中的字段名需要用方括号括起来。条件可以在文本、数字、日期/时间、备注、是否等类型的字段中设置。条件表达式可以包括各种算术运算符、关系运算符、逻辑运算符、函数和特殊运算符。

1. 特殊运算符

（1）And

称为“逻辑与”运算符。条件表达式＜表达式1＞ And ＜表达式2＞限定查询结果集中的记录必须同时满足由And所连接的两个表达式。

（2）Or

称为“逻辑或”运算符。条件表达式＜表达式1＞ Or ＜表达式2＞限定查询结果集中的记录只需要满足由Or所连接的两个表达式中的一个。

（3）[Not] In

用于指定某一系列值的列表。条件表达式＜表达式＞[Not] In（表达式[，…n]）限定查询结果集中的相关字段值是否需要与列表中的某个值匹配。

（4）[Not] Between And

用于指定一个范围，主要用于数字型、货币型、日期型字段。条件表达式＜表达式1＞[Not] Between ＜表达式2＞ And ＜表达式3＞限定查询结果集中的相关字段值是否需要在指定范围内，包括边界值。

（5）[Not] Like

用于指定字符串的样式，可使用一些通配符来实现模糊查询。条件表达式＜表达式＞[Not] Like＜模式字符串＞限定查询结果集中的相关字段值是否需要与指定的模式匹配。

（6）Is [Not] Null

用于指定空值，条件表达式＜表达式＞Is [Not] Null限定查询结果集中的相关字段值是否需要为空。

2. 通配符

在指定字符串的样式时，可以使用的通配符如表 10-1 所示。

表 10-1 通配符及说明

通配符	说　明
?	代表任意单个字符
*	代表任意长度的字符串
#	代表一个数字字符(0～9)
[]	指定范围(如[a-g]、[0-9])或集合(如[abcdefg]))中的任何单个字符
[!]	指定不属于范围(如[! a-g]、[! 0-9])或集合(如[! abcdefg]))中的任何单个字符

可用方括号“[ ]”为字符串中该位置的字符设置一个范围，如[a-z]、[0-9]、[! 0-9]等，用连字符“-”来隔开范围的上下界。例如，表达式 Like“P[A-F]###”的含义是查找以字母 P 开头，后跟 A～F 的任何字母和三个数字的数据。又如，表达式 Like“a? [a-f]#[! 0-9]*”的含义是查找的字符串中第一个字符为 a，第二个字符为任意字符，第三个字符为 a～f 中的任意一个字符，第 4 个字符为数字，第 5 个字符为非 0～9 的任意字符，其后为任意字符串。

10.2 SQL 语句创建查询

SQL(Standard Query Language，标准查询语言)是关系型数据库通用的标准语言。在使用查询向导或设计视图创建查询时，Access 自动构造等效的 SQL 语句，可以切换到 SQL 视图查看这个语句。将这两种视图互相对照就会看到：设计视图中的大多数查询属性都可以在 SQL 视图中找到等效的可用子句和选项。因此，对于熟悉 SQL 语言的用户来说，可以直接在 SQL 视图中输入 SQL 语句创建查询。

10.2.1 SELECT 查询语句的基本语法

SELECT 是从数据库的表或查询中访问和提取数据的一种非常有效的语句，具有强大的单表和多表查询功能，正因如此，它的语句格式中的可选项极多。虽然 SELECT 语句的完整语法较复杂，但是其主要的子句可归纳如下：

```
SELECT [ALL | DISTINCT][TOP n [PERCENT]]<目标列表达式>[[AS]<新列名>][,…n]
FROM <表名或视图名>[[AS]<别名>][,…n]
[WHERE<条件表达式>]
[GROUP BY<分组表达式>]
[HAVING<条件表达式>]
[ORDER BY <排序表达式> [ASC | DESC]] [,…n]
```

参数说明如下。

(1) [ALL | DISTINCT]：指定在结果集中可否显示重复行。ALL 表示可以，DISTINCT 表示不可以，缺省时表示结果集中可以出现重复行。

(2) [TOP *n* [PERCENT]]：指定只从查询结果集中输出前 *n* 行。*n* 是 0～4294967295 之间的整数。如果还指定了 PERCENT，则只从结果集中输出前百分之 *n* 行，且 *n* 必须是 0～100 之间的整数。

如果查询包含 ORDER BY 子句，将输出由 ORDER BY 子句排序后的前 *n* 行(或前百分之 *n* 行)。如果查询没有 ORDER BY 子句，行的顺序将任意。

(3) <目标列表达式>[[AS]<新列名>][,…*n*]：指定为结果集选择的列。选择列表是以逗号分隔的一系列表达式，若使用"*"则指定返回表或视图内的所有列。需要的话可以为输出列重新指定新列名。

(4) FROM <表名或视图名>[[AS]别名]：指定从其中检索数据的表或视图。多表连接查询，需要指定列所属的表时，可以用表名，也可以在 FROM 子句中为表指定别名后，直接引用其别名。

(5) WHERE<条件表达式>：指定数据检索的条件，用于限制返回的行。

(6) GROUP BY<分组表达式>：实现对结果集的分组。将在<分组表达式>上具有相同值的记录放在一个组内，常用于分组统计。

(7) HAVING<条件表达式>：指定分组后的筛选条件。HAVING 子句通常与 GROUP BY 子句一起使用，对 GROUP BY 子句分组的结果进行筛选，保留满足条件的分组。如果不使用 GROUP BY 子句，HAVING 子句的作用与 WHERE 子句一样。

(8) ORDER BY <排序表达式>：指定结果集的行按<排序表达式>值进行有序的排列。<排序表达式>可以将排序列指定为列名或列的重命名(可由表名或视图名限定)和表达式，也可以指定为查询结果集中列的序号。

(9) [ASC|DESC]：指定查询结果集的行按<排序表达式>值的排列顺序，ASC 为升序、DESC 为降序，缺省时按升序排列。

SELECT 语句中的子句顺序非常重要。可以省略可选子句，但这些子句在使用时必须按适当的顺序出现。

10.2.2 创建追加、更新和删除查询的 SQL 语句

创建操作查询的 SQL 语句有 INSERT(追加)、UPDATE(更新)和 DELETE(删除)，它们的语法结构如下。

(1) INSERT

```
INSERT INTO <表名> [(<字段名 1> [,<字段名 2>] ...)]
VALUES (<字段值 1 > [,<字段值 2 >] ...] )
```

其功能是将新记录插入到指定表中。其中新记录字段名 1 的值为字段值 1，字段名 2 的值为字段值 2，……。INTO 子句中没有出现的字段，新记录在这些字段上将取空值。如果 INTO 子句中没有指明任何字段名，则新插入的记录必须在每个字段上均有值。

(2) UPDATE

```
UPDATE <表名>
SET
<字段名>=<表达式> [,<字段名>=<表达式>] ...
```

```
[ WHERE <条件>]
```

其功能是修改指定表中满足 WHERE 子句条件的记录。其中 SET 子句给出<表达式>的值用于取代相应的字段值。如果省略 WHERE 子句,则表示要修改表中的所有记录。

(3) DELETE

```
DELETE
FROM <表名>
[WHERE <条件>]
```

其功能是从指定表中删除满足 WHERE 子句条件的所有记录。如果省略 WHERE 子句,则表示删除表中全部记录。

10.3 本章教学案例

10.3.1 某学生各科成绩的查询

案例描述

在“高校学生成绩管理系统”数据库中,通过设计视图查询姓名是“贾云”的学生所选修课程的成绩,要求显示“学号”、“姓名”、“课程号”、“成绩”字段。

最终效果

本案例的最终效果如图 10-7 所示。

图 10-7 查询结果

案例实现

(1) 打开“高校学生成绩管理系统”数据库后,单击“创建”选项卡“查询”组中的“查询设计”按钮,出现如图 10-6 所示的设计视图。

(2) 在“显示表”对话框中的“表”选项卡中，双击要创建查询的数据表，如“学生”表和“成绩”表，将其添加到设计视图。

(3) 单击“关闭”按钮，关闭“显示表”对话框。

(4) 双击或从表中拖动创建查询表所需的字段，使这些字段出现在相应的“字段”单元格中，也可以直接在查询设计区选择。

(5) 在“显示”单元格中选择是否显示该字段。

(6) 在“姓名”字段的“条件”单元格中输入查询条件“贾云”。单击其他单元格时，会为设置的文本条件自动添加双引号，如图 10-8 所示。

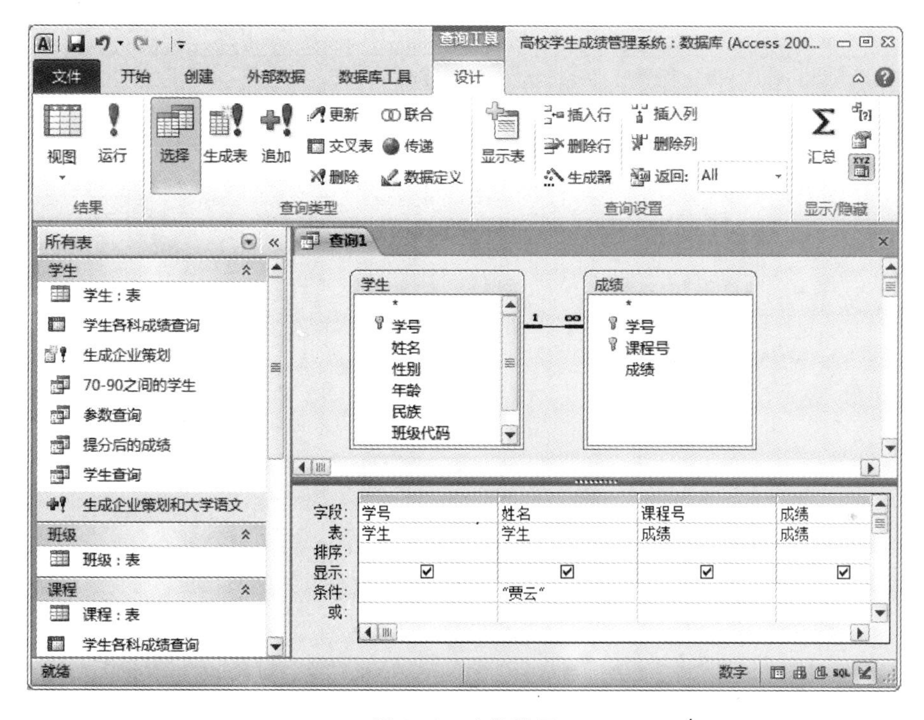

图 10-8　查询设置

(7) 设置完毕后，单击“设计”选项卡“结果”组中的“运行”按钮，生成的查询结果如图 10-7 所示。

(8) 关闭该窗口，并在弹出的提示框中单击“是”按钮，然后在继续弹出的“另存为”对话框中设置查询的名称为“学生选课查询”。

也可以在图 10-8 所示的界面中，单击“保存”按钮，在弹出的“另存为”对话框中为其命名。这时，在左侧对象列表框中会看到保存的查询。

对于创建的查询，还可以在设计视图中进行修改，如插入新的字段、改变字段的位置、隐藏字段等。

☎知识要点分析

(1) 本案例属于选择查询，需要在设计视图中给出查询条件。

(2) 多表信息查询时，要事先建立表间关系。

10.3.2 所有学生成绩情况查询

📖案例描述

查询“高校学生成绩管理系统”数据库中每个学生选修了哪些课程及课程成绩，要求显示“学号”、“姓名”、“课程名”、“成绩”内容。

🖵最终效果

本案例的最终效果如图 10-9 所示。

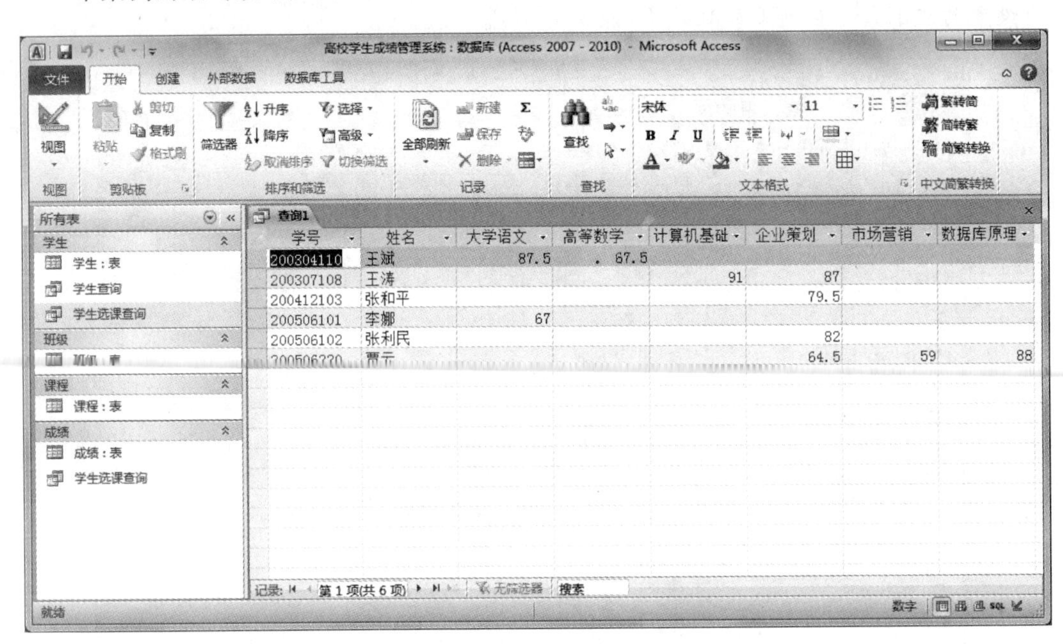

图 10-9 查询结果

✍案例实现

(1) 打开“高校学生成绩管理系统”数据库后，打开“设计视图”窗口，并选择“学生”表、“成绩”表和“课程”表。

(2) 添加“学号”、“姓名”、“课程名”和“成绩”字段。

(3) 单击“设计”选项卡“查询类型”组中的“交叉表”按钮，则设计网格中增加“总计”和“交叉表”行，“显示”行被隐去。

(4) 单击“学号”字段下的“总计”单元格，在下拉列表框中选择 Group By，在“交叉表”单元格的下拉列表框中选择“行标题”；同样，在“姓名”字段下的“总计”单元格的下拉列表框中选择 Group By，在“交叉表”单元格的下拉列表框中选择“行标题”；在“课程名”字段下的“总计”单元格的下拉列表框中选择 Group By，在“交叉表”单元格的下拉列表框中选择“列标题”；在“成绩”字段下的“总计”单元格的下拉列表框中选择“合计”，在“交叉表”单元格的下拉列表框中选择“值”，如图 10-10 所示。

(5) 单击“运行”按钮，查询的结果集如图 10-9 所示。

(6) 保存查询为“学生各科成绩查询”。

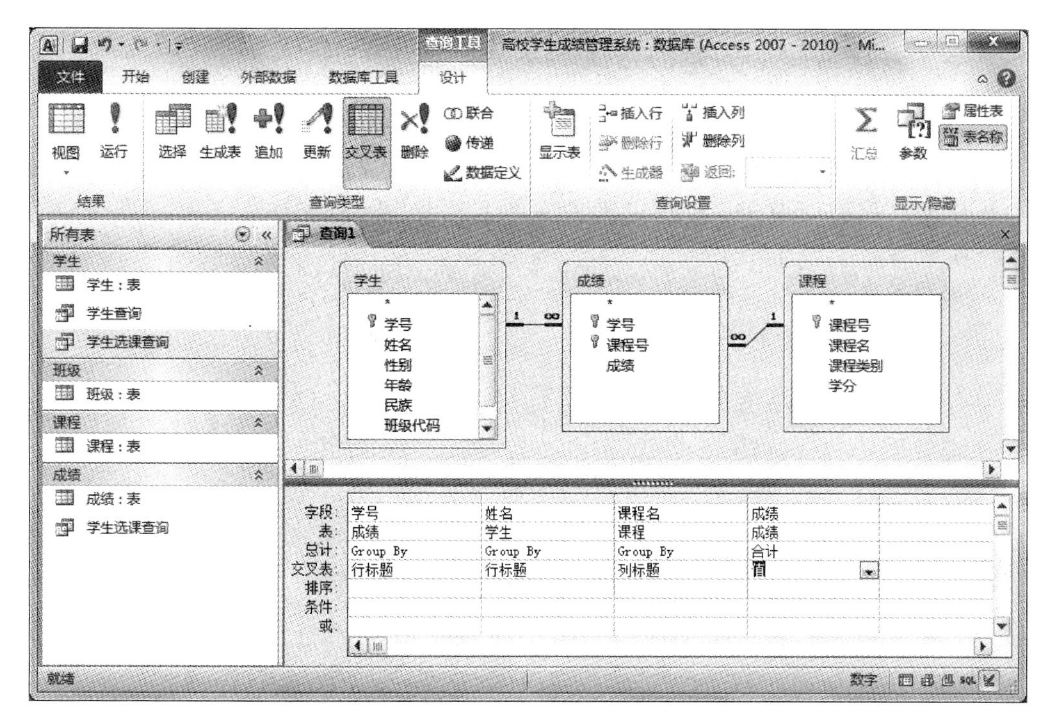

图 10-10　查询设置

☎知识要点分析

(1) 本案例属于交叉表查询。

(2) 交叉表查询是一种特殊的合计查询类型，可以使数据按电子表格的方式显示查询结果集，这种显示方式在水平与垂直方向同时对数据进行分组，使数据的显示更为紧凑。

(3) 在交叉表查询的设计视图中，"交叉表"栏的下拉列表有 4 个选项，如图 10-11 所示，其含义分别如下。

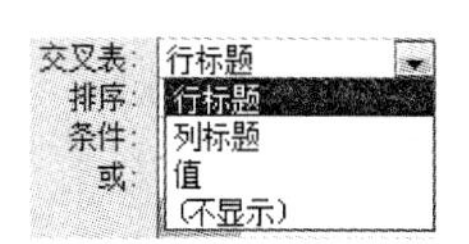

图 10-11　"交叉表"栏的下拉列表

① 行标题：设置为行标题字段中的数据将作为交叉表的行标题，一个交叉表查询中可以有不超过三个行标题。

② 列标题：设置为列标题字段中的数据将作为交叉表的列标题，一个交叉表查询中只能有一个字段作为列标题。

③ 值：设置为值的字段是交叉表中行列标题相交单元格的显示内容，在一个交叉表查询中只能有一个字段作为值。

④ 不显示：设置为不显示的字段内容将不会出现在交叉表查询结果集中。如果用户不希望显示作为查询的筛选条件的字段，那么该字段所对应的总计栏一般设置为 Expression，交叉表栏设置为不显示。在一个交叉表查询中可以有多个字段设置为不显示。

10.3.3　为数据库增加新的数据表

案例描述

使用查询为“高校学生成绩管理系统”数据库生成一个名为“企业策划成绩”的数据表，其中包括“成绩”表中的“学号”、“成绩”字段，“学生”表中的“姓名”字段，“课程”表中“课程名”字段。

最终效果

本案例的最终效果如图 10-12 所示。

图 10-12　生成的“企业策划成绩”表

案例实现

(1) 打开“高校学生成绩管理系统”数据库后，打开“设计视图”窗口，并选择“学生”表、“成绩”表和“课程”表后，设置其中各项，如图 10-13 所示。

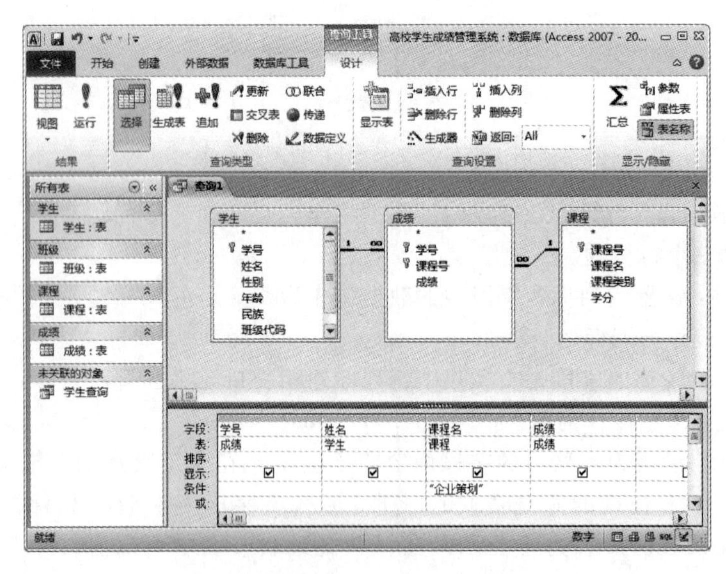

图 10-13　查询设置

(2) 切换到数据表视图，可以看到查询结果如图 10-14 所示。

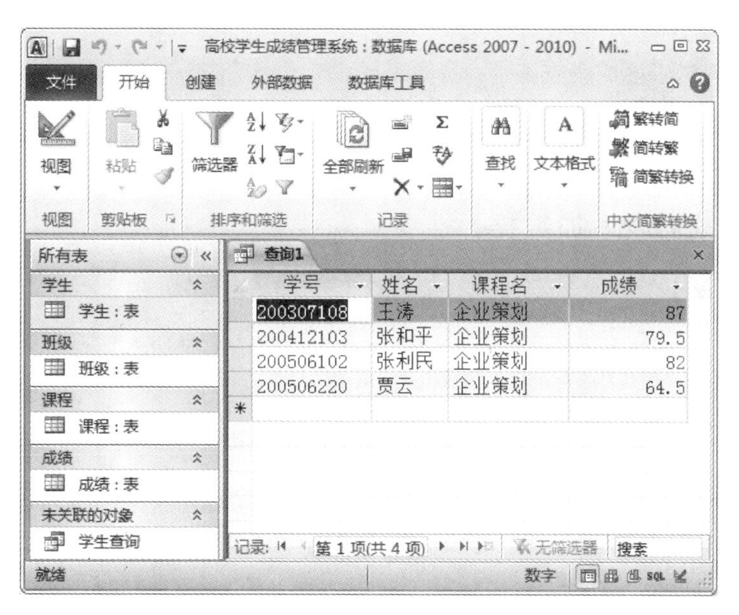

图 10-14　选择查询的结果

(3) 回到设计视图。为了把选择查询的结果集以数据表的形式保存起来，只要单击“设计”选项卡“查询类型”组中的“生成表”按钮即可。

(4) 在出现的对话框中输入生成的新表名字为“企业策划成绩”，如图 10-15 所示，单击“确定”按钮。

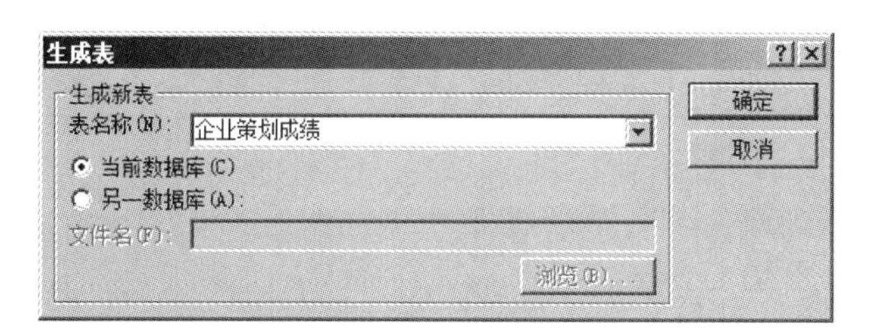

图 10-15　“生成表”对话框

(5) 单击“运行”按钮，出现如图 10-16 所示的对话框。

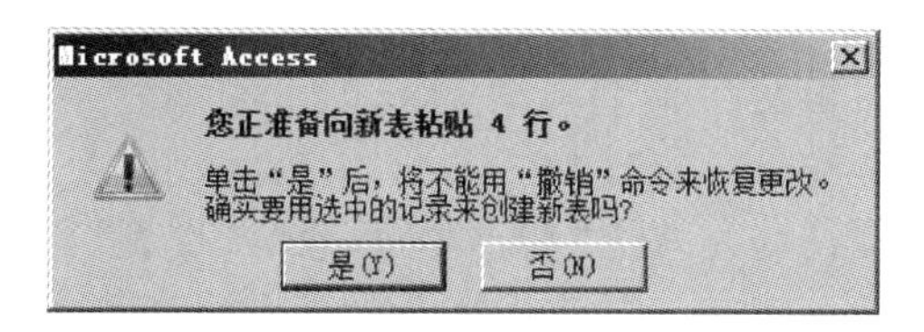

图 10-16　创建新表确认对话框

(6) 单击“是”按钮，完成表的创建。

(7) 关闭设计视图窗口，保存设计的查询为“生成企业策划”。

(8) 在数据库的左侧“所有表”列表框中，可以看到新生成的名为“企业策划成绩”的数据表。

☎知识要点分析

(1) 本案例属于生成表查询。

(2) 通过对多个表的数据进行组织以生成一个新的数据表。

(3) 事先应建立表间的关系。

10.3.4 为数据表追加数据

📖案例描述

为“高校学生成绩管理系统”数据库的“企业策划成绩”数据表，追加“大学语文”的成绩信息，并保存查询为“生成企业策划和大学语文”。

🖵最终效果

本案例的最终效果如图 10-17 所示。

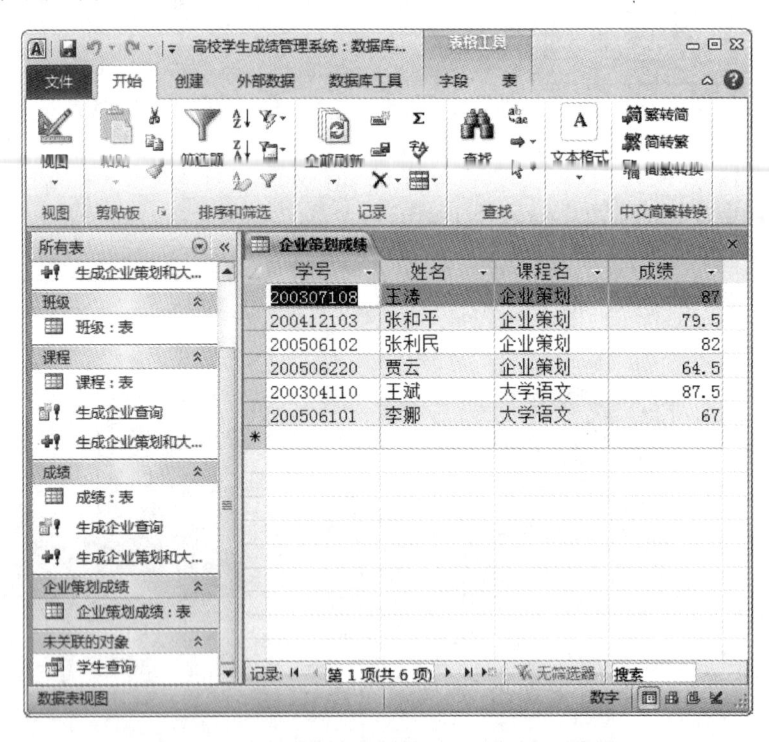

图 10-17 追加数据后的“企业策划成绩”数据表

✍案例实现

(1) 打开“高校学生成绩管理系统”数据库后，在“所有表”列表框中，指向“生成企业策划”查询，单击鼠标右键后在弹出的快捷菜单中选择“设计视图”按钮，在设计视图中打开该对象。

(2) 将其另存为“生成企业策划和大学语文”。

(3) 修改课程名称的条件为“大学语文”。

(4) 单击“设计”选项卡“查询类型”组中的“追加”按钮，在打开的“追加”对话框中进行如图 10-18 所示的设置。

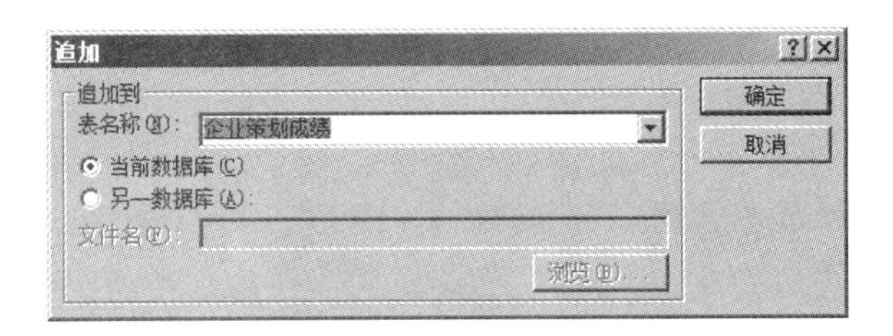

图 10-18 “追加”对话框

(5) 单击“确定”按钮后，创建的追加查询设计如图 10-19 所示。

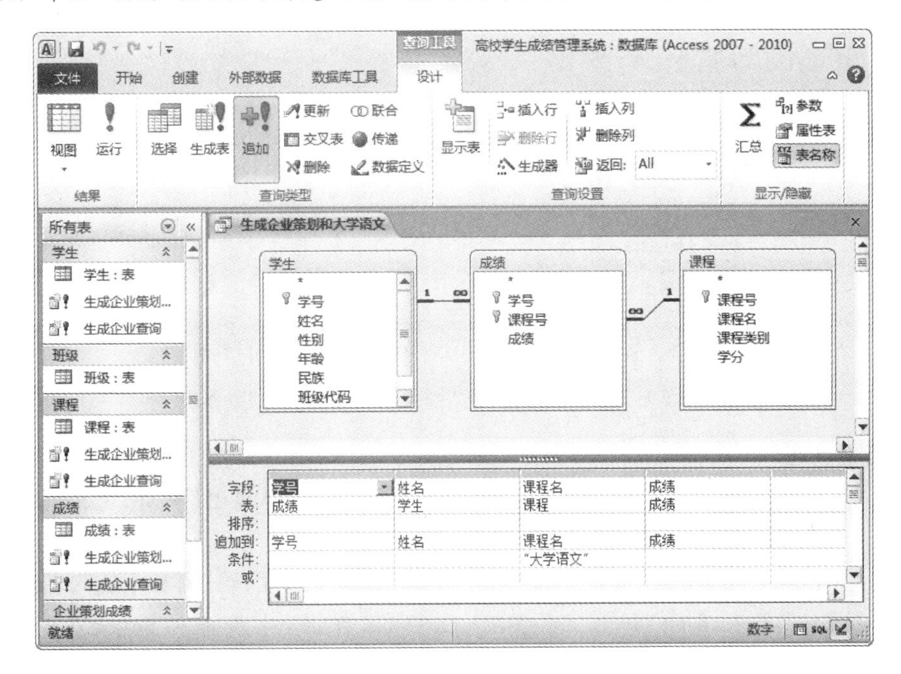

图 10-19 查询设置

(6) 单击“运行”按钮，在弹出的“追加”提示框中单击“是”按钮，将符合条件的一组记录追加到指定的数据表中。

(7) 关闭并保存追加查询。

(8) 在表对象中，双击“企业策划成绩”数据表会看到增加的记录，如图 10-17 所示。

☎知识要点分析

(1) 本案例属于追加查询。

(2) 有时需要为某个表添加符合一定条件的一批记录，这类工作就可以通过追加查询操作来完成。

10.3.5 删除数据表的数据

🕮案例描述

删除“高校学生成绩管理系统”数据库中的“企业策划成绩”表中课程名是“大学语文”的记录。

□最终效果

本案例的最终效果如图 10-20 所示。

图 10-20　删除“大学语文”后的“企业策划成绩”数据表

✍案例实现

(1) 打开“高校学生成绩管理系统”数据库后，打开“设计视图”窗口，选择“企业策划成绩”表。

(2) 单击“设计”选项卡“查询类型”组中的“删除”按钮，在设计网格中插入“删除”行。

(3) 填加数据表名和“课程名”字段，设置“课程名”字段条件为“大学语文”，如图 10-21 所示。

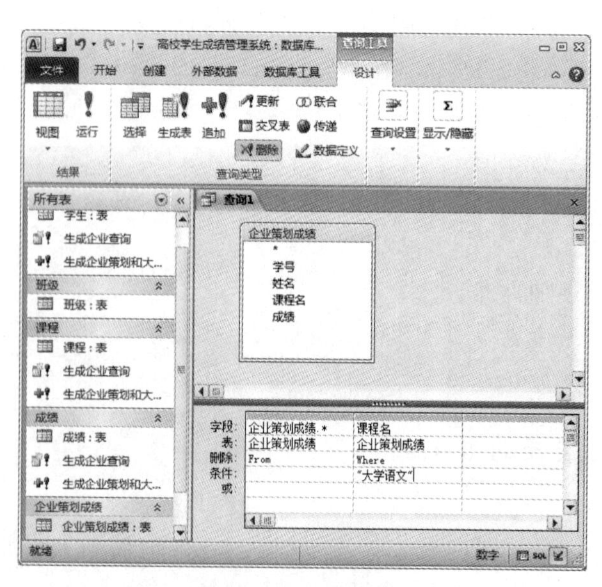

图 10-21　查询设置

(4) 切换为“数据表视图”，预览删除查询检索到的一组记录，如图 10-22 所示。

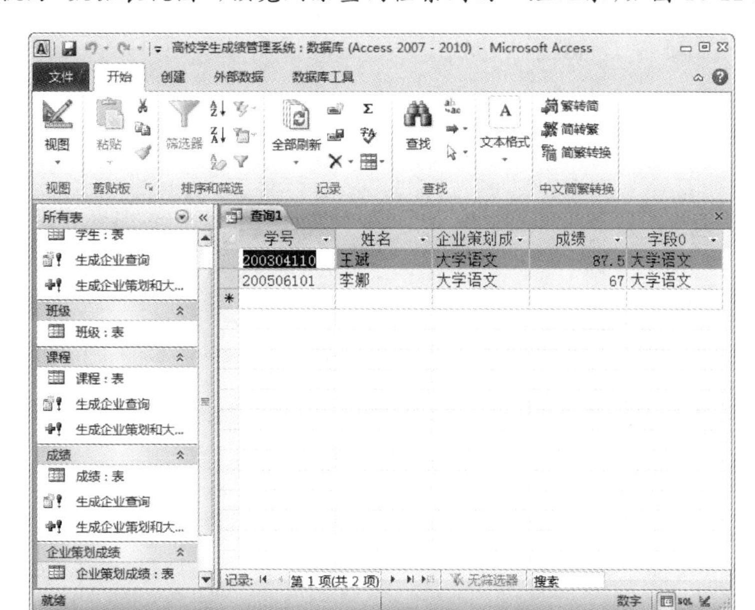

图 10-22 预览即将删除的记录

(5) 回到“设计视图”，单击“运行”按钮，出现删除记录的提示框。单击“是”按钮，开始删除设置的记录，保存查询为“删除大学语文”。

(6) 打开“企业策划成绩”表，会看到“课程名”为“大学语文”的记录全部被删除。

☎知识要点分析

(1) 本案例属于删除查询。

(2) 删除查询可以成批删除数据表中的某类记录。

10.3.6 更新数据表中的数据

🕮案例描述

将“高校学生成绩管理系统”数据库中的“企业策划成绩”表中“张利民”的课程名改为“数据库原理”。

最终效果

本案例的最终效果如图 10-23 所示。

✍案例实现

(1) 打开“高校学生成绩管理系统”数据库后，打开“设计视图”窗口，选择“企业策划成绩”表。

(2) 单击“设计”选项卡“查询类型”组中的“更新”按钮，在设计网格中插入“更新到”行。

(3) 将“姓名”字段添加到查询字段中后，条件设置为“张利民”。

(4) 将“课程名”字段添加到查询字段中后，“更新到”设置为“数据库原理”，如图 10-24 所示。

图 10-23　更新后的“企业策划成绩”数据表

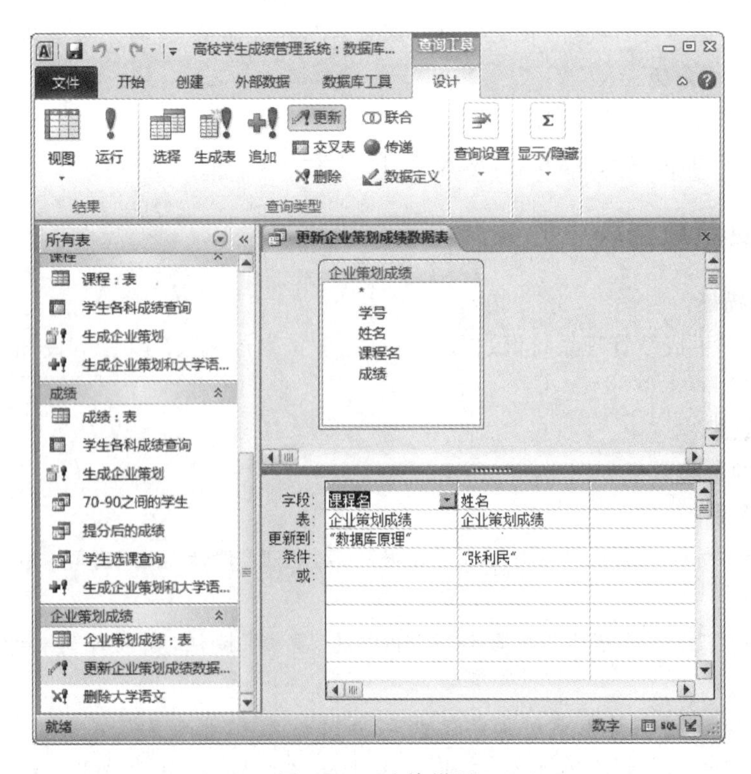

图 10-24　查询设置

(5) 单击“运行”按钮,出现准备更新的提示框。

(6) 单击“是”按钮,完成记录的更新。

(7) 打开“企业策划成绩”表,如图 10-23 所示,可以看到原记录已经按照设置的条件更新了。

(8) 保存查询为“更改企业策划成绩数据表”。

☎知识要点分析

(1) 本案例属于更新查询。

(2) 当需要成批修改表中的数据时,可以使用更新查询来提高工作效率。

10.3.7 SELECT 语句使用选择列表示例

🕮案例描述

查询“高校学生成绩管理系统”数据库中的“学生”表中全体学生的姓名和班级代码。

🖳最终效果

本案例的最终效果如图 10-25 所示。

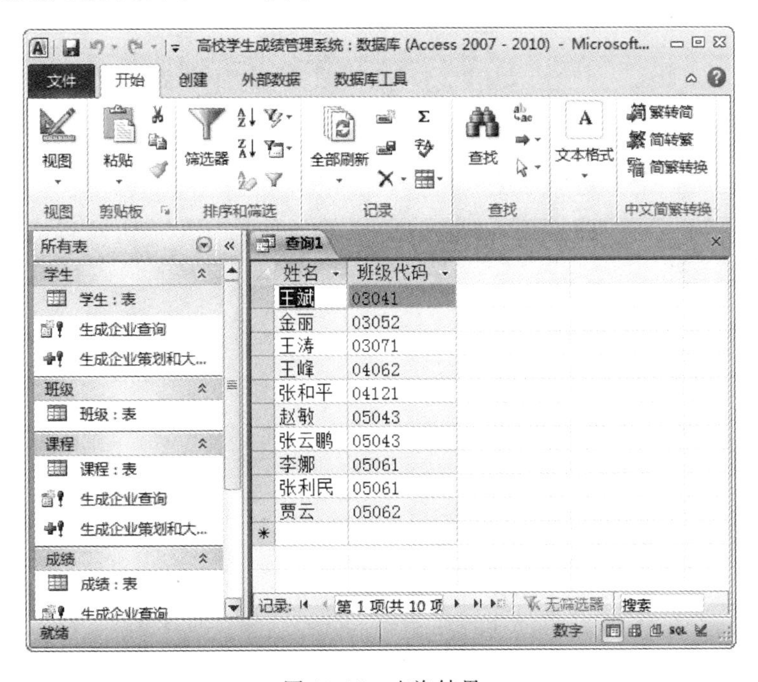

图 10-25 查询结果

✍案例实现

(1) 打开“高校学生成绩管理系统”数据库后,单击“创建”选项卡“查询”组中的“查询设计”按钮后,关闭“显示表”对话框,进入设计视图。

(2) 单击“设计”选项卡“结果”组中的 SQL 按钮,切换为 SQL 视图。

(3) 输入如下语句:

```
SELECT 姓名,班级代码
FROM 学生
```

(4) 单击"运行"按钮,结果如图 10-25 所示。

☎知识要点分析

(1) 选择列表用于定义 SELECT 语句的结果集中的列。

(2) 选择列表是一系列以逗号分隔的表达式,每个表达式定义结果集中的一列。

(3) 结果集中列的排列顺序与选择列表中表达式的排列顺序相同。

10.3.8 SELECT 语句使用 WHERE 子句示例

🕮案例描述

查询"高校学生成绩管理系统"数据库中的"学生"表中所有男生的姓名、性别和年龄。

🖳最终效果

本案例的最终效果如图 10-26 所示。

图 10-26 查询结果

✍案例实现

(1) 打开"高校学生成绩管理系统"数据库后,单击"创建"选项卡"查询"组中的"查询设计"按钮后,关闭"显示表"对话框,进入设计视图。

(2) 单击"设计"选项卡"结果"组中的 SQL 按钮,切换为 SQL 视图。

(3) 输入如下语句:

```
SELECT 姓名,性别,年龄
FROM 学生
WHERE 性别='男'
```

(4) 单击"运行"按钮,结果如图 10-26 所示。

☎**知识要点分析**

(1) SELECT 语句中的 WHERE 子句可以控制用于生成结果集的源表中的行。

(2) WHERE 子句指定一系列搜索条件，只有那些满足搜索条件的行才用于生成结果集。

10.3.9 SELECT 语句使用聚合函数和 GROUP BY 子句示例

🕮案例描述

统计“高校学生成绩管理系统”数据库中的“成绩”表中每门课程的平均成绩。

🖳最终效果

本案例的最终效果如图 10-27 所示。

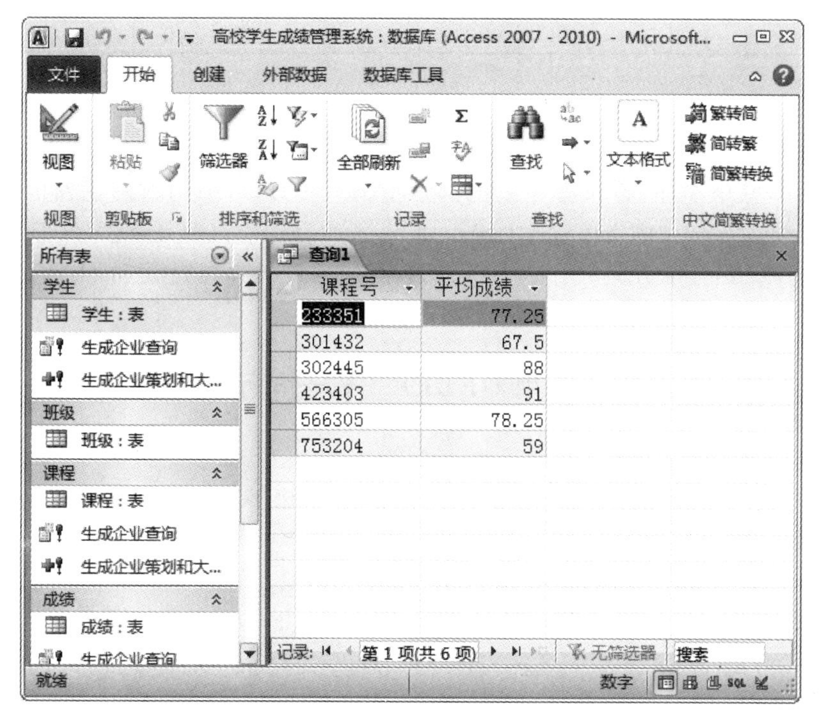

图 10-27　查询结果

✍**案例实现**

(1) 打开“高校学生成绩管理系统”数据库后，单击“创建”选项卡“查询”组中的“查询设计”按钮后，关闭“显示表”对话框，进入设计视图。

(2) 单击“设计”选项卡“结果”组中的 SQL 按钮，切换为 SQL 视图。

(3) 输入如下语句：

```
SELECT 课程号,AVG(成绩) as 平均成绩
FROM 成绩
GROUP BY 课程号
```

(4) 单击“运行”按钮，结果如图 10-27 所示。

☎知识要点分析

(1) 聚合函数经常与SELECT语句的GROUP BY子句一起使用,实现对表中数据的分组统计。

(2) 聚合函数对一组值执行计算,并返回单个值。

(3) 常用的聚合函数如表10-2所示。

表10-2 常用的聚合函数

函 数 名	功 能
SUM	求某一列值的总和
AVG	求某一列的平均值
COUNT	计数
MAX	求某一列值中的最大值
MIN	求某一列值中的最小值

其中,AVG和SUM函数的参数类型必须是整型、浮点型、实型或货币型,其他函数的参数还可以是非数值型数据,例如字符串。SUM、AVG、MIN、MAX函数对参数中的空值(NULL)忽略不计,若所有参数值都是空值(NULL),则函数的返回值是NULL。COUNT函数对参数中的空值(NULL)不计数,若所有参数值都是空值(NULL),则函数的返回值是0。聚合函数只能作为SELECT语句的目标列表达式和HAVING子句的参数。

10.3.10 SELECT语句使用ORDER BY子句示例

📖案例描述

对"高校学生成绩管理系统"数据库中的"学生"表按年龄从大到小排序。

💻最终效果

本案例的最终效果如图10-28所示。

✍案例实现

(1) 打开"高校学生成绩管理系统"数据库后,单击"创建"选项卡"查询"组中的"查询设计"按钮后,关闭"显示表"对话框,进入设计视图。

(2) 单击"设计"选项卡"结果"组中的SQL按钮,切换为SQL视图。

(3) 输入如下语句:

```
SELECT *
FROM 学生
ORDER BY 年龄 DESC
```

(4) 单击"运行"按钮,结果如图10-28所示。

☎知识要点分析

(1) ORDER BY子句按一列或多列(最多8060个字节)对查询结果进行排序。

(2) ORDER BY子句后也可以是列的序号。

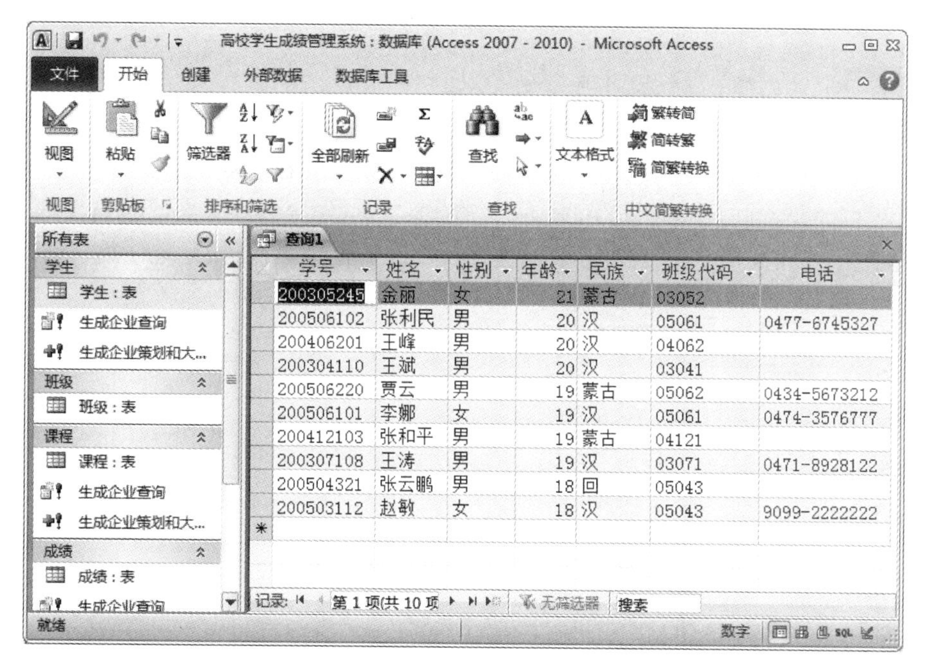

图 10-28　查询结果

10.3.11　SELECT 语句使用 UNION 子句示例

案例描述

合并“高校学生成绩管理系统”数据库中“学生”表中对学号的查询结果集和“成绩”表中对学号的查询结果集，保留重复的数据行。

最终效果

本案例的最终效果如图 10-29 所示。

案例实现

(1) 打开“高校学生成绩管理系统”数据库后，单击“创建”选项卡“查询”组中的“查询设计”按钮后，关闭“显示表”对话框，进入设计视图。

(2) 单击“设计”选项卡“结果”组中的 SQL 按钮，切换为 SQL 视图。

(3) 输入如下语句：

```
SELECT 学号
FROM 学生
UNION ALL
SELECT 学号
FROM 成绩
```

(4) 单击“运行”按钮，结果如图 10-29 所示。

知识要点分析

(1) 可以用 UNION 子句将两个或多个查询结果集合并为一个结果集，最终结果集中包含所有查询结果集中相异的数据行。

(2) 也可以用 UNION AII 保留重复的数据行。

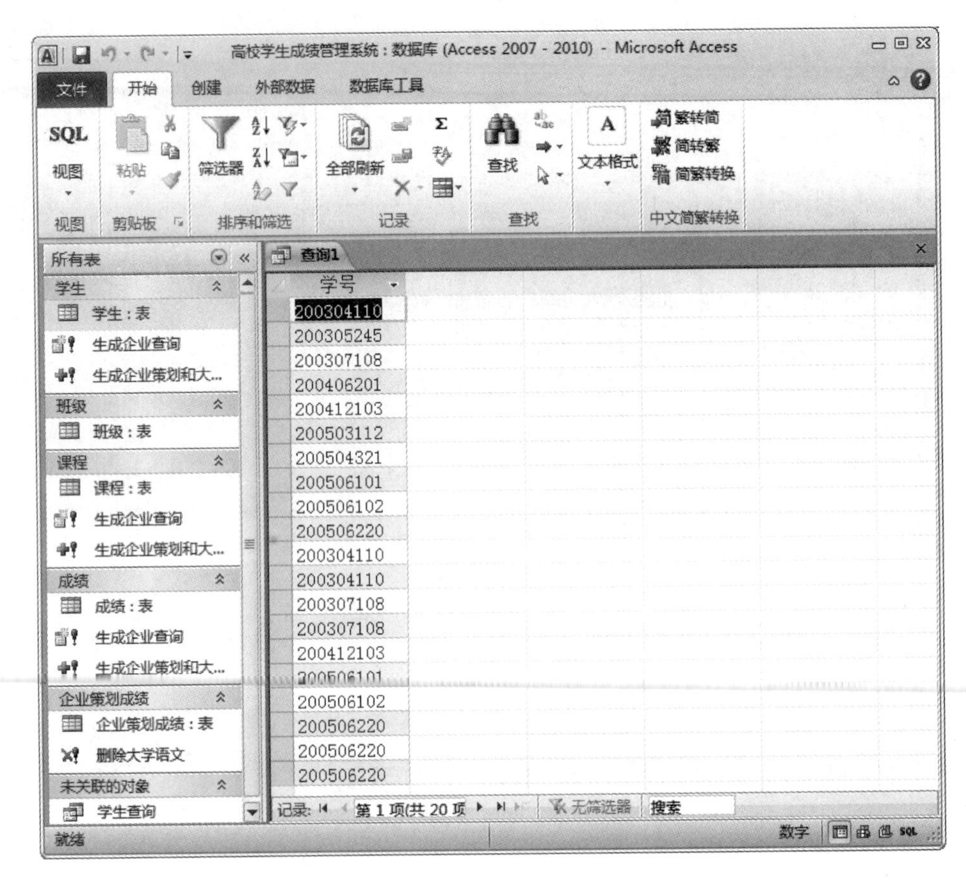

图 10-29 查询结果

10.3.12 SELECT语句实现多表查询示例

案例描述

查询“高校学生成绩管理系统”数据库中每个学生选修了哪些课程及课程成绩，要求显示“学号”、“姓名”、“课程名”、“成绩”内容。

最终效果

本案例的最终效果如图 10-30 所示。

案例实现

(1) 打开“高校学生成绩管理系统”数据库后，单击“创建”选项卡“查询”组中的“查询设计”按钮后，关闭“显示表”对话框，进入设计视图。

(2) 单击“设计”选项卡“结果”组中的 SQL 按钮，切换为 SQL 视图。

(3) 输入如下语句：

```
SELECT 学生.学号,学生.姓名,课程.课程名,成绩.成绩
FROM 学生,成绩,课程
WHERE 学生.学号=成绩.学号 and 成绩.课程号=课程.课程号
```

(4) 单击“运行”按钮，结果如图 10-30 所示。

图 10-30　查询结果

☎知识要点分析

(1) 连接条件也可以由 JOIN…ON…实现。以上语句等价于：

```
SELECT 成绩.学号, 学生.姓名, 课程.课程名, 成绩.成绩
FROM 课程 INNER JOIN (学生 INNER JOIN 成绩 ON 学生.学号 = 成绩.学号) ON 课程.课程号 = 成绩.课程号
```

(2) 在多表连接时,有些列名可能不只属于一个表,所以要指定其所属表名,当表名很长时,也可以在 FROM 子句中为表直接指定别名,这样在所有需要为列名指定所属的表名的位置上就都可以用表的别名来替代了。若引用的列名是某个表独有的,也可以直接写其列名。如上例可以等价于输入语句:

```
SELECT a.学号,a.姓名,c.课程名,b.成绩
FROM 学生 a,成绩 b,课程 c
WHERE a.学号=b.学号 and b.课程号=c.课程号
```

10.3.13　利用 SQL 语句为数据表插入记录

🕮案例描述

为"高校学生成绩管理系统"数据库中的"学生"表插入一个新记录。

最终效果

本案例的最终效果如图 10-31 所示。

✍案例实现

(1) 打开"高校学生成绩管理系统"数据库后,单击"创建"选项卡"查询"组中的"查询设计"按钮后,关闭"显示表"对话框,进入设计视图。

(2) 单击"设计"选项卡"结果"组中的 SQL 按钮,切换为 SQL 视图。

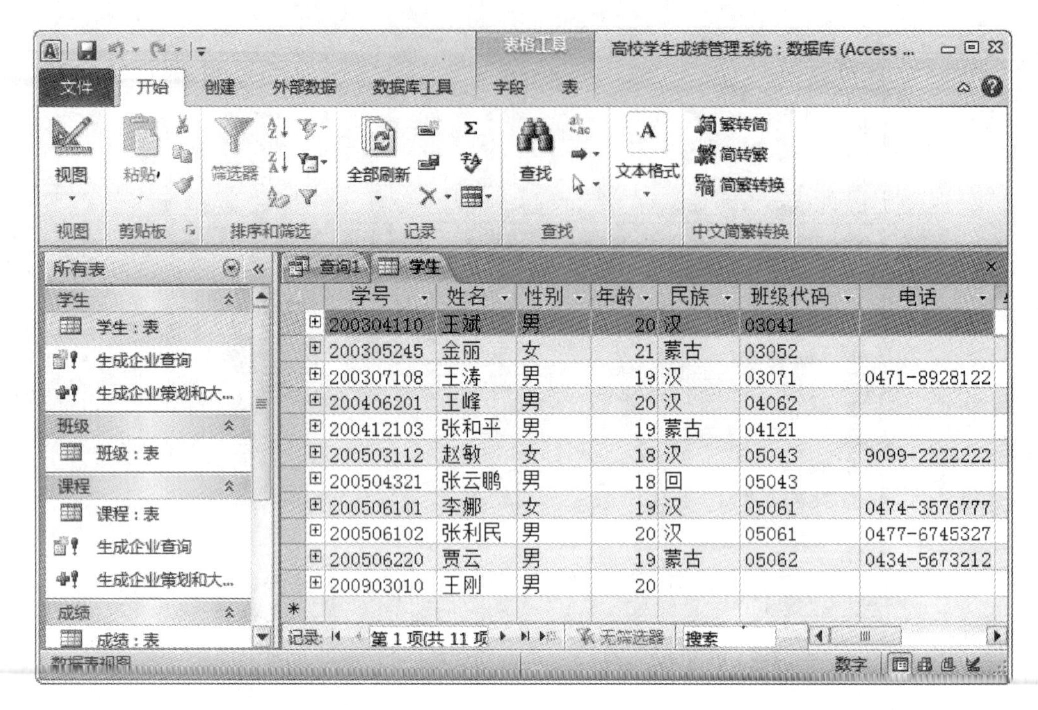

图 10-31　插入新记录的“学生”表

(3) 输入如下语句：

```
INSERT
INTO 学生(学号,姓名,性别,年龄)
VALUES('200903010','王刚','男',20)
```

(4) 单击“运行”按钮，在打开的对话框中选择“是”即可。打开“学生”表，结果如图 10-31 所示。

☎知识要点分析

(1) 对于 INTO 子句中没有出现的字段名，新记录在这些列上将取空值。

(2) 可以省略字段名，为每个字段输入值。

10.3.14　利用 SQL 语句更新数据表的记录

🕮案例描述

将“高校学生成绩管理系统”数据库中的“学生”表中“姓名”为“王刚”的记录的“年龄”改为 40。

最终效果

本案例的最终效果如图 10-32 所示。

✍案例实现

(1) 打开“高校学生成绩管理系统”数据库后，单击“创建”选项卡“查询”组中的“查询设计”按钮后，关闭“显示表”对话框，进入设计视图。

(2) 单击“设计”选项卡“结果”组中的 SQL 按钮，切换为 SQL 视图。

图 10-32　更新记录后的“学生”表

(3) 输入如下语句：

```
UPDATE 学生
SET 年龄=40
WHERE 姓名='王刚'
```

(4) 单击“运行”按钮，在打开的对话框中选择“是”即可。打开“学生”表，结果如图 10-32 所示。

☎知识要点分析

(1) 对满足条件的记录也可以修改其多个字段的内容。

(2) 省略 WHERE 子句，则要修改表中所有记录。

10.3.15　利用 SQL 语句删除数据表的记录

🕮案例描述

删除“高校学生成绩管理系统”数据库中的“学生”表中“姓名”为“王刚”的记录。

🖳最终效果

本案例的最终效果如图 10-33 所示。

✍案例实现

(1) 打开“高校学生成绩管理系统”数据库后，单击“创建”选项卡“查询”组中的“查询设计”按钮后，关闭“显示表”对话框，进入设计视图。

(2) 单击“设计”选项卡“结果”组中的 SQL 按钮，切换为 SQL 视图。

(3) 输入如下语句：

```
DELETE
FROM 学生
WHERE 姓名='王刚'
```

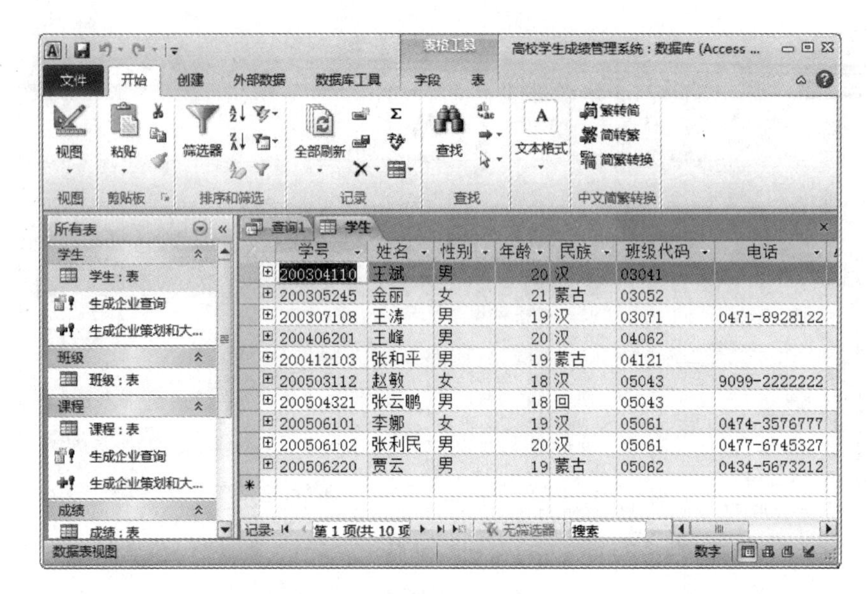

图 10-33　删除记录后的“学生”表

(4) 单击“运行”按钮，在打开的对话框中选择“是”即可。打开“学生”表，结果如图 10-33 所示。

10.4 本章课外实验

10.4.1 在设计视图下查询分数在 70～90 之间的学生信息

在“高校学生成绩管理系统”数据库中，创建成绩在 70～90 之间的学生查询。要求包括“学号”、“姓名”、“成绩”字段，保存为“70～90 之间的学生”查询，查询结果如图 10-34 所示。

图 10-34　查询结果

10.4.2　在设计视图下查询回族的男生信息

利用参数查询，在“高校学生成绩管理系统”数据库中，查找“学生”表中回族的男生信息，设置查询的名称为“参数查询”。

需要输入查询信息的对话框如图 10-35 和图 10-36 所示。

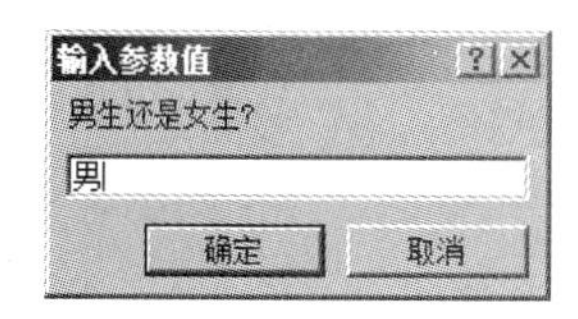

图 10-35　输入性别对话框

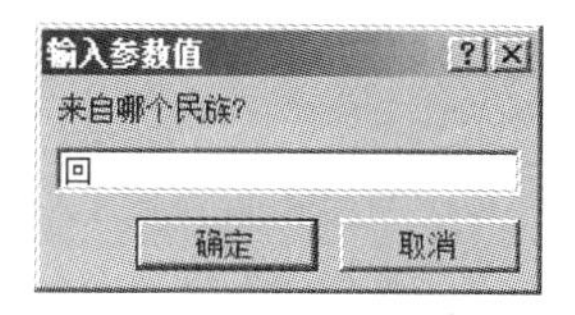

图 10-36　输入民族对话框

查询结果如图 10-37 所示。

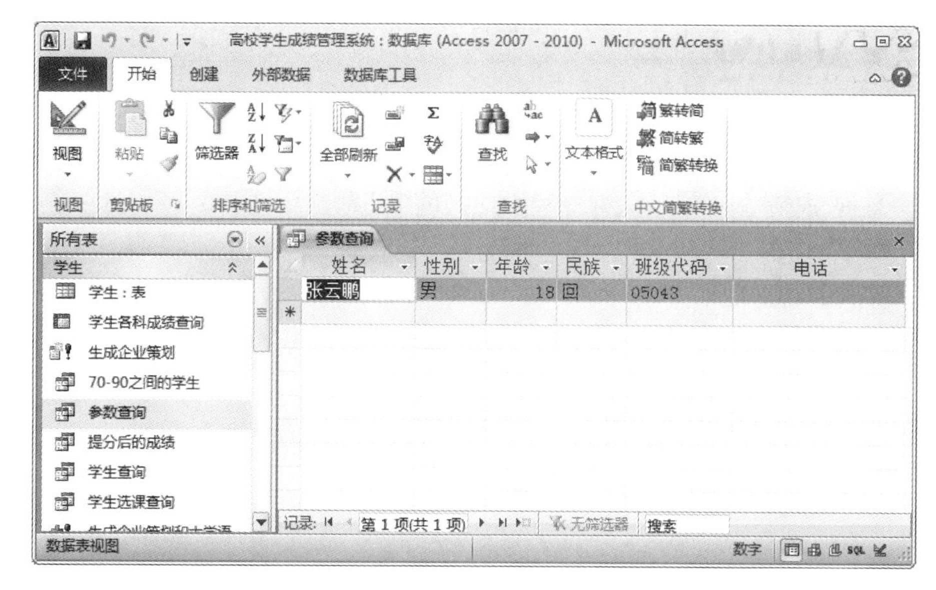

图 10-37　查询结果

10.4.3　在设计视图下查询“贾云”同学各科提 5 分后的成绩信息

在“高校学生成绩管理系统”数据库中，创建“贾云”同学的各科成绩查询，要求包括“学号”、“姓名”、“各科成绩”字段(各科成绩=[成绩]+5)。设置查询的名称为“提分后的成绩”，查询结果如图 10-38 所示。

10.4.4　在“高校学生成绩管理系统”数据库中用 SQL 语句查询

(1) 查询“学生”表中的所有信息。

(2) 查询“成绩”表中的成绩和增加 5 分后的成绩，并且将增加 5 分后的成绩列命名为“新成绩”。

(3) 查询“成绩”表中所有选课学生的学号，去掉重复行。

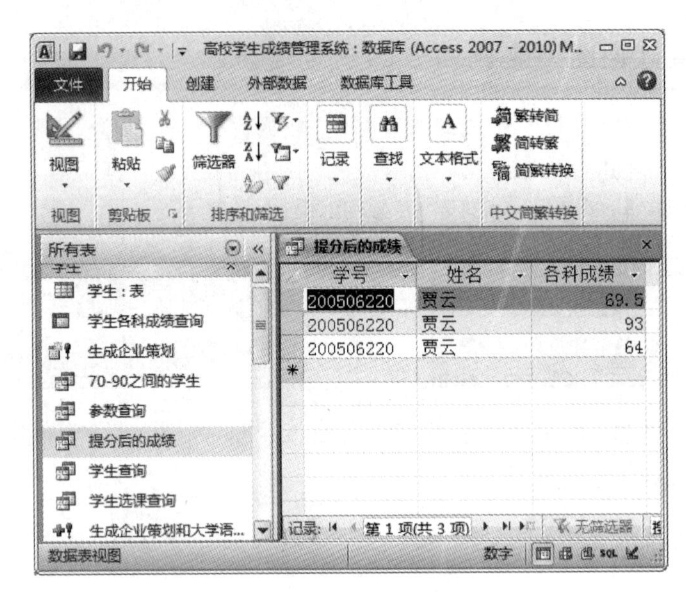

图 10-38　查询结果

(4) 查询“学生”表中前 5 个学生的姓名。

(5) 查询“成绩”表中成绩在 60～80 分之间的学生的学号和成绩。

(6) 统计“成绩”表中的最高分和最低分。

(7) 统计“学生”表中男生总人数。

(8) 统计“学生”表中男女生总人数。

(9) 在“成绩”表中对成绩大于 65 的学生按学号分组，统计其选课数多于 1 且平均成绩大于 75 分的学生的学号、选课数和平均成绩。

(10) 查询学习“企业策划”课程的学生的姓名和成绩，并把结果集按成绩降序排列。

第11章　Visual Basic与Access数据库编程

本章说明

作为美国微软公司旗下一款优秀的计算机编程开发工具，Visual Basic在数据库应用开发方面的能力十分强大。微软公司设计了多种数据库访问方法，在以往开发环境的基础上，增加了功能强大的ADO作为存取数据的新标准，不但能够灵活、方便地实现数据库的各种操作，同时还支持多种数据库类型。目前，Visual Basic被广泛地用作大型公司数据库和客户机/服务器应用程序的前台开发工具，与后台的数据库技术相结合，提供了一个高性能的客户机/服务器方案。

本章主要内容

- 数据库访问技术
- ADO Data控件
- 数据绑定控件

本章拟解决的问题

(1) 如何在 Visual Basic 和 Access 数据库间建立联系?

(2) 如何设置 ADO Data 控件的属性?

(3) ADO Data 控件的 Recordset 对象的属性和方法有哪些?

(4) 如何设置数据绑定控件的属性?

(5) 如何在 Visual Basic 中显示、编辑和查询 Access 数据库中的数据?

11.1 数据库访问技术

在开发 Visual Basic 数据库应用程序的过程中,通常使用的方法是:先使用数据库管理系统(本书选择 Access)或 Visual Basic 中的可视化数据管理器建立好数据库和数据表,然后在 Visual Basic 程序中通过使用 ADO Data 控件或引用 ADO 对象模型与数据库建立连接,再通过数据绑定控件(例如文本框、DataGrid 等)来对数据库的数据进行各种操作。

1. 数据库的分类

VB 可以访问的数据库有以下 3 类。

(1) JET 数据库:JET 数据库由 JET 数据库引擎直接生成和操作,不仅灵活而且速度快,如 Microsoft Access 和 VB 使用相同的 Jet 数据库引擎。

(2) ISAM 数据库:即索引顺序访问方法数据库,如 Dbase、FoxPro 等。在 VB 中可以生成和操作这些数据库。

(3) ODBC(开放数据库互连)数据库:即遵守 ODBC 标准的客户/服务器数据库,如 SQL Server、Oracle、Sybase 等,VB 可以使用任何支持 ODBC 标准的数据库。

2. 数据库引擎

VB 的数据库引擎是 VB 程序与数据库连接的桥梁,分为以下 3 种。

(1) Jet 数据库引擎:由微软公司提出的专门针对本地数据访问需求的数据库引擎,适用于对 Access、Excel 等各种本地数据源的访问。

(2) ODBC:ODBC 是微软公司开放服务结构中有关数据库的一个组成部分,它建立了一组规范,并提供了一组对数据库访问的标准 API(应用程序编程接口)。这些 API 利用 SQL(结构化查询语言)来完成其大部分任务。ODBC 本身也提供了对 SQL 语言的支持,用户可以直接将 SQL 语句送给 ODBC。一个基于 ODBC 的应用程序对数据库的操作不依赖任何 DBMS(数据库管理系统),不直接与 DBMS 打交道,所有数据库操作由对应的 DBMS 的 ODBC 驱动程序完成。因此 ODBC 能以统一的方式处理所有基于 SQL 的数据库。

(3) OLE DB:作为微软公司的组件对象模型(COM)的一种设计,OLE DB 是一组读写数据的方法。OLE DB 能够以统一的方式访问存储在不同信息源中的数据,包括关系和非关系数据库、电子邮件和文件系统、文本和图形、自定义商业对象等。与 ODBC 相比,OLE DB 提供了访问数据的更大灵活性,且 OLE DB 对 ODBC 具有兼容性,允许 OLE

DB访问现有的ODBC数据源。符合ODBC标准的数据源要符合OLE DB标准，还必须提供相应的OLE DB服务程序，称为ODBC OLE DB Provider。OLE DB主要由数据提供者(Data Providers)、数据使用者(Data Consumers)、服务组件(Service Components)三部分组成。

3．数据访问接口

数据访问接口是一个对象模型，代表了访问数据的各个方面。在VB中可用的数据访问接口有三种：ActiveX数据对象(ADO)、远程数据对象(RDO)和数据访问对象(DAO)。

(1) DAO

数据访问对象DAO是一种应用程序编程接口(API)，存在于微软公司的Visual Basic中，它允许程序员请求对微软公司的Access数据库的访问。DAO是微软公司的第一个面向对象的数据库接口。DAO适用于单系统应用程序或在小范围本地分布使用，其内部已经对Jet数据库和ISAM数据库的访问进行了加速优化，而且其使用起来也是很方便的。所以如果数据库是Access数据库且是本地使用的话，建议使用这种访问方式。VB已经把DAO模型封装成了Data控件，分别设置相应的DatabaseName属性和RecordSource属性就可以将Data控件与数据库中的记录连接起来，以后就可以使用Data控件对数据库进行操作。

(2) RDO

远程数据对象RDO是一个到ODBC的面向对象的数据访问接口，利用RDO和MSRDC，应用程序无须使用本地的查询处理程序即可访问ODBC数据源，因此在访问远程数据库引擎时，可以获得更好的性能与更大的灵活性。RDO的不足之处在于，在访问Jet数据库或ISAM数据库方面仍然有一定的限制，并且它只能通过现存的ODBC驱动程序来访问关系数据库。尽管如此，RDO仍不失为大型关系数据库开发者经常选用的最佳接口。RDO提供了用来访问存储过程和复杂结果集的更多和更复杂的对象、属性，以及方法。和DAO一样，在VB中也把其封装为RDO控件了，其使用方法与DAO控件的使用方法完全相同。

(3) ADO

ActiveX数据对象ADO是Microsoft推出的功能强大的、独立于编程语言的、可以访问任何种类数据源的数据访问接口，它是目前最新的、功能最强的接口，它比较简单但很灵活和实用。

在Visual Basic中，用ADO数据控件或对象模型建立起和数据库的连接，但是数据控件本身并不能直接显示表中的数据，而必须通过数据绑定控件来实现。常用的数据绑定控件有文本框、标签、数据列表框、数据组合框和数据网格等。

11.2 ADO Data控件

ADO是ActiveX数据对象，通过ADO数据对象与数据库建立连接有两种方法，一种方法是通过ADO Data控件建立连接，另一种方法是利用ADO对象模型与数据库建立连接。

11.2.1 ADO Data 控件的常用属性、事件和方法

由于 ADO Data 控件不是 VB 的内部控件，因此在使用前必须将其添加到工具箱中。在工具箱任意空白处单击鼠标右键，选择快捷菜单中的"部件"命令，在弹出的"部件"对话框选中 Microsoft ADO Data Control 6.0(SP6)(OLEDB)复选框，如图 11-1 所示，单击"确定"按钮，就可以将 ADO Data 控件(Adodc)添加到工具箱中。

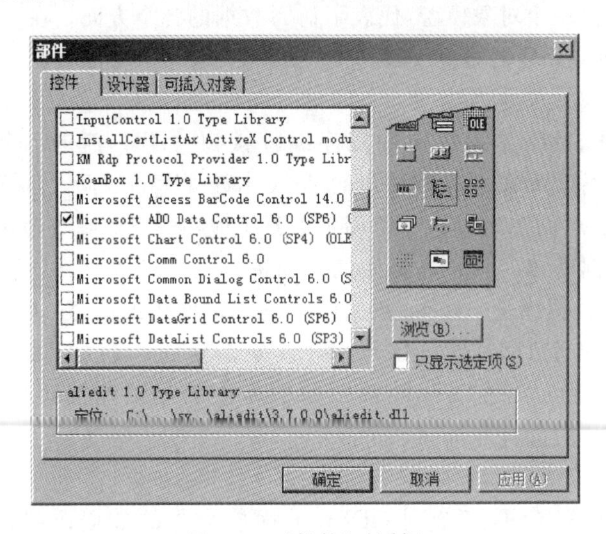

图 11-1 "部件"对话框

在窗体上绘制 ADO Data 控件，其外观如图 11-2 所示，两端的 4 个按钮分别用于实现记录指针的移动，从左至右依次为 MoveFirst(移动到首记录)、MovePrevious(移动到前一条)、MoveNext(移动到下一条)和 MoveLast(移动到最后一条)，中间的区域为标题区，用以显示 ADO Data 控件的标题(Caption)。

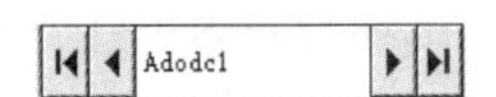

图 11-2 实例化的 ADO Data 控件

将 ADO Data 控件添加到窗体后，就可以设置它的属性，进行数据库应用程序的开发。ADO Data 控件的核心属性有三个：ConnectionString、RecordSource 和 CommandType。其中，ConnectionString 属性用于定义 ADO Data 控件和数据库连接的连接字符串，通过这个连接字符串可以实现 ADO Data 控件和 OLE DB Provider 支持的数据库的连接；RecordSource 指出了可以操作的记录源；CommandType 用于说明这个记录源类型，可以是一张表，一个存储过程或者 SQL 命令生成的结果集。设置了这些属性后，就得到了 ADO Data 控件的 RecordSet 对象。通过 RecordSet 对象的各种属性、方法和事件，就可以管理、维护和使用数据库中的数据。

1. ADO Data 控件的常用属性

(1) ConnectionString 属性

ConnectionString 是 ADO Data 控件第一个必须要设置的属性，它是一个字符串，包

含用来建立到数据源的连接信息。它可以是 Data Link 文件(.UDL)、ODBC 数据资源(.DSN)或连接字符串，当连接打开时，ConnectionString 属性为只读。该字符串包含驱动程序、提供者、服务器名称、用户标识、登录密码以及要连接的默认数据库等信息。

设置 ConnectionString 属性时，可以选定控件后，在属性窗口中单击 ConnectionString 右侧的按钮 ...，出现“属性页”对话框，如图 11-3 所示。

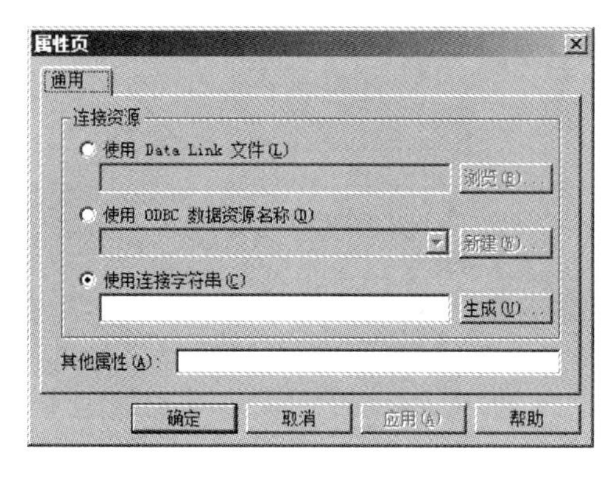

图 11-3 “属性页”对话框

设置连接属性，可以选择 3 种连接资源。

① 选择“使用 Data Link 文件”选项。

如果已经创建了一个 Microsoft 数据链接文件(.UDL)并设置好相应的链接属性，在图 11-3 中单击“浏览”按钮，打开如图 11-4 所示的“选择数据链接文件”对话框，找到存储在计算机上的扩展名为.UDL 的文件，将其打开即可。如果没有预先建立好数据链接文件，则在打开的“选择数据链接文件”对话框的文件列表框空白处单击鼠标右键，新建一个数据链接文件(可以先建立一个其他类型的文件，再将其扩展名改为.UDL 类型)，然后设置链接属性后选择。

图 11-4 “选择数据链接文件”对话框

设置数据链接文件的属性，具体就是设置数据的提供程序（这里是 Microsoft Office 12.0 Access Database Engine OLE DB Provider）、链接属性中要登录的服务器名称、登录用户名和密码、服务器上的数据库等信息。具体操作如下。

（a）在对应的文件上单击鼠标右键，在弹出的快捷菜单中选择“属性”命令，出现如图 11-5 所示的对话框。

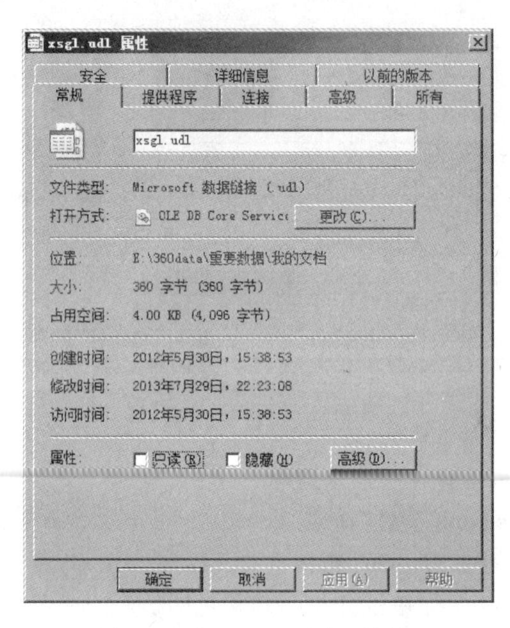

图 11-5　“xsgl.udl 属性”对话框

（b）打开“提供程序”选项卡后，在“选择您希望连接的数据”列表中选择 Microsoft Office 12.0 Access Database Engine OLE DB Provider，如图 11-6 所示。

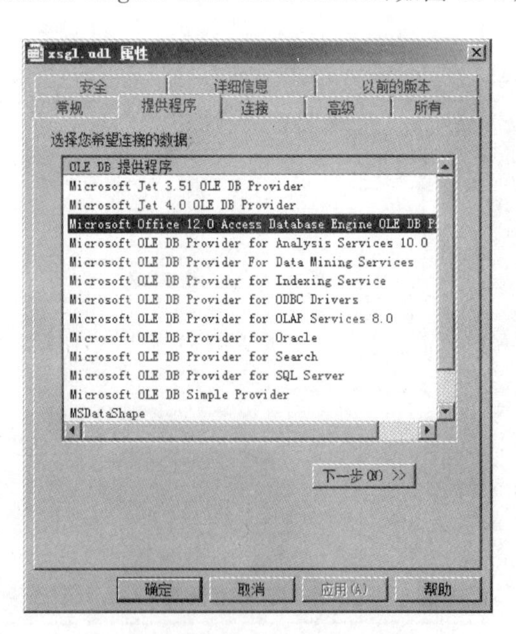

图 11-6　“提供程序”选项卡的设置

(c) 打开“连接”选项卡，如图 11-7 所示，在“数据源”文本框中输入要连接的 Access 2010 数据库的路径和文件名，单击“测试连接”按钮，如果测试成功，那么到数据源的连接便已建立，单击“确定”按钮，就会返回如图 11-4 所示的“选择数据链接文件”对话框。

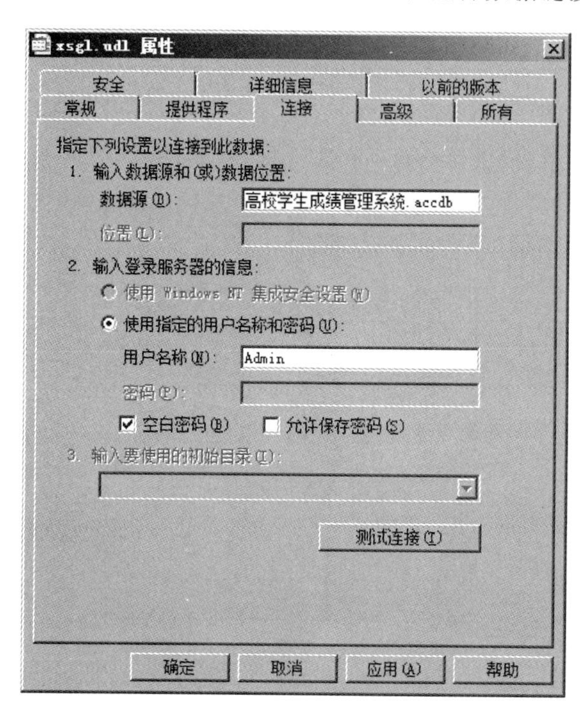

图 11-7 “连接”选项卡的设置

② 选择“使用 ODBC 数据资源名称”选项。

如果在“控制面板”中已经配置好了 ODBC 数据源(在控制面板中单击“系统和安全”→“管理工具”→“数据源(ODBC)”，可以添加一个新的数据源)，可以从下拉列表中直接选择数据源名；否则也可以单击“新建”按钮创建一个 ODBC 数据源(系统数据源)并选择。

③ 选择“使用连接字符串”选项。

单击“生成”按钮后，其后的操作与选择“使用 Data Link 文件”选项时一样。根据用户的选择自动填充“使用连接字符串”文本框，例如：

```
Provider=Microsoft.ACE.OLEDB.12.0;Data Source=C:\Users\SQC\Desktop\资料\高校学生成绩管理系统.accdb;Persist Security Info=False
```

这三种连接方法中，连接字符串使用最为广泛，用 ADO Data 控件建立连接，可以在图 11-3 所示的该方法对应的文本框中直接输入字符串，也可以单击“生成”按钮来生成该字符串；而在用 ADO 对象模型建立连接时，可以在代码中直接输入连接字符串实现连接。

(2) RecordSource 属性和 CommandType 属性

RecordSource 属性确定具体可访问的数据，这些数据构成记录集对象 Recordset。CommandType 属性用于指定 RecordSource 的取值类型，有 4 种选择，如表 11-1 所示。

表 11-1　CommandType 属性的取值及释义

命令类型	说　明
1-AdCmdText	使用 SQL 语句设置记录源
2-AdCmdTable	设置记录源为某个具体的表
4-AdCmdStoredProc	设置记录源为数据库中一个有效的存储过程
8-AdCmdUnknown	默认值，表示无法确定或未知

RecordSource 属性、CommandType 属性均在“属性页”对话框的“记录源”选项卡中进行设置。选定 ADO Data 数据控件，在属性窗口中单击 RecordSource 属性右侧的按钮 ...，打开如图 11-8 所示的“属性页”对话框。

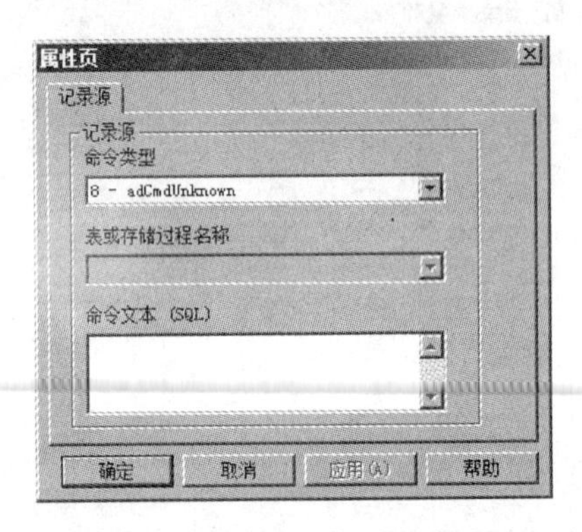

图 11-8　“属性页”对话框

命令类型也可以是一个独立的属性 CommandType，在属性窗口中进行设置。设置记录源首先要选择命令类型，例如选择了 2-AdCmdTable 命令类型，在“表或存储过程名称”下拉列表中选择“成绩表”，则 ADO Data 控件就连接到“高校学生成绩管理”数据库中的“成绩”表。

(3) UserName 和 Password 属性

当数据库受密码保护时，使用 ADO Data 控件访问该数据库，需设置 UserName 属性和 Password 属性。UserName 属性用于指定用户名称，Password 属性用于指定密码。

以上几种属性的设置也可以通过直接在 ADO Data 控件单击鼠标右键，在快捷菜单中选择“ADODC 属性”命令，打开“属性页”对话框进行综合设置，如图 11-9 所示。

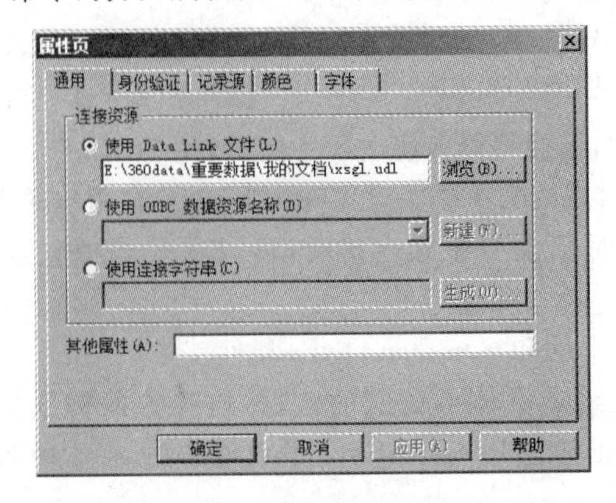

图 11-9　“属性页”对话框

(4) BOFAction 和 EOFAction 属性

BOFAction(或 EOFAction)属性用于控制当记录集的记录指针指向 BOF 位置(或 EOF 位置)时,ADO Data 控件所要采取的操作,仅当使用 ADO Data 控件上的记录指针移动按钮时有效。其取值和释义见表 11-2。

表 11-2 BOFAction 和 EOFAction 属性及释义

属性名	值	含 义
BOFAction	0-adDoMoveFirst	将第一条记录作为当前记录
	1-adStayBOF	移过记录集开始的位置,定位到一个无效记录,触发数据控件对第一条记录的无效事件 Validate,记录集的 BOF 属性值保持为 True,此刻禁止使用 ADO Data 控件上的 MovePrevious 按钮
EOFAction	0-adDoMoveLast	保持最后一条记录为当前记录
	1-adStayEOF	移过记录集结束的位置,定位到一个无效记录,触发数据控件对最后一条记录的无效事件 Validate。记录集的 EOF 属性值保持为 True,此刻禁止使用 ADO Data 控件上的 MoveNext 按钮
	2-adDoAddNew	移过最后一条记录时自动添加一条新记录

(5) Caption 属性

Caption 属性用于设置或返回显示在 ADO Data 控件标题区上的文本。

2. ADO Data 控件的常用事件和方法

(1) WillMove 和 MoveComplete 事件

WillMove 事件在当前记录的位置即将发生变化时触发,例如使用 ADO Data 控件上的按钮移动记录指针时。WillComplete 事件在当前记录的位置改变完成时触发。

(2) WillChangeField 和 FieldChangeComplete 事件

WillChangeField 事件是在对记录集中的一个或多个 Fields 对象值进行修改之前触发。而 FieldChangeComplete 事件则是当字段的值发生变化后触发。

(3) WillChangeRecord 和 RecordChangeComplete 事件

WillChangeRecord 事件是当记录集中的记录发生变化之前触发。而 RecordChange-Complete 事件则是当记录更改后触发。

例如在以名为 Adodc1 的 ADO Data 控件的 WillMove 或 MoveComplete 事件中写如下代码:

```
Adodc1.BOFAction = adStayBOF
```

程序运行后,当记录集的 BOF 属性值为真时,可以看到 Adodc1 左侧的 MovePrevious 按钮无效,BOF 属性值保持为 True。

ADO Data 控件有一个常用的方法——Refresh,用于刷新连接属性,重新建立控件的记录集对象。

以名为 Adodc1 的 ADO Data 控件为例,其语法格式为:

```
Adodc1.Refresh
```

11.2.2 ADO Data 控件的 Recordset 对象

当设置了 ADO Data 控件的 ConnectionString 属性、CommandType 属性和 RecordSource 属性后，便形成了一个记录集对象 Recordset，它是一个属性也是对象。记录集是一个表中所有的记录或者一个已执行命令的结果，在任何时候，记录指针总是指向某一条记录，该记录被称为当前记录。记录集对象具有特定的属性和方法(代码中使用)，对它的操作最终会传送到与数据控件连接的数据库中的具体数据。ADO Data 控件主要通过 Recordset 对象的属性和方法对数据进行操作。

1. 记录集对象 Recordset 的属性

(1) BOF 和 EOF 属性

BOF 属性值用来判断当前记录集指针是否停在第一条记录之前，EOF 属性值用来判断当前记录集指针是否停在最后一条记录之后。如果是，返回结果为 True；否则返回 False。

(2) AbsolutePosition 属性

该属性是只读属性，在代码中返回当前记录指针的位置。

(3) RecordCount 属性

返回记录集中记录的个数，只读属性。为了获得准确的记录个数，一般可使用 MoveLast 方法先将记录指针定位在最后一条记录上，然后再读取 RecordCount 属性的值。

例如：若要在名为 Adodc1 的 ADO Data 控件的标题区显示当前记录的记录号和记录总数，可以在 ADO Data 控件的 MoveComplete 事件中编写如下代码：

```
Adodc1.Caption = Adodc1.Recordset.AbsolutePosition _
& "/" & Adodc1.Recordset.RecordCount
```

2. 记录集对象 Recordset 的常用方法

(1) AddNew 方法

添加一条新记录，新记录的字段如果有默认值则将以默认值表示，如果没有则为空白。

以名为 Adodc1 的 ADO Data 控件为例，AddNew 方法的语法为：

```
Adodc1.Recordset.AddNew
```

(2) Delete 方法

删除当前记录的内容，在删除后将记录指针移到下一条记录上。如果删掉的是最后一条记录，则记录指针指向删除后新表的最后一条记录。通常记录删除后，在数据绑定控件上还显示该记录，只要将记录指针移动刷新，便发现该记录已经被删除。

以名为 Adodc1 的 ADO Data 控件为例，Delete 方法的语法为：

```
Adodc1.Recordset.Delete
```

(3) Move 方法

Move 方法用于改变 Recordset 对象中当前记录的位置,将当前记录向前或向后移动指定的条数。如果从空的 Recordset 对象调用 Move 方法会产生错误。

以名为 Adodc1 的 ADO Data 控件为例,Move 方法的语法为:

```
Adodc1.Recordset. Move 移动的记录数,开始位置
```

其中:移动的记录数为长整型,负数表示向前、正数表示向后,移动指定的记录条数。开始位置是移动记录指针的起始点,其具体取值和含义如表 11-3 所示,使用时可缺省。

表 11-3　开始位置的取值及释义

adBookmarkCurrent	(默认)从当前记录开始移动
adBookmarkFirst	从第一条记录开始移动
adBookmarkLast	从最后一条记录开始移动

例如,在记录个数足够多的情况下,从第一条记录开始向后移动 5 条记录的语句为:

```
Adodc1.Recordset. Move 5, adBookmarkFirst
```

(4) Move 方法群组

用于移动记录指针。MoveFirst、MoveLast、MoveNext 和 MovePrevious 方法分别将记录指针移动到第一条、最后一条、下一条和上一条记录,并使该记录成为当前记录。

以名为 Adodc1 的 ADO Data 控件为例,其语法为:

```
Adodc1.Recordset.MoveFirst
Adodc1.Recordset.MoveLast
Adodc1.Recordset.MoveNext
Adodc1.Recordset.MovePrevious
```

(5) Find 方法

在记录集中查找符合条件的记录。

以名为 Adodc1 的 ADO Data 控件为例,其语法为:

```
Adodc1.Recordset.Find("查找条件")
```

(6) Update 方法

Update 方法用于保存对记录集当前记录所做的更改。事实上,更改记录后调整记录指针的位置同样可以达到保存的效果。

以名为 Adodc1 的 ADO Data 控件为例,其语法为:

```
Adodc1.Recordset.Update
```

(7) CancelUpdate 方法

用于取消对记录集进行的添加或编辑修改操作,恢复修改前的状态。

以名为 Adodc1 的 ADO Data 控件为例,其语法为:

```
Adodc1.Recordset.CancelUpdate
```

11.3 数据绑定控件

ADO Data 控件本身没有数据显示的功能，在 Visual Basic 中专门提供了一些数据绑定控件，用来与 ADO Data 控件相连接，显示由数据控件所确定的记录集中的数据。

可以说，ADO Data 控件是 Visual Basic 和数据库之间联系的桥梁，而数据绑定控件则把 ADO Data 控件和用户界面联系起来，两者构成了 Visual Basic 开发数据库的主体。

11.3.1 内部数据绑定控件

常用的内部数据绑定控件有文本框(TextBox)、标签(Label)、列表框(ListBox)、组合框(ComboBox)、复选框(CheckBox)、图像框(Image)、图片框(PictureBox)等。内部数据绑定控件有两个标准的属性：DataSource 属性和 DataField 属性。DataSource 属性用来返回或设置要绑定的 ADO Data 控件，DataField 属性用来返回或设置数据绑定控件要被绑定到的字段。

11.3.2 ActiveX 数据绑定控件

除了内部数据绑定控件之外，Visual Basic 还提供了一些 ActiveX 控件，能够和 ADO Data 控件绑定。常用的 ActiveX 数据绑定控件有数据列表(DataList)、数据组合框(DataCombo)、数据网格(DataGrid)等。

1. 数据列表框 DataList 和数据组合框 DataCombo

DataList 和 DataCombo 控件与标准列表框和组合框控件相似，不同的是这两个控件不用 AddItem 方法来填充其列表项，而是由它们所绑定的数据控件的数据库字段进行自动填充。此外，它们还能有选择地将一个选定的字段传递给另一个数据控件。

DataList 和 DataCombo 是 ActiveX 控件，在使用之前需要先添加到控件工具箱中，在工具箱空白处单击鼠标右键，选择“部件”，打开“部件”对话框，在“控件”选项卡中勾选 Microsoft DataList Controls 6.0(sp3)(OLEDB)复选框将它们添加到控件箱中。

DataList 和 DataCombo 控制的常用属性及含义如表 11-4 所示。

表 11-4 DataList 和 DataCombo 控件的常用属性及含义

DataSource 属性	指定 DataList 和 DataCombo 所绑定的数据控件的名称
DataField 属性	设置 DataList 和 DataCombo 控件所绑定的字段
RowSource 属性	设置用于填充 DataList 或 DataCombo 的下拉列表的数据控件
ListField 属性	设置用于填充下拉列表的字段
BoundColumn 属性	设置回传字段，当在下拉列表中选择某一字段值后将其回传到 DataField，必须和用于更新列表的 DataField 的类型相同
BoundText 属性	返回在 BoundColumn 属性中指定的字段的值

通常，在使用 DataList 控件和 DataCombo 控件时，要用两个 ADO Data 控件，一个用来填充由 RowSource 和 Listfield 属性指定的列表，另一个用来更新由 DataSource 和

DataField 属性指定的数据库中的字段。

2. 数据网格 DataGrid 控件

DataGrid 控件是一种类似于表格的数据绑定控件，可以通过行列交叉的二维表格来显示记录集对象 Recordset 中的每条记录，用来浏览和编辑表或进行查询都非常方便。

DataGrid 控件也是 ActiveX 控件，在使用之前需要先添加到控件箱中，打开“部件”对话框，在“控件”选项卡中勾选 Microsoft DataGrid Control 6.0(SP6)(OLEDB)复选框，将 DataGrid 控件添加到控件箱中。

DataGrid 控件的属性主要有 DataSource，设置了 DataGrid 控件的 DataSource 属性后，在该 DataGrid 控件上单击鼠标右键，在弹出的快捷菜单中选择“检索字段”命令，便会自动依照 Recordset 对象的结构设置列标题。

在 DataGrid 控件上单击鼠标右键，在快捷菜单中选择“编辑”命令，可以重新设置该数据网格的大小、删除或添加网格的列。

在 DataGrid 控件上单击鼠标右键，在快捷菜单中选择“属性”命令，打开“属性页”对话框，如图 11-10 所示，可以设置 DataGrid 控件的相应属性，将该网格配置为所需的外观。

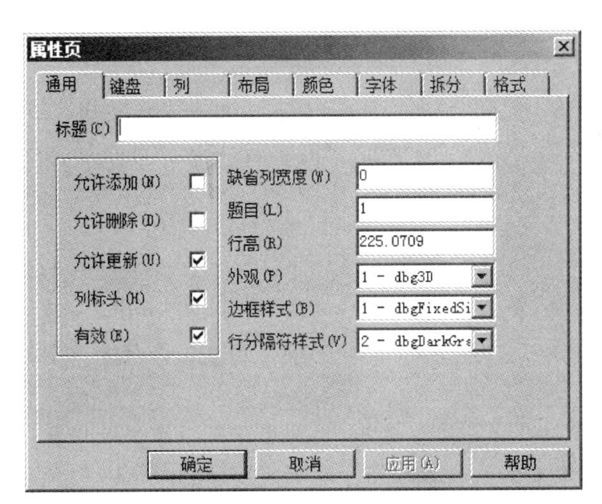

图 11-10 DataGrid 控件的“属性页”对话框

DataGrid 控件的使用非常方便快捷，因此在数据库应用系统开发中应用得非常广泛，这是由它的特点所决定的。在程序运行时，可以通过切换 DataGrid 控件的 DataSource 来查看不同的表。

例如，如果程序具有若干个 ADO Data 控件，每个控件连接不同的数据库，可以简单地将 DataGrid 控件的 DataSource 属性从一个 ADO Data 控件重新设置为另一个 ADO Data 控件；如果 DataGrid 控件使用一个 ADO Data 控件作为其 DataSource 属性值，则可以通过设置 ADO Data 控件不同的 CommandType 和 RecordSource 属性值刷新该 ADO Data 控件，从而改变在数据网格中所显示的数据。

11.4 本章教学案例

11.4.1 实名浏览所有学生的考试课程及成绩

案例描述

编程实现查询“高校学生成绩管理系统”数据库中每个学生选修了哪些课程及课程成绩，要求显示“学号”、“姓名”、“课程名”、“成绩”字段。

最终效果

本案例的最终效果如图 11-11 所示。

图 11-11　程序启动界面

案例实现

(1) 界面设计

① 新建工程和窗体，添加四个标签(Label1、Label2 、Label3 和 Label4)、四个文本框(Text1、Text2、Text3 和 Text4)，设置标签的 Caption 属性如图 11-11 所示，文本框的 Text 属性值为空。

② 在工具箱中添加 ADO Data 控件，并放置在窗体的合适位置，名称为 Adodc1。

③ 设置 Adodc1 的 ConnectionString 和 RecordSource 属性。

④ ConnectionString 属性连接到“高校学生成绩管理系统”数据库，设置 RecordSource 属性，选择命令类型为 adCmdText，在“命令文本”框中输入：

```
SELECT 学生.学号,学生.姓名,课程.课程名,成绩.成绩
FROM 学生,成绩,课程
WHERE 学生.学号=成绩.学号 and 成绩.课程号=课程.课程号
```

⑤ 设置 4 个文本框的 DataSource 属性值为 Adodc1，设置 DataField 属性值分别为“学号”、“姓名”、“课程名”和“成绩”。

(2) 程序代码：

Adodc1 的 MoveComplete 事件过程及程序代码如下：

```
Private Sub Adodc1_MoveComplete(ByVal adReason As ADODB.EventReasonEnum, ByVal
pError As ADODB.Error, adStatus As ADODB.EventStatusEnum, ByVal pRecordset As
```

```
ADODB.Recordset)
Adodc1.Caption = Adodc1.Recordset.AbsolutePosition _
& "/" & Adodc1.Recordset.RecordCount
End Sub
```

☎知识要点分析

(1) 本案例把第10章在Access中用交叉表查询和用SELECT查询得到的结果,界面化在VB中。

(2) 可以直接通过ADO Data控件的4个按钮,查阅记录集中的每一数据行。

(3) 设计中要注意ADO Data数据控件相关属性的设置顺序。

11.4.2 对数据表进行管理

🕮案例描述

编程实现对"高校学生成绩管理系统"数据库中的"班级"表的管理。

💻最终效果

本案例的最终效果如图11-12所示。

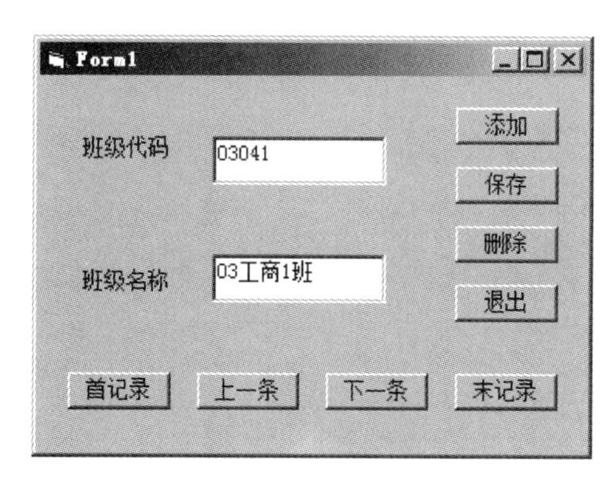

图11-12 程序启动界面

✍案例实现

(1) 界面设计

① 新建工程和窗体,添加两个标签(Label1和Label2)、两个文本框(Text1和Text2)、8个命令按钮(Command1~Command8),设置标签和命令按钮的Caption属性如图11-12所示,文本框的Text属性值为空。

② 在工具箱中添加ADO Data控件,并放置在窗体的合适位置,名称为Adodc1。

③ 设置Adodc1的ConnectionString和RecordSource属性。

④ ConnectionString属性连接到"高校学生成绩管理系统"数据库,设置RecordSource属性,选择命令类型为adCmdTable,在"表或存储过程名称"下拉列表中选择"班级"。

⑤ 设置Adodc1的Visible属性值为False。

⑥ 设置两个文本框的DataSource属性值为Adodc1,设置DataField属性值分别为"班级代码"和"班级名称"。

(2) 程序代码

```
Private Sub Command1_Click()
Rem 单击"首记录"命令按钮
Adodc1.Recordset.MoveFirst
End Sub

Private Sub Command2_Click()
Rem 单击"上一条"命令按钮
 With Adodc1.Recordset
    .MovePrevious
    If .BOF Then .MoveFirst
 End With
End Sub

Private Sub Command3_Click()
Rem 单击"下一条"命令按钮
 With Adodc1.Recordset
    .MoveNext
    If .EOF = True Then .MoveLast
 End With
End Sub

Private Sub Command4_Click()
Rem 单击"末记录"命令按钮
Adodc1.Recordset.MoveLast
End Sub

Private Sub Command5_Click()
Rem 单击"添加"命令按钮
Adodc1.Recordset.AddNew
Text1.SetFocus
End Sub

Private Sub Command6_Click()
Rem 单击"保存"命令按钮
Adodc1.Recordset.Update
End Sub

Private Sub Command7_Click()
Rem 单击"删除"命令按钮
 Dim s As String
 s = MsgBox("确定要删除吗?", vbQuestion + vbYesNo, "删除确认")
 If s = vbYes Then
    With Adodc1.Recordset
       .Delete
       .MoveNext
       If .EOF Then .MoveLast
    End With
```

```
 End If
End Sub

Private Sub Command8_Click()
Rem 单击"退出"命令按钮
End
End Sub
```

☎知识要点分析

(1) 本案例主要示范 ADO Data 控件的 Recordset 对象的方法的使用。

(2) ADO Data 控件可以隐藏，它的记录移动功能可由命令按钮实现。

11.4.3 以二维表的形式浏览、编辑数据信息

🕮案例描述

利用数据网格控件 DataGrid 浏览"高校学生成绩管理系统"数据库中"班级"表的信息，并对其进行一些增删操作。

🖳最终效果

本案例的最终效果如图 11-13 所示。

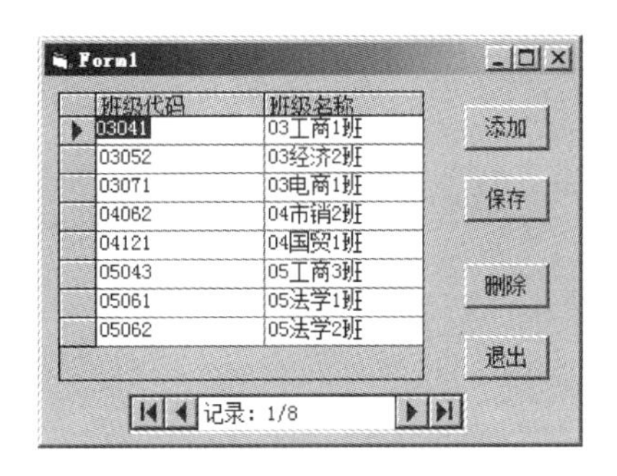

图 11-13 程序启动界面

✍案例实现

(1) 界面设计

① 新建工程和窗体，在工具箱中添加 ADO Data 控件、DataGrid 控件。

② 在窗体上添加一个 ADO Data 控件 Adodc1、一个数据网格控件 DataGrid1、四个命令按钮(Command1～Command4)，命令按钮的 Caption 属性设置如图 11-13 所示。

③ 设置 Adodc1 的 ConnectionString 和 RecordSource 属性。

④ ConnectionString 属性连接到"高校学生成绩管理系统"数据库，设置 RecordSource 属性，选择命令类型为为 adCmdTable，在"表或存储过程名称"下拉列表中选择"班级"。

⑤ 设置数据网格 DataGrid1 的 DataSource 属性值为 Adodc1，在数据网格上单击鼠标右键，在快捷菜单中选择"检索字段"，用新的字段替换原有的网格布局；在数据网格上单击鼠标右键，选择"编辑"，调整行高和列宽直到布局合适。也可以在数据网格上单击鼠标右键，选择"属性"，在打开的"属性页"对话框中设置字体和对齐等。

（2）程序代码

```
Private Sub Adodc1_MoveComplete(ByVal adReason As ADODB.EventReasonEnum, ByVal pError As ADODB.Error, adStatus As ADODB.EventStatusEnum, ByVal pRecordset As ADODB.Recordset)
Adodc1.Caption = "记录：" & Adodc1.Recordset.AbsolutePosition _
& "/" & Adodc1.Recordset.RecordCount
End Sub

Private Sub Command1_Click()
Rem 单击"添加"命令按钮
Adodc1.Recordset.AddNew
End Sub

Private Sub Command2_Click()
Rem 单击"保存"命令按钮
Adodc1.Recordset.Update
End Sub

Private Sub Command3_Click()
Rem 单击"删除"命令按钮
 Dim s As String
 s = MsgBox("确定要删除吗?", vbQuestion + vbYesNo, "删除确认")
 If s = vbYes Then
    With Adodc1.Recordset
      .Delete
      .MoveNext
      If .EOF Then .MoveLast
    End With
 End If
End Sub

Private Sub Command4_Click()
Rem 单击"退出"命令按钮
End
End Sub
```

☎知识要点分析

（1）利用数据网格控件 DataGrid 可以比较直观地整体展示可操控数据集的内容。

（2）如果在运行时需要动态调整 DataGrid 控件显示的数据，建议在设计时不要进行 DataGrid 控件的检索字段操作。

11.4.4 按学号查询学生成绩情况

🕮案例描述

编程实现按学号查询“高校学生成绩管理系统”数据库中某个学生选修了哪些课程及课程成绩，要求显示“学号”、“姓名”、“课程名”、“成绩”字段。

🖵最终效果

本案例的最终效果如图 11-14 所示。

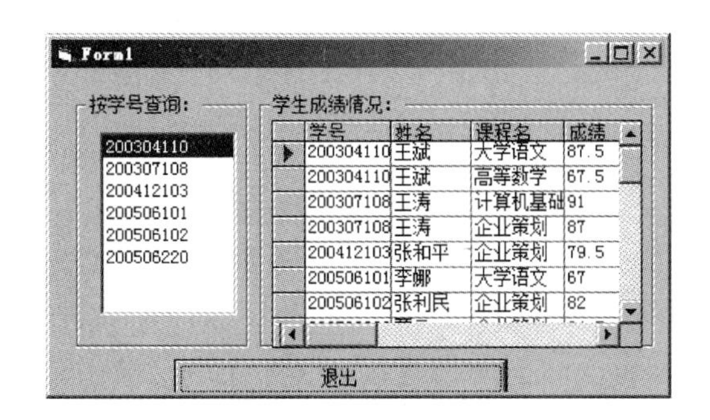

图 11-14 程序启动界面

✍案例实现

(1) 界面设计

① 新建工程和窗体,添加一个命令按钮(Command1)、两个框架(Frame1 和 Frame2),设置命令按钮和框架的 Caption 属性如图 11-14 所示。

② 在工具箱中添加 ADO Data 控件、DataGrid 控件和 DataList 控件。

③ 在窗体上添加两个 ADO Data 控件(Adodc1 和 Adodc2),一个数据网格(DataGrid1),一个数据列表框(DataList1)。

④ 设置 Adodc1 和 Adodc2 的 Visible 属性值都为 False。

⑤ 设置 Adodc1 和 Adodc2 的 ConnectionString 属性都连接到"高校学生成绩管理系统"数据库。

⑥ 设置 Adodc1 的 RecordSource 属性,选择命令类型为 adCmdText,在"命令文本"框中输入:

```
SELECT 学生.学号,学生.姓名,课程.课程名,成绩.成绩
FROM 学生,成绩,课程
WHERE 学生.学号=成绩.学号 and 成绩.课程号=课程.课程号
```

⑦ 设置 Adodc2 的 RecordSource 属性,选择命令类型为 adCmdText,在"命令文本"框中输入:

```
SELECT distinct 学号 FROM 成绩
```

⑧ 设置数据列表框 DataList1 的 DataSource 属性值为 Adodc1,DataField 值为"学号",RowSource 值为 Adodc2,ListField 值为"学号",回传 Boundcolumn 值为"学号"。设置数据网格 DataGrid1 的 Datasource 属性值为 Adodc1。

⑨ 在数据网格上单击鼠标右键,在快捷菜单中选择"检索字段",用新的字段替换原有的网格布局,编辑数据网格布局。

(2) 程序代码

```
Private Sub DataList1_Click()
Adodc1.RecordSource = "SELECT 学生.学号,学生.姓名,课程.课程名,成绩.成绩 " _
& "From 学生, 成绩, 课程 " & _
 "Where 学生.学号 = 成绩.学号 And 成绩.课程号 = 课程.课程号 " _
& "and 学生.学号 =" & "'" & DataList1.BoundText & "'"
Adodc1.Refresh
```

```
End Sub

Private Sub Command1_Click()
End
End Sub
```

☎知识要点分析

(1) 本案例中用于查询的学号之所以没有取之于学生表，是因为考虑到在实际情况中，有些学生可能没有参加任何考试。

(2) 设计中要注意数据列表控件相关属性的设置顺序。

11.5 本章课外实验

11.5.1 按学号查询学生的考试情况并计算其平均成绩

利用数据组合框通过学号来查询“高校学生成绩管理系统”数据库中某个学生选修了哪些课程及课程成绩。要求显示“学号”、“姓名”、“课程名”、“成绩”字段，并计算该学生的平均成绩，界面如图 11-15 所示。

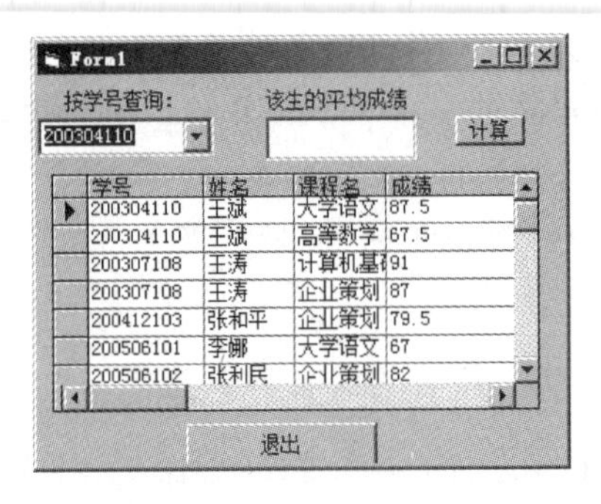

图 11-15　程序启动界面

11.5.2 使用 DataGrid 控件浏览蒙族学生信息和班级信息

使用 DataGrid 控件查询“高校学生成绩管理系统”数据库的蒙古族学生的信息和班级信息，如图 11-16 所示。

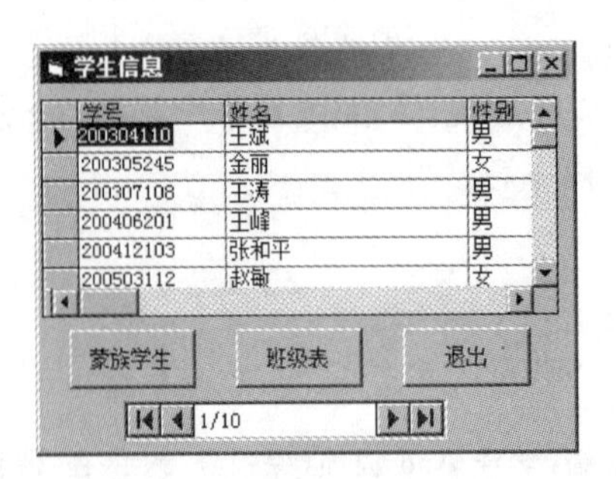

图 11-16　程序启动界面

第12章　数据库应用系统开发

本章说明

数据库是现代信息系统的基础和核心，以数据库为基础的信息系统称为数据库应用系统。数据库应用系统的研发非常复杂，只有在科学的原则和方法指导下，同时结合数据库自身的特点，才能做到有依据、有规划、有组织地开展，从而最终实现产品的高质量、高效率、低成本、长周期、易维护、易扩充等目标。

如何通过数据库与开发工具的接口，编制应用程序满足各种应用的需求？如何使数据库工程低成本、高效益？这是每一个开发人员必须要面对的问题。本章围绕着这些问题展开讨论，通过一个小型库存管理系统的研发，阐述了数据库应用系统开发的一般过程以及其中的一些实用技术。

本章主要内容

- 数据库应用系统的开发过程
- 库存管理系统功能总体设计
- 库存管理系统数据库的设计与实现
- 库存管理系统的程序编制与调试
- 制作系统安装程序

📖 本章拟解决的问题

(1) 数据库应用系统的开发过程分几个阶段?
(2) 如何使用 ADO 对象模型?
(3) 如何使用数据环境以及如何生成报表?
(4) 如何综合使用控件以及如何运用编程技巧?
(5) 如何制作应用系统的安装程序?

12.1 数据库应用系统的开发过程

数据库应用系统的开发过程非常复杂,一般可划分为规划、需求分析、系统设计、程序编制与调试、运行和维护等几个阶段。这些阶段相互衔接、彼此联系,而且又常常需要回溯修正。在这种不断地反复和修正后,最终形成合格的可交付使用的产品(软件)。

1. 规划

数据库应用系统的开发,首先要做好规划工作,规划的质量直接影响到整个系统的成败。规划的主要任务就是进行必要性和可行性分析,在收集整理相关资料的基础上,为所要开发的系统定位,确定其规模、地位以及作用,明确系统的基本功能,拟定设备配置方案,进行开发、运行和维护的成本估算,预测系统效益的期望值,拟定参与开发的人员规模以及专业水平,制定开发进度计划,最终形成可行性报告和开发系统规划书。

2. 需求分析

在需求分析阶段,系统开发人员要对应用的具体情况做全面、细致的调查。依据系统的总体设计目标,以机构设置和业务活动为主线,在与客户充分交流的基础上,收集用户需求、基础数据和数据流程(人工系统模型)。在充分考虑系统潜在的功能变动和扩展基础上,完成需求信息的分析整理,最终形成一份切合实际又具有预见性的需求说明书。

3. 系统设计

在系统设计阶段,系统开发人员需要把已确定的各项需求转换成相应的体系结构,例如根据数据需求抽象出系统的概念模式,并进而定义成相应的数据库;根据已确定的各项功能划分出相应的模块,每个模块都有明确的功能。这一阶段的最终成果是系统设计说明书。

4. 程序编制与调试

在这个阶段,系统开发人员需要将系统设计转换为程序代码,并进行测试,以检查软件的各个组成部分是否可靠、稳定和安全,确定软件是否达到了预定的设计目标,是否可以交付给用户使用。

5. 运行与维护

在系统正式投入使用后,开发人员需要随时监测系统的性能,以保证数据的安全、可靠和完整。在维护系统原有功能的基础上,开发人员可能还要应客户的需要,对原有的系统功能进行调整或者拓展。

可以看到,在上面介绍的研发过程中,在每个开发的阶段都会形成技术文档。这些技术文档实际上是具体工作的指南,它们不仅为本阶段的开发指明了方向,而且也为下一阶段工作的开展奠定了基础。正是由于这些技术文档的存在,整个开发过程才得以有依据、有规划、有组织、有条不紊地进行。所以,系统开发人员不能只注重代码的编制而忽略技术文档的重要性。

下面以"库存管理系统"为例,介绍数据库应用系统的开发。

12.2 库存管理系统功能总体设计

系统功能分析应建立在需求分析的基础之上。在开发应用系统之前,开发人员一定要对任务做整体的了解,并对任务的细节做全面的分析,这是做好产品的基础和前提。在进行系统功能分析时,一般采用"自顶向下"的划分方法。

一般情况下,库存管理系统应具有以下功能:

(1) 对商品进、出库进行管理;

(2) 对商品信息、商品种类进行管理;

(3) 对供应商、客户进行管理;

(4) 对用户权限进行管理;

(5) 进行货品盘点;

(6) 进行数据查询;

(7) 输出报表。

限于篇幅,这里只列举其中具有代表性的功能模块。整个系统被划分为5大模块:用户登录模块、货品管理模块、货品查询模块、报表生成模块和数据维护模块。根据需要,每个功能模块又可被划分为若干个子模块,如图12-1所示。

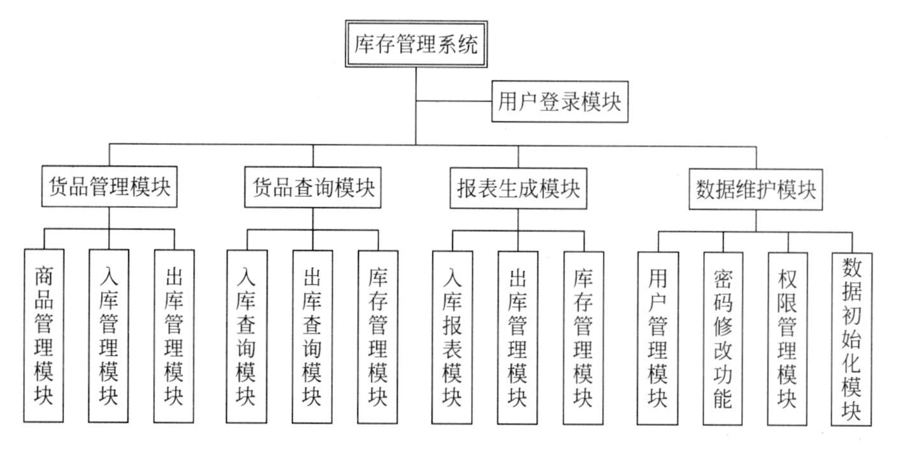

图12-1 "库存管理系统"功能模块图

1. 用户登录模块

用户登录模块根据用户输入的用户名和密码，判断该用户是否为合法用户。只有合法用户才能进入系统，并根据所具有的权限对库存管理数据库进行操作。

2. 货品管理模块

货品管理模块下设三个子模块：
(1) 商品管理模块：实现对商品基本信息的添加、删除和修改。
(2) 入库管理模块：实现对入库信息的添加和删除。
(3) 出库管理模块：实现出库信息的添加和删除。

3. 货品查询模块

该模块主要负责对入库信息、出库信息以及库存信息进行查询。限于篇幅，在具体实现上仅以按商品名称查询为例。

4. 报表生成模块

报表生成模块用来生成入库报表、出库报表和库存报表。

5. 数据维护模块

数据维护模块包括 4 个子模块：
(1) 用户管理模块：可添加、删除系统用户。
(2) 密码修改模块：修改当前登录用户的密码。
(3) 权限管理模块：由超级管理员设置用户权限。
(4) 数据初始化模块：初始化数据库中指定的数据表。

12.3 库存管理系统数据库的设计与实现

数据库是整个数据库应用系统的核心和基础，一个设计良好的数据库应该满足以下条件：通过将信息划分到基于主题的表中，以减少冗余数据；设置联接表时必需的信息，以方便地实现查询；支持和确保信息的准确性和完整性；可满足数据处理和报表需求。为实现上述目的，数据库的设计应按如下步骤来进行：①分析和确定数据库的用途，预期使用方式及使用者；②从现有的信息着手，收集一切与数据库有关的纸质表单；③将信息划分到表中，明确主要实体或主题；④将信息项转换为列；⑤指定表的主键，利用主键可以唯一地标识一条记录；⑥建立表间关系；⑦优化设计，找出数据库设计中潜在的问题；⑧应用规范化规则，确保将信息项划分到恰当的表中。

在这些思想的指导下，采用 Access 2010 设计实现库存管理数据库。

数据库名称：db_kcgl.accdb。

数据库表：操作员表 czy、商品表 sp、入库表 rk、出库表 ck 和库存表 kc。

数据库表间关系：如图 12-2 所示。

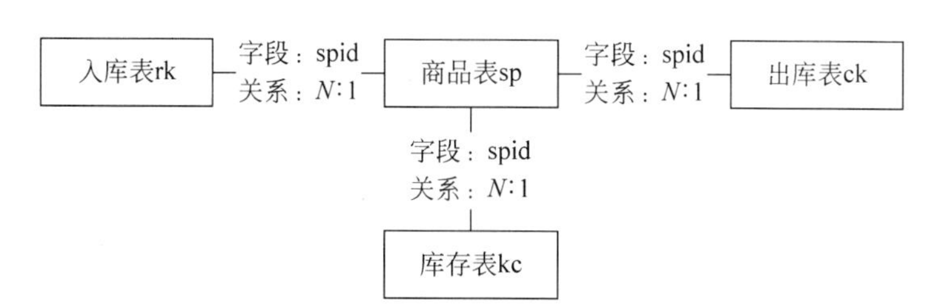

图 12-2 “库存管理系统”表间关系

各表的用途及结构如下。

(1) 操作员表 czy：用来保存操作员的用户名、密码及相关权限。操作员表 czy 如表 12-1 所示。

表 12-1 操作员表 czy

字段名	字段类型	含义	字段名	字段类型	含义
czyid	数字	用户编号	kccx	数字	库存查询权限
czyname	文本	用户名称	rkbb	数字	入库报表权限
czymm	文本	用户密码	ckbb	数字	出库报表权限
spgl	数字	商品管理权限	kcbb	数字	库存报表权限
rkgl	数字	入库管理权限	czygl	数字	用户管理权限
ckgl	数字	出库管理权限	mmgl	数字	密码修改权限
rkcx	数字	入库查询权限	qxgl	数字	权限设置权限
ckcx	数字	出库查询权限	csh	数字	初始化权限

(2) 商品表 sp：用来保存货品的相关信息，商品表 sp 如表 12-2 所示。

表 12-2 商品表 sp

字段名	字段类型	含义	字段名	字段类型	含义
id	数字	编号	spgg	文本	商品规格
spid	文本	商品编号	spzzs	文本	制造商
spmc	文本	商品名称			

(3)入库表 rk：用来保存入库单的相关信息，入库表 rk 如表 12-3 所示。

表 12-3 入库表 rk

字段名	字段类型	含义	字段名	字段类型	含义
id	数字	编号	rkhj	货币	入库合计额
rkid	文本	进货单编号	jhrq	日期/时间	入库日期
spid	文本	商品编号	jsr	文本	入库经手人
rksl	数字	入库数量	bz	备注	备注
rkjg	货币	入库价格			

(4) 出库表 ck：用来保存出库单的相关信息，出库表 ck 如表 12-4 所示。

表 12-4　出库表 ck

字段名	字段类型	含义	字段名	字段类型	含义
id	数字	编号	ckdj	货币	出库单价
ckid	文本	出库单编号	ckhj	货币	出库合计
spid	文本	商品编号	ckrq	日期/时间	出库日期
cksl	数字	出库数量	jsr	文本	经手人

(5) 库存表 kc：用来保存库存货品的商品编号以及库存数量，库存表 kc 如表 12-5 所示。

表 12-5　库存表 kc

字段名	字段类型	含义	字段名	字段类型	含义
spid	文本	库存商品编号	kcsl	数字	库存数量

由于篇幅所限，本系统对原数据库进行了一定的简化，略去了其中的一些数据表和字段，对数据库的完整性约束也不做说明。

12.4　库存管理系统的程序编制与调试

选用 Visual Basic 6.0 作为程序设计语言，开发库存管理系统：通过使用 ADO Data 控件和引用 ADO 对象模型建立与数据库的连接，借助记录集对象的相关方法和 SQL 语句实现对数据库中数据的访问。为了便于讲解，本章将整个库存管理系统拆分成若干个功能模块，每个模块实现一个特定的功能，对于相似功能的模块只介绍其中的典型案例。

12.4.1　创建工程

案例描述

创建工程后，在标准模块中实现对公共变量、函数或过程的说明，同时建立 ADO 数据模型，实现与数据库的连接。

案例实现

(1) 添加 ADO 对象库

在库存管理系统的开发中，将会使用到 ADO 对象模型，所以首先要向当前工程添加 ADO 的对象库，方法为：使用“工程”菜单中的“引用”命令，在“引用”对话框中，选中 Microsoft ActiveX Data Object 2.1 Library 复选框，如图 12-3 所示。

与 ADO Data 控件相比，ADO 对象模型使用起来更为灵活方便。它定义了一个可编程的分层对象集合，核心对象有三个，分别为 Connection 对象、Command 对象和 Recordset 对象。

① Connection 对象

Connection 对象负责建立与数据源的连接。通过设置其 ConnectionString 属性，可以指定数据源。利用 Open 方法，可以建立到数据源的物理连接。利用 Execute 方法，可

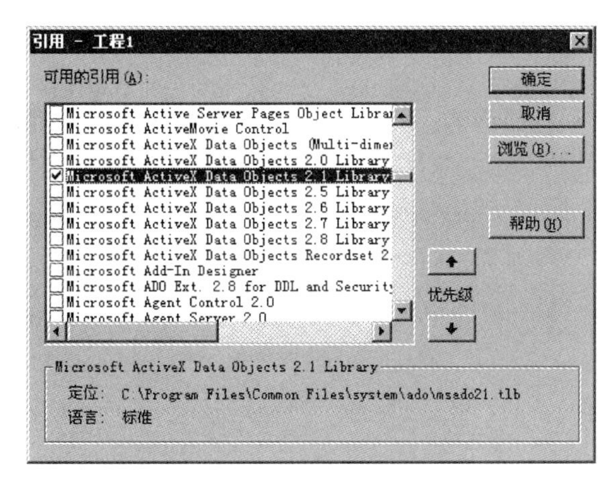

图 12-3 “引用”对话框

以返回 SQL 语句执行后的记录集。利用 Close 方法，可以切断到数据源的物理连接。例如，可以使用如下代码建立与库存管理系统数据库 db_kcgl.accdb 的连接：

```
Dim adoCon As New ADODB.Connection          '定义一个数据连接
adoCon.ConnectionString = "Provider=Microsoft.ACE.OLEDB.12.0; Data " & _
                          "Source=db_kcgl.accdb;Persist Security Info=False"
adoCon.Open
```


② Recordset 对象

Recordset 对象用于操控记录集，实现记录的定位、移动、添加、删除和更改等。例如，可以在上例的基础上，使用如下代码返回商品表：

```
Dim adoRs As New ADODB.Recordset
adoRs.Open "select * from sp", adoCon
```

上面的代码等价于：

```
Dim adoRs As New ADODB.Recordset
Set adoRs=adoCon.Excute("select * from sp")
```

③ Command 对象

Command 对象用于查询数据库并返回记录集，通过设置其 ActiveConnection 属性，可以指定 Command 对象到数据源的连接信息，通过设置 CommandText 属性，可以指定命令的可执行文本(SQL 语句)，使用 Excute 方法用于执行命令并返回 Recordset 对象。

通过使用 Command 对象，同样可以实现商品表的返回，代码如下：

```
Dim adoCmd As New ADODB.Command
Dim adoRs As New ADODB.Recordset
Set adoCmd.ActiveConnection = adoCon
adoCmd.CommandText="Select * From sp"
Set adoRs = adoCmd.Execute
```

(2) 添加标准模块

标准模块用于实现对公共变量、函数或过程的说明。使用“工程”菜单中的“添加模块”命令，向工程添加名为 Module1. bas 的标准模块，并在代码编辑器中输入如下代码：

```
Public adoCon As New ADODB.Connection         '定义一个数据连接
Public adoRs As New ADODB.Recordset           '定义一个数据集对象
Public Name1 As String                        '用于记录登录用户的用户名

Public Sub main()                             '定义公共函数,用于连接数据库
adoCon.ConnectionString = "Provider=Microsoft.ACE.OLEDB.12.0; Data " & _
                  "Source=db_kcgl.accdb;Persist Security Info=False"
End Sub
```

12.4.2 系统登录

案例描述

使用“工程”菜单中的“添加窗体”命令，添加名为 frm_xtdl 的窗体，并将它设为启动窗体。系统运行后，将会显示“系统登录”对话框，要求用户输入用户名和密码，如果输入的信息正确，准予用户登录并显示名为 frm_main 的系统主窗体，否则提示错误信息。

最终效果

本例的最终效果如图 12-4 所示。

图 12-4 “系统登录”对话框

案例实现

(1) 在工具箱中加入 ADO Data 控件。

(2) 新建窗体 frm_xtdl，设置其 ControlBox 属性为 False。

(3) 在窗体中添加两个标签(Label1、Label2)，两个文本框(Text1、Text2，Text 属性为空)，两个命令按钮(Command1、Command2)以及一个 ADO Data 控件(Adodc1，连接到数据库 db_kcgl. accdb，记录源命令类型为 adCmdText，命令文本为 select * from czy)。

(4) 编写程序代码如下：

```
Private Sub Command1_Click()                  '单击确定按钮,用户登录
Dim MPassword As String
'判断是否是超级用户,出于安全性的考虑,该超级用户在 czy 表中没有体现
If Text1.Text = "admin" And Text2.Text = "admin" Then
    Unload Me
    frm_main.Show
Else
    Adodc1.RecordSource = "select * from czy where czyname ='" & Text1.Text & "'"
    Adodc1.Refresh
    '判断该用户的合法性,合法准予登入,非法提示错误信息
    If Adodc1.Recordset.RecordCount > 0 Then
```

```
        MPassword = Adodc1.Recordset.Fields("czymm")
        If Text2.Text = MPassword Then
          Name1 = Text1.Text      'Name1 是公共变量,可以将登录用户名传递给其他窗体或模块
          frm_main.Show                               '显示系统主界面
          Unload Me
        Else
          MsgBox "密码不正确,请您确认后重新输入", , "库存管理系统"
          Text2.Text = ""
          Text2.SetFocus
        End If
      Else
        MsgBox "对不起 没有此用户的信息", , "库存管理系统"
        Text1.Text = ""
        Text2.Text = ""
      End If
    End If
    End Sub

'单击取消按钮,退出系统
Private Sub Command2_Click()
End
End Sub
```


12.4.3 系统主界面

案例描述

在工程中添加名为 frm_main 的窗体,定制其菜单系统,当用户登录后,根据用户权限的不同,限制某些菜单及菜单命令的使用,单击对应的菜单命令,显示对应的窗体实现对应的功能。

最终效果

本例的最终效果如图 12-5 所示。

图 12-5　系统主界面

案例实现

(1) 新建窗体 frm_main,使用菜单编辑器编制如图 12-6 所示的菜单系统。

(2) 添加一个 ADO Data 控件(Adodc1,连接到数据库 db_kcgl.accdb,记录源命令类

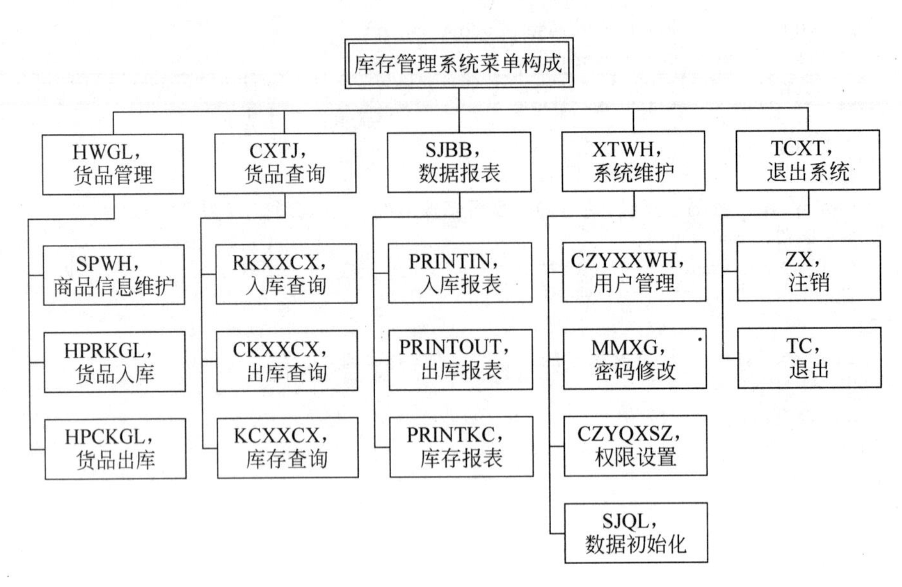

图 12-6 菜单系统构成

型为 adCmdText)。

(3) 编写程序代码如下：

```
Private Sub Form_Activate()
'当主窗体激活后,在 czy 表中检索该用户
Adodc1.RecordSource = "select * from czy where czyname='" + Name1 + "'"
Adodc1.Refresh
'找到该用户,根据 czy 表中记录的权限值,限制对菜单功能的访问
If Adodc1.Recordset.RecordCount > 0 Then
   '如当前用户具有商品信息维护权限,则使"商品信息维护"菜单项可用
   If Adodc1.Recordset.Fields("spgl") = 1 Then
     SPWH.Enabled = True
   ElseIf Adodc1.Recordset.Fields("spgl") = 0 Then
     SPWH.Enabled = False
   End If
   '如当前用户具有入库管理权限,则使"货品入库"菜单项可用
   If Adodc1.Recordset.Fields("rkgl") = 1 Then
     HPRKGL.Enabled = True
   ElseIf Adodc1.Recordset.Fields("rkgl") = 0 Then
     HPRKGL.Enabled = False
   End If
   '其他菜单项的设置与此类似,此处省略,字段与菜单的对应如表 12-6 所示
End If
End Sub

Private Sub SPWH_Click()              '单击"商品信息维护"菜单命令,显示商品信息维护窗体
frm_sp.Show
Me.Enabled = False
End Sub
```

```
Private Sub HPRKGL_Click()                    '单击"货品入库"菜单命令,显示货品入库窗体
frm_rk.Show
Me.Enabled = False
End Sub

'其他菜单命令的单击事件过程与此类似,此处省略,菜单命令与窗体的对应如表 12-6 所示

Private Sub ZX_Click()                        '单击注销菜单命令后,注销当前用户
Dim response
response = MsgBox("您确认要注销该用户吗?", 33, "提示信息")
If response = vbOK Then
    Name1=""
    frm_xtdl.Show
End If
End Sub

Private Sub TC_Click()                        '单击退出菜单命令后,结束整个程序的运行
Dim response
response = MsgBox("您确认要退出库存管理系统吗?", 33, "提示信息")
If response = vbOK Then
    End
End If
End Sub
```


表 12-6　操作员权限对照表

字段	菜单命令	窗体	含义	字段	菜单命令	窗体	含义
spgl	SPWH	frm_sp	商品维护	ckbb	PRINTOUT	ckbb	出库报表
rkgl	HPRKGL	frm_rk	货品入库	kcbb	PRINTKC	kcbb	库存报表
ckgl	HPCKGL	frm_ck	货品出库	czygl	CZYXXWH	frm_yhgl	用户管理
rkcx	RKXXCX	frm_rkcx	入库查询	mmgl	MMXG	frm_mmxg	密码修改
ckcx	CKXXCX	frm_ckcx	出库查询	qxgl	CZYQXSZ	frm_qxsz	权限设置
kccx	KCXXCX	frm_kccx	库存查询	csh	SJQL	frm_csh	初始化
rkbb	PRINTIN	rkbb	入库报表				

12.4.4　商品入库

案例描述

在工程中添加货品入库窗体(frm_rk),单击“添加”按钮后,自动生成入库单号,并弹出“选择商品”对话框(frm_spxx),选择商品后返回,所选商品的信息自动填充到货品入库窗体相应的文本框中,入库信息填充完毕后,可单击“保存”按钮进行入库单的保存;在网格中选取入库单后,单击“删除”按钮可删除对应的入库单。

最终效果

本例的最终效果如图 12-7 所示。

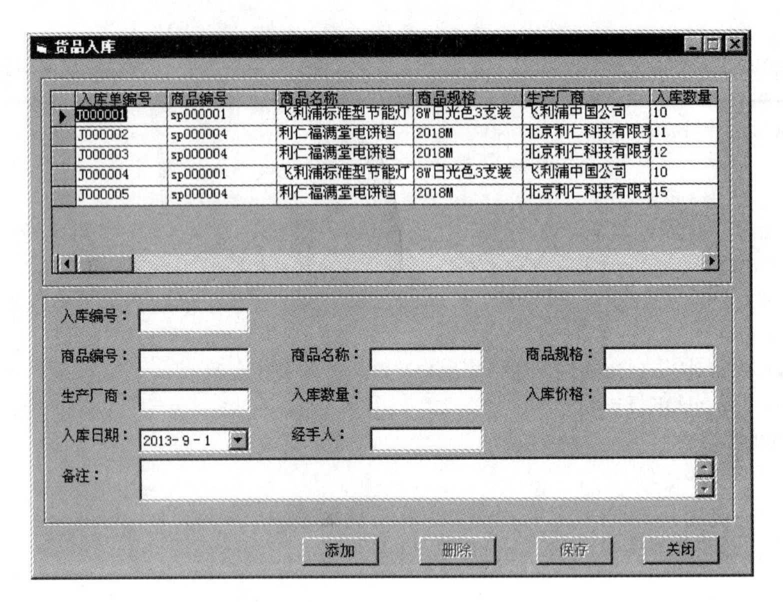

图 12-7　货品入库

案例实现

(1) 在工具箱中加入 DataGrid 控件。

(2) 使用“工程”菜单中的“部件”命令，选择“控件”选项卡，选中 Microsoft Windows Common Controls-2.6.0 复选框，向工具箱添加日期输入控件 DTPicker。

(3) 新建窗体 frm_rk，在窗体 frm_rk 中添加两个 ADO Data 控件(Adodc1、Adodc2，均连接到数据库 db_kcgl.accdb，记录源命令类型均为 adCmdText，Adodc1 的命令文本为：select rk.rkid, rk.spid, sp.spname, sp.spgg, sp.spzzs, rk.rksl, rk.rkjg, rk.rkhj, rk.rkrq, rk.jsr, rk.bz from rk,sp where rk.spid = sp.spid order by rk.rkid，Adodc2 的命令文本为：select * from rk order by rkid)。

(4) 在窗体 frm_rk 中添加两个框架(Frame1、Frame2)，在 Frame1 中添加一个 DataGrid(DataGrid1，DataSource 为 Adodc1，检索结构并设置列名)；在 Frame2 中添加 10 个标签(Label1～Label10)，添加 9 个文本框(Text1～Text9，Text 属性为空，Text1～Text5 的 Locked 属性为 True，Text9 的 MultiLine 属性为 True 且 ScrollBars 属性为 2)，添加一个 DTPicker 控件(DTPicker1)，添加 4 个命令按钮(Cmd_add、Cmd_del、Cmd_save、Cmd_exit，Cmd_save 的 Enabled 属性为 False)。

(5) 编写程序代码如下：

```
Dim Newid As Long                    '定义模块级变量，用于保存编号信息

Private Sub TRefresh()               '定义模块级通用过程，用于刷新记录集
Adodc1.RecordSource = "select rk.rkid,rk.spid,sp.spname,sp.spgg,sp.spzzs," & _
                      "rk.rksl,rk.rkjg,rk.rkhj,rk.rkrq,rk.jsr,rk.bz from" & _
                      " rk,sp where rk.spid=sp.spid order by rk.rkid"
Adodc1.Refresh
Adodc2.RecordSource = "select * from rk order by rkid"
Adodc2.Refresh
```

```
End Sub

Private Sub DataGrid1_Click()        '实现网格当前记录在文本框中的同步显示
Text1.Text = Adodc1.Recordset(0) : Text2.Text = Adodc1.Recordset(1)
Text3.Text = Adodc1.Recordset(2) : Text4.Text = Adodc1.Recordset(3)
Text5.Text = Adodc1.Recordset(4) : Text6.Text = Adodc1.Recordset(5)
Text7.Text = Adodc1.Recordset(6) : DTPicker1.Value = Adodc1.Recordset(8)
Text8.Text = Adodc1.Recordset(9) : Text9.Text = Adodc1.Recordset(10)
Cmd_Del.Enabled = True
Cmd_Save.Enabled = False
End Sub

Private Sub Cmd_add_Click()          '单击"添加"按钮,生成新入库单号,准备数据输入环境
Dim strtemp As String
'清空文本框,为输入数据做准备
Text1.Text = "" : Text2.Text = "" : Text3.Text = "" : Text4.Text = "" : Text5.Text = ""
Text6.Text = "" : Text7.Text = "" : Text8.Text = "" : Text9.Text = ""
Adodc2.RecordSource = "select * from rk order by rkid"
Adodc2.Refresh
'为新入库记录定制入库编号,如数据库为空则为1号,否则顺延
If Adodc2.Recordset.RecordCount > 0 Then
   Adodc2.Recordset.MoveLast
   Newid = Val(Adodc2.Recordset.Fields("id")) + 1
   strtemp = String(6 - Len(Trim(Newid)), "0")                    '位数不足则补0
   Text1.Text = "J" & Trim(strtemp) & Trim(Str(Newid))
Else
   Text1.Text = "J000001"
   Newid = 1
End If
DTPicker1.Value = Date
frm_spxx.Show                        '显示选择商品窗体,实现商品基本信息的自动录入
Cmd_Save.Enabled = True              '保存按钮仅用于添加商品信息的保存
Cmd_Del.Enabled = False
Cmd_Add.Enabled = False
End Sub

'单击"保存"按钮,如数据合法,则在rk表中添加记录,同时修改kc表中的库存数量
Private Sub Cmd_save_Click()
Dim response As Integer
Dim prices As Single   '用于保存入库合计金额
Dim sql As String
response = MsgBox("您确认要保存该信息吗?", 33, "保存信息提示")
If response = vbOK Then
   If Text2.Text = "" Or Text6.Text = "" Or Text7.Text = "" Or Text8.Text = "" Then
      MsgBox "货品的入库信息不得为空!", 48, "保存信息提示"
   Else
     'IsNumeric函数用于判断输入的信息是否为数值型数据
     If Not IsNumeric(Text6.Text) Or Not IsNumeric(Text7.Text) Then
       MsgBox "输入的数量或单价必须为数值型数据", 48, "保存信息提示"
     Else
       Call main   '调用公共模块中的连接数据库过程
```

```
            prices = Val(Text6.Text) * Val(Text7.Text)
            '在 rk 表中添加记录
            sql = "insert into rk (id,rkid,spid,rksl,rkjg,rkhj,rkrq,jsr,bz) values(" & _
                Newid & ",'" & Text1.Text & "','" & Text2.Text & "','" & _
                Text6.Text & "','" & Text7.Text & "','" & prices & "','" & _
                DTPicker1.Value & "','" & Text8.Text & "','" & Text9.Text & "')"
            Set adoRs = adoCon.Execute(sql)
            '在 kc 表中修改该货品的库存数量
            adoRs.Open "select * from kc where spid='" + Text2.Text + "'", adoCon, _
                    adOpenKeyset, adLockOptimistic
            If adoRs.RecordCount > 0 Then
              Dim sl As Integer
              sl = adoRs.Fields("kcsl") + Val(Text6.Text)
              Set adoRs = adoCon.Execute("update kc set kcsl=" & sl & _
                                        " where spid='" & Text2.Text & "'")
            Else
              Set adoRs = adoCon.Execute("insert into kc values('" & Text2.Text & _
                                        "'," & Text6.Text & ")")
            End If
            MsgBox "信息保存成功", 64, "保存信息提示"
            Cmd_Save.Enabled = False
            adoCon.Close
          End If
        End If
    Else
        Text1 = ""
    End If
    Call TRefresh
    Cmd_Add.Enabled = True
    End Sub

    Private Sub Cmd_del_Click()          '单击"删除"按钮,删除入库单,同时减少该商品的库存
    Dim response As Integer, sl As Integer
    Adodc2.RecordSource = "select * from rk where rkid='" & Text1.Text & "'"
    Adodc2.Refresh
    If Adodc2.Recordset.RecordCount > 0 Then                     '如果要删除的入库单存在
        response = MsgBox("您确认要删除该记录吗?", 17, "删除提示信息")
        If response = vbOK Then
          Adodc2.Recordset.Delete       '删除入库信息
          Adodc2.Refresh
          Call main
          adoRs.Open "select * from kc where spid='" & Text2.Text & "'", _
                adoCon, adOpenKeyset, adLockOptimistic
          If adoRs.RecordCount > 0 Then                    '在 kc 表中重新计算货品的库存数量
            sl = adoRs.Fields("kcsl") - Val(Text6.Text)
            Set adoRs = adoCon.Execute("update kc set kcsl=" & sl & _
                                    " where spid='" & Text2.Text & "'")
          End If
          adoCon.Close
          Text1.Text = "" : Text2.Text = "" : Text3.Text = "" : Text4.Text = "" : Text5.Text =
          ""Text6.Text = "" : Text7.Text = "" : Text8.Text = "" : Text9.Text = ""
```

```
        Cmd_Del.Enabled = False
    End If
Else
    MsgBox "当前数据库中已经没有可删除的记录", 64, "提示信息"
End If
Call TRefresh
End Sub

Private Sub Cmd_exit_Click()
Unload Me
End Sub

Private Sub Form_Unload(Cancel As Integer)
frm_main.Enabled = True
End Sub
```

案例描述

在"选择商品"窗体(frm_spxx)中可实现商品的模糊查询,选择商品后单击"选择当前商品并退出"按钮,可以将有关商品的信息自动填充到货品入库窗体(frm_rk)相应的文本框中,如果目前入库的商品 sp 表中没有,还可以实现实时的添加。

最终效果

本例的最终效果如图 12-8 所示。

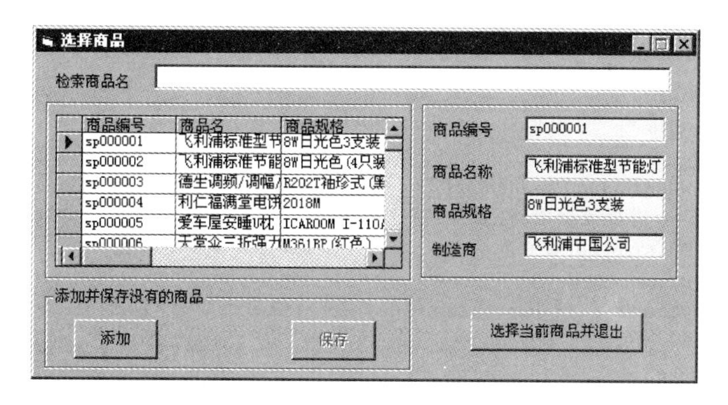

图 12-8 "选择商品"对话框

案例实现

(1) 新建窗体 frm_spxx。在窗体中,添加两个 ADO Data 控件(Adodc1、Adodc2,均连接到数据库 db_kcgl.accdb,记录源命令类型均为 adCmdText,命令文本均为: select * from sp)。

(2) 在窗体中,添加三个框架(Frame1、Frame2、Frame3)。在 Frame1 中,添加一个 DataGrid(DataGrid1,DataSource 为 Adodc1,检索结构并设置其列名);在 Frame2 中,添加两个命令按钮(Cmd_add、Cmd_save,后者 Enabled 属性为 False);在 Frame3 中,添加 4 个标签(Label1~Label4),并采用复制-粘贴的方法创建一个文本框控件数组(Text1(0)~Text1(3),Text 属性为空,DataSource 均为 Adodc1,DataField 属性分别为 spid、spname、spgg 和 spzzs)。

(3) 编写程序代码如下：

```
Dim Newid As Long       '定义一个模块级变量,用于保存新添加商品的编码

Private Sub Text2_Change()          '按商品名进行检索,可模糊查询
Adodc1.RecordSource = "select * from sp where spname like '%" & Text2.Text & "%'"
Adodc1.Refresh
End Sub

Private Sub Cmd_add_Click()          '单击"添加"按钮,在记录集中追加一条新记录
Dim strtemp As String, strnum As String
Adodc1.RecordSource = "select * from sp order by spid"
Adodc1.Refresh
'生成新商品的编号,如果 sp 表为空,则新商品编号为 1,否则顺延
If Adodc1.Recordset.RecordCount > 0 Then
   Adodc1.Recordset.MoveLast
   Newid = Adodc1.Recordset.Fields("id") + 1
   strtemp = String(6 - Len(Trim(Newid)), "0")                              '位数不足则补 0
   strnum = "sp" & Trim(strtemp) & Trim(Str(Newid))
Else
   strnum = "sp000001"
   Newid = 1
End If
'在记录集中追加一条记录,并写入商品编号
Adodc1.Recordset.AddNew
Text1(0).Text = strnum
Text1(1).SetFocus
Cmd_save.Enabled = True             '"保存"按钮仅用于添加的商品
End Sub

'单击"保存"按钮,进行数据校验,如合法则予以保存
Private Sub Cmd_save_Click()
Dim response As Integer
Adodc2.RecordSource = "select * from sp where spname='" & Text1(1) & "'" & _
                      " and spgg='" & Text1(2) & "' and spzzs='" & Text1(3) & "'"
Adodc2.Refresh
'判断是否为重复记录
If Adodc2.Recordset.RecordCount > 0 Then
   MsgBox "该信息已经存在,请确认您的信息是否正确", 64, "保存信息提示"
Else
   response = MsgBox("您确认要保存该信息吗?", 33, "保存信息提示")
   If response = vbOK Then
     If Text1(1).Text = "" Or Text1(2).Text = "" Or Text1(3).Text = "" Then
       MsgBox "商品的相关信息不得为空!", 48, "保存信息提示"
     Else
       Adodc1.Recordset.Fields("id") = Newid
       Adodc1.Recordset.Update
       MsgBox "信息保存成功", 64, "保存信息提示"
       Cmd_save.Enabled = False
     End If
   End If
End If
End Sub
```

```
'将选择商品的信息写入 frm_rk 窗体相应的文本框中
Private Sub Cmd_exit_Click()
frm_rk.Text2.Text = Adodc1.Recordset.Fields("spid")
frm_rk.Text3.Text = Adodc1.Recordset.Fields("spname")
frm_rk.Text4.Text = Adodc1.Recordset.Fields("spgg")
frm_rk.Text5.Text = Adodc1.Recordset.Fields("spzzs")
Unload Me
End Sub

Private Sub Form_Unload(Cancel As Integer)
frm_rk.Enabled = True
frm_rk.Text6.SetFocus
End Sub
```

与上一个案例相比，最大的不同就在于，本例使用了文本框的数据绑定特性。利用数据绑定控件实现对数据库中数据的读写，虽然操作简单、易实现，但有时不易操控，灵活性略显不足。

12.4.5 入库查询

案例描述

在工程中添加“入库信息查询”窗体(frm_rkcx)，当输入要查询的货品全名或部分名称后，可在网格中自动显示与此商品有关的商品信息以及入库信息。

最终效果

本例的最终效果如图 12-9 所示。

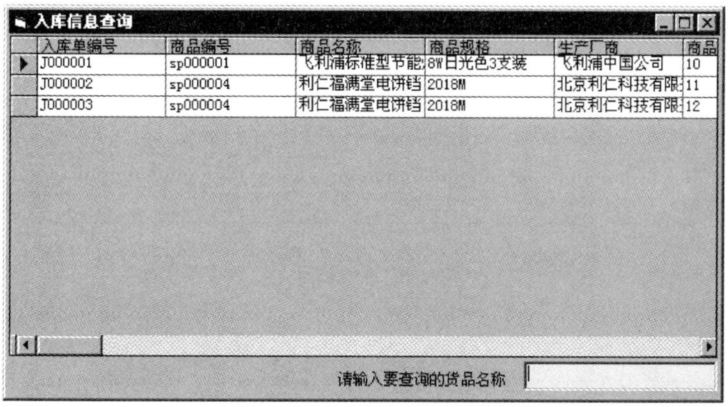

图 12-9 “入库信息查询”窗体

案例实现

(1) 新建窗体 frm_rkcx。

(2) 在窗体中，添加一个 ADO Data 控件(Adodc1，连接到数据库 db_kcgl.accdb，记录源命令类型为：adCmdText，命令文本为：select rk.rkid, rk.spid, sp.spname, sp.spgg, sp.spzzs, rk.rksl, rk.rkjg, rk.rkhj, rk.rkrq, rk.jsr from rk, sp where sp.spid = rk.spid)；添加一个 DataGrid(DataGrid1，DataSource 为 Adodc1，检索结构并设置其列

名)；添加一个标签(Label1)；添加一个文本框(Text1,Text 属性为空)。

(3) 编写程序代码如下：

```
'通过文本框的 Change 事件来动态地对入库货品信息进行模糊查询
Private Sub Text1_Change()
Adodc1.RecordSource = "select rk.rkid, rk.spid, sp.spname, sp.spgg, sp.spzzs, rk.rksl, rk.rkjg, " &
                      " rk.rkhj, rk.rkrq, rk.jsr from rk, sp where sp.spid=rk.spid " & _
                      "and sp.spname like '%" & Text1.Text & "%'"
Adodc1.Refresh
End Sub

Private Sub Form_Unload(Cancel As Integer)
frm_main.Enabled = True
End Sub
```

12.4.6 入库报表

案例描述

使用"数据报表"菜单中的"入库报表"命令，可以显示"入库信息报表"。

最终效果

本例的最终效果如图 12-10 所示。

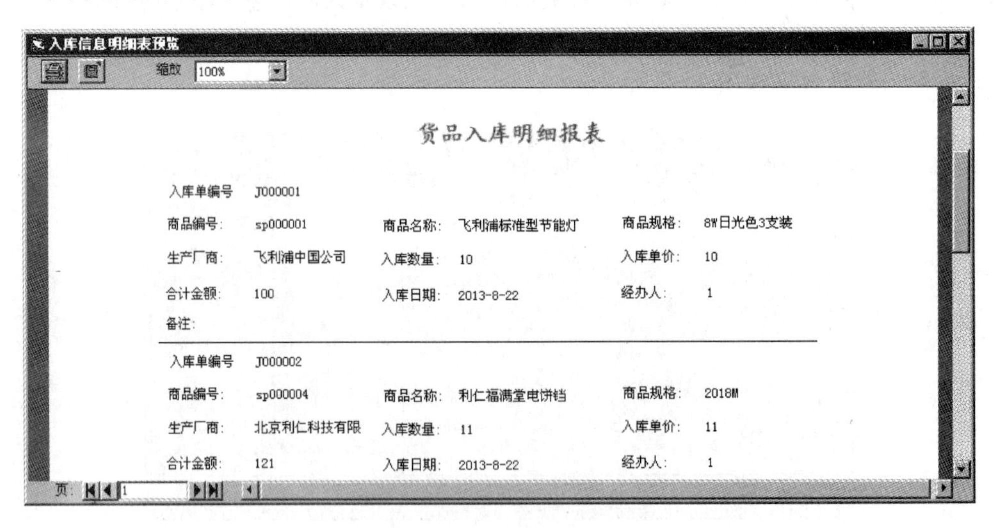

图 12-10　入库报表的显示

案例实现

对于一个完整的数据库应用程序，制作打印数据报表是必不可少的环节。VB 提供的 DataReport 对象，可以从任何数据源创建数据报表。下面以报表数据源为数据环境为例，介绍入库报表的实现。

(1) 建立数据环境(Data Environment)

使用"工程"菜单的"添加 Data Environment"命令，向当前工程添加一个数据环境(DataEnvironment1)，同时自动打开"数据环境设计器"窗口，该窗口默认包含一个

Connection 对象(Connection1),如图 12-11 所示。Connection 对象用于创建与数据库的连接。在 Connection1 上单击鼠标右键,选择“属性”命令,指定与 db_kcgl.accdb 相连接。

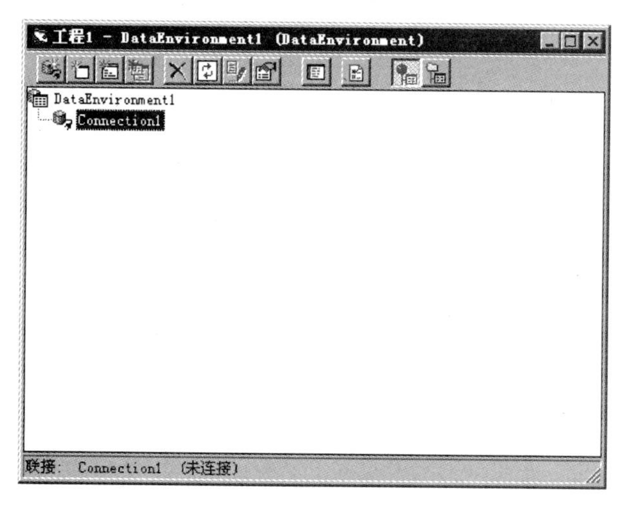

图 12-11 “数据环境设计器”窗口

在 Connection1 上单击鼠标右键,选择“添加命令”命令,将会在 Connection1 对象下创建一个 Command 对象(Command1),反复使用此命令,可以为同一个 Connection 对象创建多个 Command 对象。Command 对象用于定义对数据源执行的命令,并返回相应的记录集。添加了 Command1 对象的数据环境设计器如图 12-12 所示。

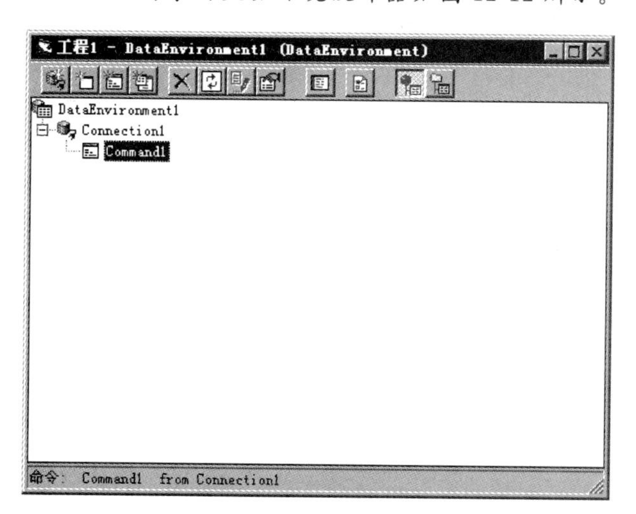

图 12-12 添加 Command 对象

在 Command1 上单击鼠标右键,选择“属性”命令,将会弹出“属性”对话框,如图 12-13 所示。在“通用”选项卡中,可以设置该命令对象所用的连接及数据源(数据库对象或 SQL 语句);在“分组”选项卡中可以设置报表的分组打印。本例中,设置 Command1 的名称为 comd_rk,所使用的连接为 Connection1,数据源为 SQL 语句:select rk.rkid, rk.spid, sp.spname, sp.spgg, sp.spzzs, rk.rksl, rk.rkjg, rk.rkhj, rk.rkrq, rk.jsr, rk.bz from rk,sp where rk.spid = sp.spid order by rk.rkid。

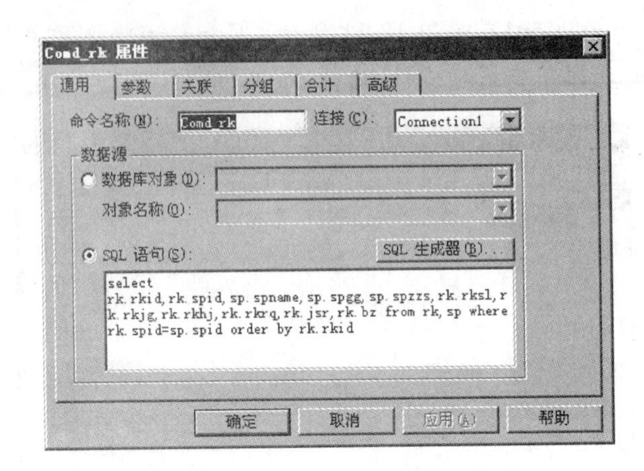

图 12-13　Command 对象属性设置

至此用于创建入库报表的数据环境建立完毕。后续出库报表和库存报表的数据环境创建与此类似,但无须再定义新的数据环境,只要在现有环境中,在 Connection1 对象下,再添加两个新的命令对象就可以,结果如图 12-14 所示。

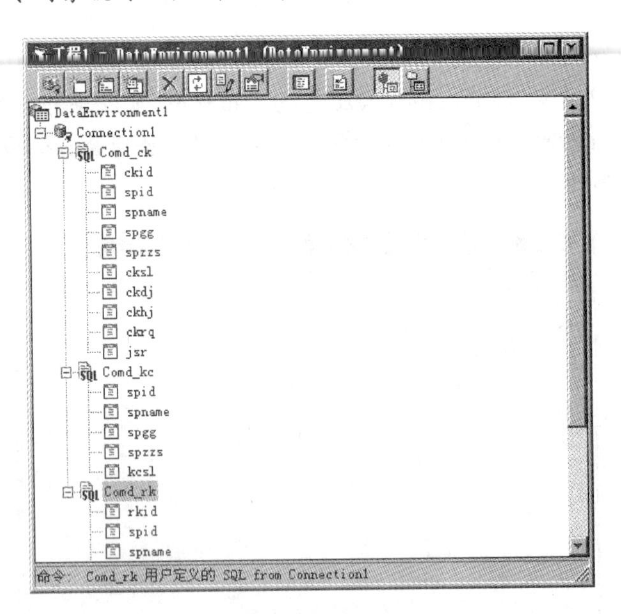

图 12-14　库存管理系统的数据环境设计

创建数据环境后,用户界面的实现就变得非常简单了,只要打开窗体或报表,从数据环境设计器中,把需要的命令对象或命令对象中的某些字段拖到这个窗体,在窗体中就会自动添加控件,并自动实现与该命令对象中定义的所有字段或指定字段的绑定。

(2) 创建数据报表(DataReport)

使用"工程"菜单中的"添加 Data Report",可以在当前工程中添加一个数据报表(DataReport1),并同时自动打开报表设计器,如图 12-15 所示。

在数据报表设计器中,报表标头用来指定在报表开始处显示的文本,如报表标题;报表注脚用来指定在报表结束处显示的文本,如摘要信息、地址或联系人姓名;页标头用来

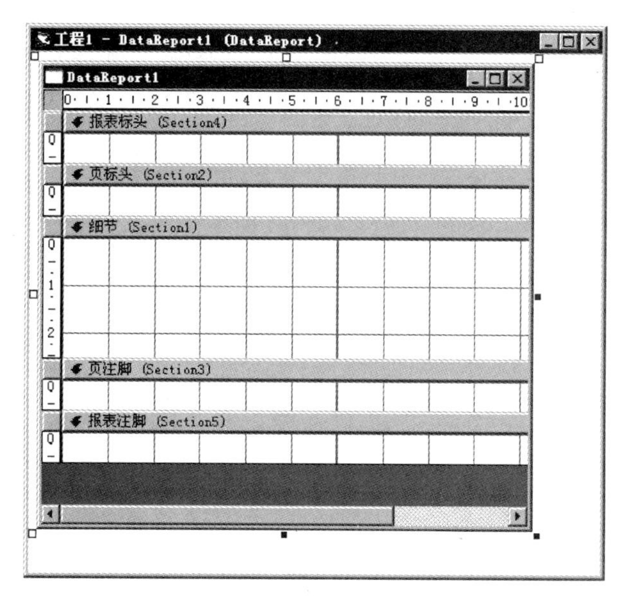

图 12-15 数据报表设计器

指定在报表每页顶部显示的信息，如表格的表头；页注脚用来指定在报表每页底部显示的信息，如页码；整个报表的核心是细节，它与数据环境中最底层的 Command 对象相关联，用来显示报表的具体记录构成；默认情况下，添加的数据报表没有分组标头和分组注脚，它们只有在数据报表的数据源设置为分组的情况下才会出现，分别用于在报表中显示分组字段或者分类汇总结果。

由于在数据报表设计器中，不能使用 VB 提供的任何内部控件或 ActiveX 控件，所以当向工程添加数据报表后，还会自动出现“数据报表”工具箱，它包含一些只能在数据报表设计器中使用的特殊控件，如图 12-16 所示。其中，RptLabel 控件用于在报表上放置标签，显示静态文本；RptTextBox 控件用于在报表上连接并显示字段数据；RptImage 控件用于在报表上显示图片文件；RptLine 控件用于在报表上绘制直线；RptShape 控件用于在报表上绘制图形；RptFunction 控件用于在报表上建立公式，报表生成时自动计算数值。

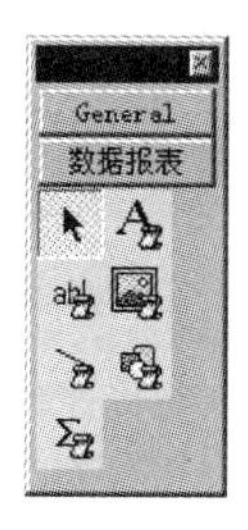

图 12-16 “数据报表”工具箱

(3) 设计报表

在具体设计报表前，必须要指定报表的 DataSource 属性和 DataMember 属性，前者用于指定数据源，后者用于指定报表所显示的记录集数据。设置 DataReport1 的名称为

rkbb，DataSource属性为DataEnvironment1，DataMember属性为Comd_rk。

在报表设计器中单击鼠标右键，选择“检索结构”命令，用新的数据层次代替旧的报表布局。在“报表标头”区域中单击鼠标右键，选择“插入控件”中的“报表标题”命令，插入报表标题，它实质是一个RptLabel控件，设置其Caption属性为“货品入库明细报表”。为明确起见，在入库报表中不仅要显示货品的入库信息，同时还要显示货品的商品信息。由于包含的字段较多，所以不采用表格的方式输出，而将所有的字段名和字段值都显示在细节区，具体的做法为：在工程资源管理器中，双击设计器下的DataEnvironment1，打开数据环境设计器，将Comd_rk下的所有字段都拖动到报表的细节区。在“报表注脚”区中插入一个RptLabel控件(Label12)，设置其Caption属性值为“打印时间”。在“报表注脚”区域中单击鼠标右键，选择“插入控件”中的“当前日期”和“当前时间”命令，插入系统当前日期和时间，其实质均为RptLabel控件。

调整报表的格式和布局，这一工作可能需要多次的反复，才能达到满意的效果。为了便于报表的预览，可以将报表设置为工程的启动对象，需要预览时就运行工程。调试结束后，再将启动对象恢复。利用代码实现数据报表的显示，可以借助于报表对象的Show方法，如rkbb.Show。

设计完成后的报表设计器界面如图12-17所示。

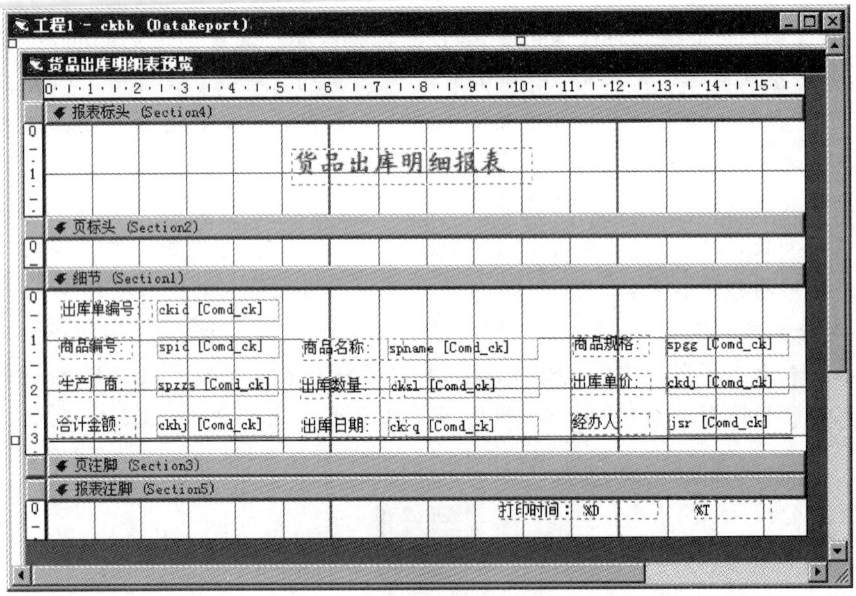

图12-17 “入库报表”格式布局

12.4.7 用户管理

案例描述

在工程中添加“用户管理”窗体(frm_yhgl)，可以实现系统用户的注册与删除。

最终效果

本例的最终效果如图12-18所示。

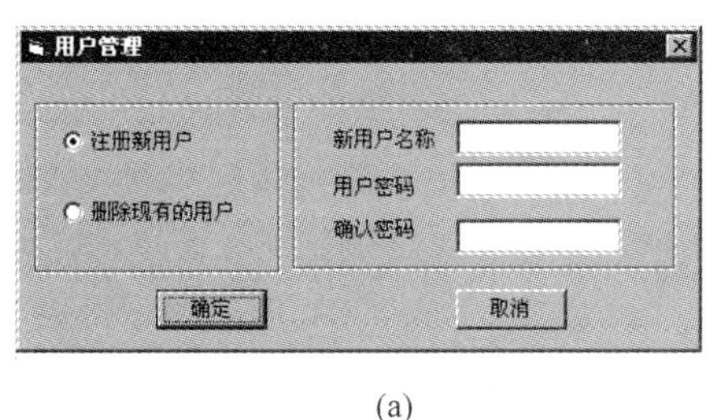

(a)

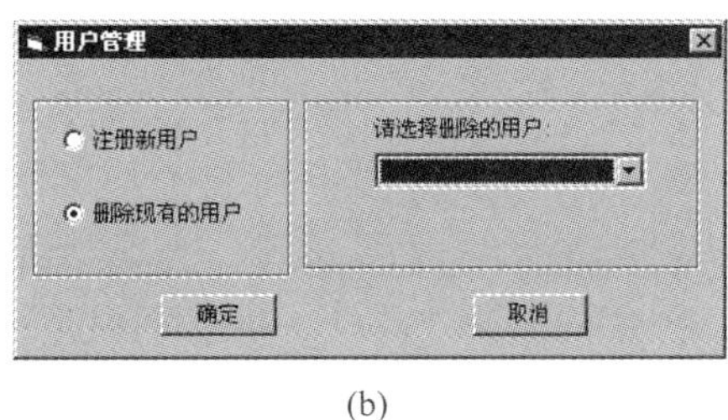

(b)

图 12-18　用户管理界面

✍案例实现

(1) 新建窗体 frm_yhgl。在窗体中,添加一个 ADO Data 控件(Adodc1,连接到数据库 db_kcgl.accdb,记录源命令类型为 adCmdText,命令文本为: select * from czy order by czyid); 添加三个 Frame 控件(Frame1~Frame3)。

(2) 在 Frame1 中,添加三个标签(Label1~Label3)和三个文本框(Text1~Text3,Text 属性为空); 在 Frame2 中,添加一个标签(Label4)和一个组合框(Combo1,Style 属性为 2)。将 Frame1 与 Frame2 重叠。在 Frame3 中,添加两个单选按钮(Option1、Option2,Caption 属性分别为"注册新用户"和"删除现有用户")。

(3) 添加三个命令按钮(Command1~Command3),前两个按钮均为"确定"按钮,重叠放置; Command3 为"取消"按钮。

(4) 编写程序代码如下:

```
Private Sub Form_Load()
Option1.Value = True                    '窗体装载时,默认选中"注册新用户"单选按钮
Adodc1.Refresh
If Adodc1.Recordset.RecordCount > 0 Then
   Do While Not Adodc1.Recordset.EOF        '在 Combo1 中添加所有用户
     Combo1.AddItem Adodc1.Recordset.Fields("czyname")
     Adodc1.Recordset.MoveNext
   Loop
End If
End Sub

'窗体激活后,框架和命令按钮的显示需与单选按钮的选择一致
Private Sub Form_Activate()
If Option1.Value = 1 Then
   Frame2.Visible = True : Frame1.Visible = False
   Command1.Visible = True : Command2.Visible = False
End If
If Option2.Value = 1 Then
   Frame1.Visible = True : Frame2.Visible = False
   Command2.Visible = True : Command1.Visible = False
End If
End Sub

'单选按钮单击后,保证命令按钮和框架的显示与单选按钮的选择一致
Private Sub Option1_Click()
```

```
Frame2.Visible = True : Frame1.Visible = False
Command1.Visible = True : Command2.Visible = False
End Sub

Private Sub Option2_Click()
Frame1.Visible = True : Frame2.Visible = False
Command2.Visible = True : Command1.Visible = False
Combo1.SetFocus
End Sub

Private Sub Command1_Click()                    '用户注册事件过程,校验无误后,写入操作员表 czy
Dim Newid As Integer, sql As String
If Text1.Text = "" Or Text2.Text = "" Then
   MsgBox "输入的用户注册信息不完全!!", , "提示信息"
Else
   Adodc1.RecordSource = "select * from czy where czyname='" & Text1 & "'"
   Adodc1.Refresh
   If Adodc1.Recordset.RecordCount > 0 Then   '判断注册的用户名是否存在
     MsgBox "该用户名已经存在,请您更换其他用户名!", 48, "提示信息"
     Text1.Text = "" : Text2.Text = "" : Text3.Text = ""
     Text1.SetFocus
   Else
     If Text2.Text = Text3.Text Then   '判断两次输入的密码是否一致
       Adodc1.RecordSource = "select * from czy order by czyid"
       Adodc1.Refresh
       If Adodc1.Recordset.RecordCount > 0 Then
         Adodc1.Recordset.MoveLast
         Newid = Val(Adodc1.Recordset.Fields("czyid")) + 1
       Else
         Newid = 1
       End If
       '注册,在操作员表 czy 中写入新用户信息
       Call main
       sql = "insert into czy(czyid,czyname,czymm) values(" & Newid & _
           ",'" & Text1 & "','" & Text2 & "')"
       Set adoRs = adoCon.Execute(sql)
       adoCon.Close
       MsgBox "注册成功!!", 48, "用户注册信息提示"
       Text1.Text = "" : Text2.Text = "" : Text3.Text = ""
       Unload Me
     Else
       MsgBox "两次输入的密码不一致,请重新输入", 48, "用户注册信息提示"
       Text2.Text = "" : Text3.Text = ""
       Text2.SetFocus
     End If
   End If
End If
End Sub

Private Sub Command2_Click()       '删除用户事件过程,当前用户不得删除
Dim response As Integer
```

```
If Combo1.Text = Name1 Then    '当前登录用户不得删除
   MsgBox "不能删除当前用户!!", 48, "提示信息"
Else
   response = MsgBox("您确认要删除该用户吗?", 17, "删除用户")
   If response = vbOK Then
      Adodc1.RecordSource = "select * from czy where czyname='" & _
                             Combo1.Text & "'"
      Adodc1.Refresh
      If Adodc1.Recordset.RecordCount > 0 Then
         Adodc1.Recordset.Delete
         MsgBox "用户信息删除成功", 64, "删除用户"
         Unload Me
      Else
         MsgBox "当前数据库中没有可删除的用户信息", , "信息提示"
      End If
   End If
End If
End Sub

Private Sub Command3_Click()
Unload Me
End Sub

Private Sub Form_Unload(Cancel As Integer)
frm_main.Enabled = True
End Sub
```


12.4.8 密码修改

案例描述

在工程中添加“密码修改”窗体(frm_mmxg),实现当前登录用户的密码修改。

最终效果

本例的最终效果如图 12-19 所示。

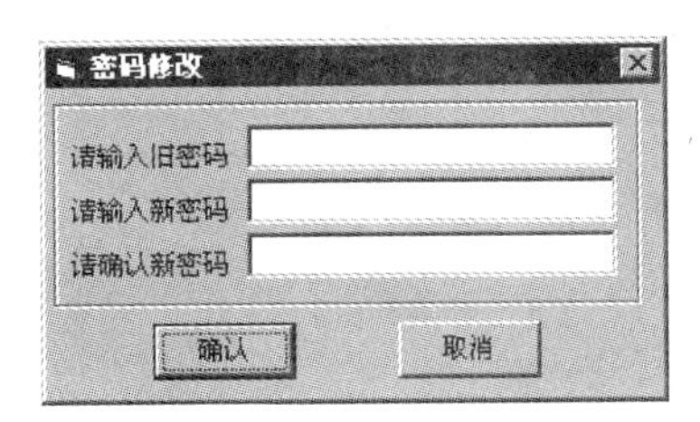

图 12-19　用户密码修改

案例实现

(1) 新建窗体 frm_mmxg。在窗体中,添加一个 ADO Data 控件(Adodc1,连接到数据库 db_kcgl.accdb);添加一个 Frame 控件(Frame1);在 Frame1 中,添加三个标签(Label1～Label3)和三个文本框(Text1～Text3,Text 属性为空);添加两个命令按钮(Command1、Command2)。

(2) 编写程序代码如下：

```
Private Sub Form_Load()
Adodc1.RecordSource = "select * from czy where czyname='" & Name1 & "'"
Adodc1.Refresh
End Sub

'单击"确认"按钮,进行密码校验,无误后将新密码写入操作员表相应的记录中
Private Sub Command1_Click()
If Text1.Text = "" Or Text2.Text = "" Or Text3.Text = "" Then
   MsgBox "请输入数据,所有数据均不能为空!!", 48, "提示信息"
Else
   Adodc1.RecordSource = "select * from czy where czymm ='" & _
            Text1.Text & "' and czyname='" & Name1 & "'"
   Adodc1.Refresh
   If Adodc1.Recordset.RecordCount > 0 Then   '如果用户信息正确
     If Text2.Text <> Text3.Text Then
       MsgBox "两次输入的密码不一致,请重新输入", 48, "错误"
       Text2.Text = "" : Text3.Text = ""
       Text2.SetFocus
     Else
       '校验无误,修改密码
       Call main
       Set adoRs = adoCon.Execute("update czy set czymm= '" & _
               Text3.Text & "' where czyname='" & Name1 & "'")
       adoCon.Close
       Adodc1.Refresh
       MsgBox "密码修改成功,请您记住新密码", , "信息提示"
       Unload Me
     End If
   Else
     MsgBox "旧密码输入有误,请确认后重新输入", 48, "错误"
     Text1.Text = "" : Text2.Text = "" : Text3.Text = ""
     Text1.SetFocus
   End If
End If
End Sub

Private Sub Command2_Click()
Unload Me
End Sub

Private Sub Form_Unload(Cancel As Integer)
frm_main.Enabled = True
End Sub
```

12.4.9 权限设置

案例描述

在工程中添加“权限设置”窗体(frm_qxsz),实现用户权限的设置。

最终效果

本例的最终效果如图 12-20 所示。

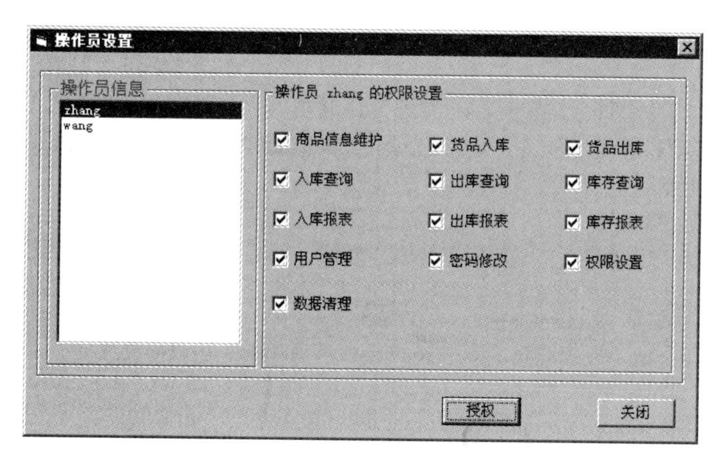

图 12-20　用户权限设置

案例实现

(1) 新建窗体 frm_qxsz。在窗体中,添加一个 ADO Data 控件(Adodc1,连接到数据库 db_kcgl.accdb,命令类型为 adCmdText,命令文本:select * from czy);添加一个框架(Frame1)。

(2) 在 Frame1 中,绘制两个框架(Frame2、Frame3)。在 Frame2 中,添加一个列表框(List1);在 Frame3 中,创建一个复选框控件数组(Check1 (0)～ Check1 (12),分别对应操作员的 13 种权限,Value 属性均设置为 0);添加两个命令按钮(Cmd_sq、Cmd_exit)。

(3) 编写程序代码如下:

```
Private Sub Form_Load()
Dim i As Integer
Adodc1.Refresh
If Adodc1.Recordset.RecordCount > 0 Then
   List1.Enabled = True
   List1.Clear
   Adodc1.Recordset.MoveFirst
   Do While Adodc1.Recordset.EOF = False              '在 List1 中显示系统所有用户的用户名
     List1.AddItem Adodc1.Recordset.Fields("czyname")
     Adodc1.Recordset.MoveNext
   Loop
   List1.ListIndex = 0                  '选中 List1 列表中的第一个用户
   Adodc1.RecordSource = "select * from czy where czyname='" & List1.Text & "'"
   Adodc1.Refresh
   If Adodc1.Recordset.RecordCount > 0 Then
     '配合列表框的选择,在右侧框架复选框控件数组内显示该用户的所有权限
     For i = 0 To 12
       Check1(i).Value = Adodc1.Recordset.Fields(3 + i)
     Next i
```

```
    End If
Else
    List1.Enabled = False
End If
End Sub

Private Sub List1_Click()            '在 List1 中单击选择用户,在右侧框架内显示该用户的权限
Dim i As Integer
Cmd_sq.Enabled = True
Adodc1.RecordSource = "select * from czy where czyname='" & List1.Text & "'"
Adodc1.Refresh
If Adodc1.Recordset.RecordCount > 0 Then
    Frame3.Caption = "操作员 " & Trim(List1.Text) & " 的权限设置"
    For i = 0 To 12
      Check1(i).Value = Adodc1.Recordset.Fields(3 + i)
    Next i
End If
End Sub

Private Sub Cmd_sq_Click()            '单击授权按钮,为操作员授权
Dim response As Integer, sql as string
Call main
response = MsgBox("确认要为此操作员重新授权吗?", 33, "提示信息")
If response = vbOK Then              '给操作员分配权限
    sql = "update czy set [spgl]= '" & Str(Check1(0).Value) & "', [rkgl]= '" & _
          Str(Check1(1).Value) & "',[ckgl]= '" & Str(Check1(2).Value) & "',[rkcx]= '" & _
          Str(Check1(3).Value) & "',[ckcx]= '" & Str(Check1(4).Value) & "',[kccx]= '" & _
          Str(Check1(5).Value) & "',[rkbb]= '" & Str(Check1(6).Value) & "',[ckbb]= '" & _
          Str(Check1(7).Value) & "',[kcbb]= '" & Str(Check1(8).Value) & "',[czygl]= '" & _
          Str(Check1(9).Value) & "',[mmgl]= '" & Str(Check1(10).Value) & "',[qxgl]= '" & _
          Str(Check1(11).Value) & "',[csh]= '" & Str(Check1(12).Value) & "' where
czyname='" & _
          List1.Text & "'"
    Set adoRs = adoCon.Execute(sql)
    MsgBox "成功授权!!", 48, "信息提示"
    Cmd_sq.Enabled = False
End If
adoCon.Close
End Sub

Private Sub Cmd_exit_Click()
Unload Me
End Sub

Private Sub Form_Unload(Cancel As Integer)
frm_main.Enabled = True
End Sub
```

12.5 制作系统安装程序

应用系统开发完成后，为使它的运行不受开发环境的限制，往往要形成独立的安装程序。在 Visual Basic 中，使用“打包和展开向导”就可以实现这一功能，下面以库存管理系统安装程序的建立为例，介绍它的使用。

首先，使用 VB“文件”菜单中的“生成库存管理系统.exe”命令对源工程进行编译，编译后关闭 VB 窗口。

其次，使用 Windows“开始”菜单→“Microsoft Visual Basic 6.0 中文版”→“Microsoft Visual Basic 6.0 中文版工具”→“Package & Deployment 向导命令”，启动制作向导，如图 12-21 所示。

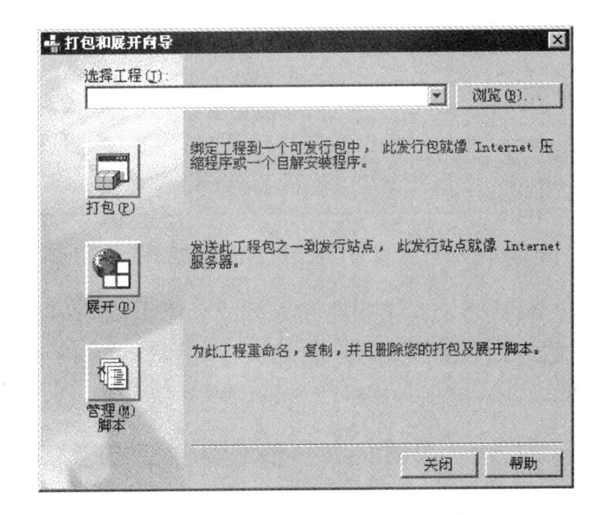

图 12-21 “打包和展开向导”对话框

单击“浏览”按钮选择工程，单击“打包”按钮，弹出“包类型”选择对话框，如图 12-22 所示。

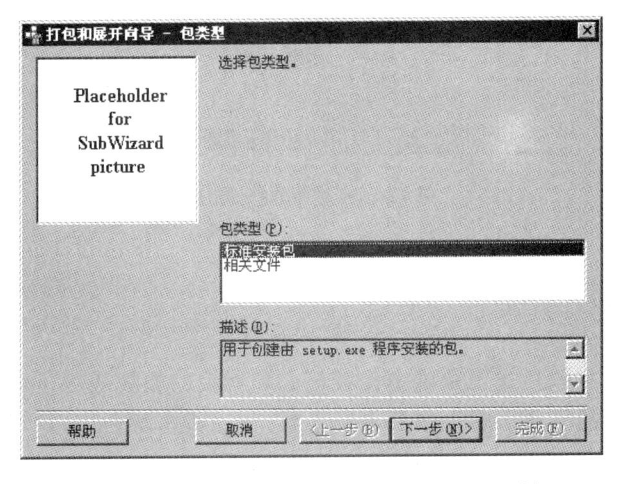

图 12-22 “打包和展开向导——包类型”对话框

选择“标准安装包”选项，单击“下一步”按钮，按照向导的指示继续操作，直至出现“包含文件”对话框，如图 12-23 所示。在“文件”列表框中，默认显示除数据库文件以外该工程运行所需要的所有文件。为使系统安装后能够正常运行，在此应使用“添加”按钮，将数据库文件 db_kcgl.accdb 添加到安装包中，然后单击“下一步”按钮，按指示继续完成安装包的制作。

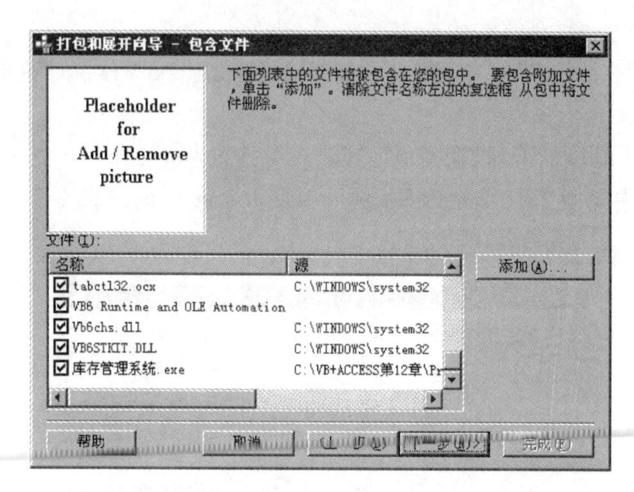

图 12-23 “打包和展开向导——包含文件”对话框

安装包制作完成后，默认将会在工程路径下生成一个名为“包”的文件夹，如图 12-24 所示，将其所有内容复制或刻录到光盘，就可以交付给最终用户使用了。使用包文件夹中的文件 setup.exe，就可以进行应用程序的安装，并在“开始”菜单中形成对应的菜单项。

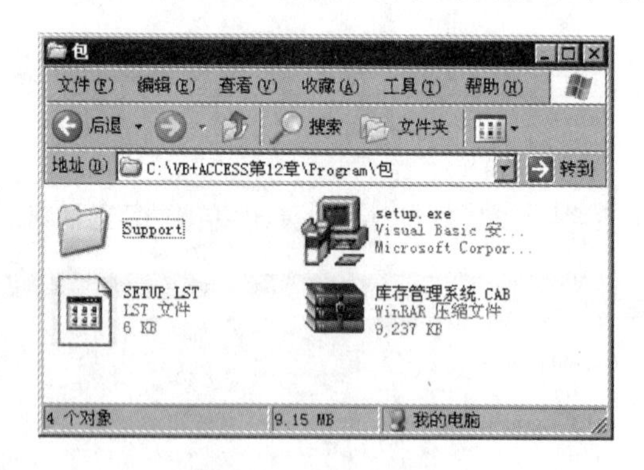

图 12-24 生成的安装包

12.6 本章课外实验

在前面章节中，对库存管理系统中比较核心和典型的模块进行了介绍，对于那些未提及的模块来说，它们的实现实际上也都大同小异，在通读本章后应可以轻松地解决。

(1) 在库存管理系统中，实现货品的出库管理。

如图 12-25 所示，在“货品出库”窗体中，单击“出库”按钮后，系统自动生成新的出库单，并弹出“请选择出库商品”对话框，如图 12-26 所示。在“请选择出库商品”对话框中，显示了目前所有库存货品的商品信息和库存数量，用户可以根据需要选择，完成后返回到“货品出库”窗体，自动填充货品的信息，出库人员可以继续完成剩余信息的填写，如果用户输入的出库数量超过了库存数量，系统将会报错。

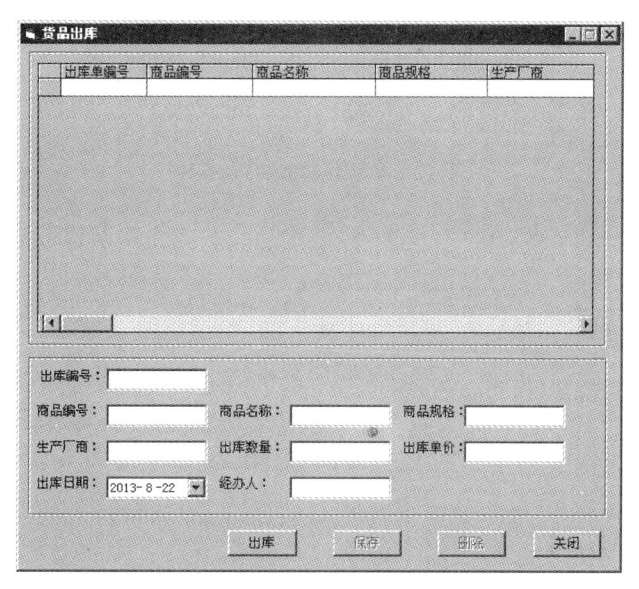

图 12-25 “货品出库”窗体

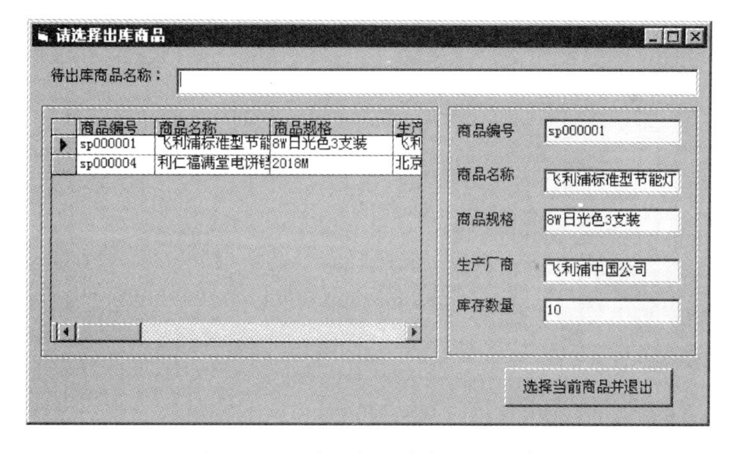

图 12-26 “请选择出库商品”对话框

(2) 在库存管理系统中，实现货品的出库查询和库存查询。目前系统所有的查询功能都是基于货品的商品名称，需将这种查询扩展至生产厂商。

(3) 在库存管理系统中，实现出库报表和库存报表的显示和打印。

(4) 在库存管理系统中实现初始化功能。

当具有初始化权限的用户使用“系统维护”菜单中的“初始化”命令时，将会弹出“数据清理”对话框，如图 12-27 所示。在用户全部或部分选择数据表后，单击“初始化”按钮，可以完成这些数据表的初始化。

(5) 进一步对原系统的功能进行扩展，如增加业务往来信息，即在原有数据库的基础

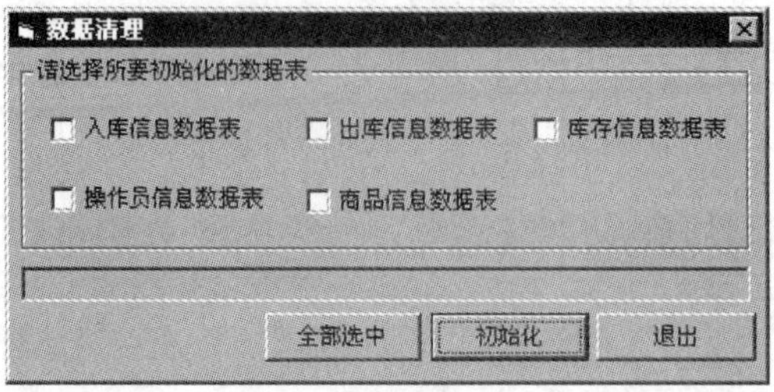

图 12-27 “数据清理”对话框

上，添加供应商表和客户表，并在对应的入库、出库信息中增添相应的字段，并可以据此实现特定的管理和查询。

参 考 文 献

[1]　常桂英.《Visual Basic 与 SQL Server 2005 数据库应用系统开发》.北京：清华大学出版社，2012.

[2]　曹风华.《Visual Basic 程序设计 ＋Access 2007 数据库应用系统开发》.北京：清华大学出版社，2012.